零基础学习变频器

史进赏　编著

机 械 工 业 出 版 社

本书从变频器的应用基础讲起，对生产、生活中常用的多个品牌变频器的操作方法和应用电路进行了详细的演示说明。尤其是用实物图解的方式，对照原理图给出了相应的实物接线电路和电路原理讲解，可让读者更为直观地学习、使用。为了更好地结合生产实际，本书还结合相关 PLC 介绍了其应用方法、常用接线电路和编程示例。全书内容通俗易懂，简洁直观，读者拿来即可使用，实用性极强，可帮助电工初学者、从业者提高电工技能、提升工作效率。

图书在版编目（CIP）数据

零基础学习变频器/史进赏编著. —北京：机械工业出版社，2022.5（2024.12 重印）
ISBN 978-7-111-70272-6

Ⅰ.①零… Ⅱ.①史… Ⅲ.①变频器 Ⅳ.①TN773

中国版本图书馆 CIP 数据核字（2022）第 035329 号

机械工业出版社（北京市百万庄大街 22 号 邮政编码 100037）
策划编辑：任 鑫 责任编辑：任 鑫
责任校对：史静怡 张 薇 封面设计：马精明
责任印制：单爱军
保定市中画美凯印刷有限公司印刷
2024 年 12 月第 1 版第 4 次印刷
260mm×184mm · 11.5 印张 · 281 千字
标准书号：ISBN 978-7-111-70272-6
定价：99.00 元

电话服务	网络服务
客服电话：010-88361066	机 工 官 网：www.cmpbook.com
010-88379833	机 工 官 博：weibo.com/cmp1952
010-68326294	金 书 网：www.golden-book.com
封底无防伪标均为盗版	机工教育服务网：www.cmpedu.com

前　言

变频器作为现代生产、生活中非常重要的电源设备，已经得到了广泛的应用。变频器本身就是变频技术与微电子技术相结合的产物，主要用于为交流电动机提供频率可变的工作电源，从而控制交流电动机的转速，进而达到节能、软起动、无级调等的目的。目前我国已经成为变频器应用大国，变频器已经渗透到了各行各业中。对于一名现代电工，掌握变频器的使用方法，熟悉变频器的应用电路，已成为必须要具备的一项重要技能。

为此，本书精选了生产、生活中常用多个品牌的变频器及其应用电路，进行了全面的原理介绍和实物接线讲解，可使读者真正身临其境地学习变频器相关知识，从而达到快速上手、快速掌握的目的。本书在行文介绍时，不仅给出了应用电路和实际的实物对照接线图，更重要的是还给出了电路的相关选型数据和变频器相关参数设置，使得这些电路可以拿来即用，极大地提高了实用性。

尤其值得一提的是，本书介绍的重点虽然是变频器，但是对现代电工技术的另一个重要设备——PLC，也进行了介绍。这是因为，很多时候变频器应用时少不了 PLC 的身影，掌握 PLC 技术对于现代电工来说也是十分重要的。在介绍 PLC 时，依然沿用了变频器的介绍方法，以梯形图 + 实物连接图的方式进行了说明，并给出相关解释，同样也可以拿来即用。

本书中的电路图，大多是在工业生产中现场采集、参考、整理加工、实践及教学后绘制而成的。本书中的相关示例既有一定关联也是独立的，并且都有其自身的特点，所以本书既可以由前至后、由浅入深地进行系统阅读，也可以在实际应用中随时单独查看。

本书中使用了实物图形与标准图形相结合的表达方式，目的是方便初学者尽快地掌握电路的实质内容，从实践中来，到实践中去，不仅能学以致用、节省精力，而且还可以节约大量的时间。本书源于现场，服务于现场，是一本实用价值较高的参考书。

值得注意的是，为了便于读者区分，本书中的电路图使用了不同颜色线条表示不同功能的导线，但并未按国家标准进行完全统一，仅作为示例，读者在阅读使用时，应注意区分。另外，为了便于读者阅读，书中的元器件图形符号和文字符号、相关的名词术语也并未按照国家标准进行完全统一。书中电路虽然已经过电子仿真和实际验证，但由于使用条件不同、元器件参数不同，电路运行效果也会不同，所以本书中的电路仅供参考！

由于作者水平有限，加之时间仓促，书中难免存在疏漏之处，敬请广大电工师傅批评指正。

史进赏

2021 年 7 月

目 录

第一章

变频器应用基础入门

变频器的选型

在进行变频器选型时，一般是按照机械负载去选择，也就是说机械负载决定变频器的类型，而不是变频器决定机械负载，所以正确地选择变频器至关重要。为了使设备稳定运行，选择变频时不应盲目追求品牌，而是应根据机械负载特性、工艺要求、使用场合（包括电压等级）、成本等因素选择适当类型的变频器（正如同选择个人计算机一样，根据用途选择合适配置）。机械负载大致可以分为以下五大类：

1）恒转矩负载。恒转矩负载的特点是在任何转速下，负载转矩与速度无关，总保持恒定转矩。常见的恒转矩负载有传送带、搅拌机、挤压成型机、吊车、齿轮泵、泥浆泵、深井泵、螺杆泵、压榨机、拔丝机、自动门式提升机、起重机、升降机、农用机械、印刷机等。

2）恒功率负载。恒功率负载的特点是任何速度、转矩都与功率无关，总保持恒定功率。常见的恒功率负载有钢板收卷机、纸张收卷机、电缆收卷机等。

3）二次方功率负载。二次方功率负载的特点是，随着转速降低，所需转矩以二次方的比例下降，而所需的功率以三次方的比例下降。常见的二次方功率负载有风扇风机（离心式风机）、鼓风机、水泵（离心）等。

4）直线负载。直线负载的特点是转矩与速度成正比例（直线负载和二次方功率负载有点类似，所以在变频器选型时大部分把直线负载按照二次方功率负载选型是可以的，但不能把直线负载说成二次方功率负载）。常见的直线负载有扎钢机、碾压机等。

5）混合型负载。混合型负载的特点是，在低速时是恒转矩负载，在超高速时是恒功率负载。常见的混合型负载有金属切削机、龙门刨床等。

通过了解机械负载的种类及其用途，可以帮助我们更好地选用变频器。变频器按照用途可以分为两大类，即通用型变频器和专用型变频器。

通用型变频器控制方式又分为 U/F 恒定控制、高性能变频器控制（分带速度反馈和不带速度反馈）、转差频率控制和直接转矩控制。而专用型变频器大多数的控制方式是矢量型。专用型变频器是对异步电动机控制性能要求较高的专用机械系统而设计生产的。所以充分了解机械负载的特性，才可以选择出性价比较好的变频器。

1. 通用型变频器的控制方式

1）简易普通型，其特点是只有 U/F 控制方式；机械特性略“软”，调速范围小，轻载时，磁路易饱和。

2）高性能变频器，其特点是具有矢量控制功能；机械特性“硬”，调速范围大，不存在磁路饱和问题。如有转速反馈，则机械特性更“硬”，动态响应能力更强，调速范围更大，可以四象限运行。

2. 专用型变频器

1）风机水泵专用型，其特点是具有 U/F 控制，增加了节能功能，具有工变频转换、睡眠和苏醒等功能。

2）起重机械专用型，其特点是具有大惯量、四象限运行功能。

3）电梯专用型，其特点是具有磁通矢量控制，转差不大，负载转矩自适应功能。

4）注塑机专用型，其特点是具有过载能力强，响应速度快，提供低频时的高转矩输出功能。

5）张力控制专用型，其特点是可以实现张力闭环控制和张力开环控制的功能。

变频器的容量选择，变频器的容量一般用额定输出电流（A）、额定输出容量（kV・A）和适用于电动机功率（kW）表示。变频输出功率适应于 2 极、4 极标准异步电动机。对于特殊电动机、有特殊控制要求、高温、高原等环境的选型方式如下：

1）频繁重载起动或是高速运转设备、一拖多同时起动，变频器选型最关键的依据是驱动电动机的额定电流。一般应保证变频器额定电流大于电动机额定电流。

2）对于一些特殊用途电动机（如 6 极/8 极/10 极/12 极电动机、潜水泵、污水泵、同步电动机、绕线转子异步电动机等），变频器的容量应选得比电动机略大一些。

汇川MD500系列高性能变频器　　麦格米特MV600系列起重机专用变频器　　台达M系列简易精简型

→2 变频器的安装布线

1. 变频器的安装

在选定了变频器之后，根据现场需求选择合适的安装位置，那么变频器安装时需要注意以下几点：

1）远离高温环境，周围的环境温度对变频器的使用寿命有很大的影响，不允许变频器的运行环境超过允许温度范围（-10~50℃），环境湿度不超过20%RH~90%RH且无结霜。

2）变频器要安装于阻燃物体表面，周围要有足够散热空间。

3）变频器应垂直安装于不易振动的地方，振动应不大于0.6g，并特别要注意应远离冲床等设备。

4）安装时，应避免安装于阳光直射，且潮湿、有水珠的场所。

5）安装时，应避免安装于空气中有腐蚀性、易燃性、易爆性气体的场所。

6）安装时，应避免安装于有油污、多灰尘、多金属粉尘的场所。

7）安装时，应远离一些易受干扰或易产生干扰的仪表、电器元件或设备。

2. 变频器的布线

变频器本身就是一个干扰源，因为变频器的输入、输出电流中含有很多高次谐波，这些高次谐波不但会对外围设备产生干扰，而且对自身的控制也有干扰作用，合理的布线能够在很大程度上减少自身干扰。

1）输入电源建议安装一个无熔丝的开关，不建议使用漏电开关。如果必须使用漏电开关，应选择漏电电流200mA以上，动作时间大于0.1s的漏电开关。

2）变频器输入端加装交流接触器时，不能用来控制变频器起停。频繁起停，会使变频器内部的电容频繁地充放电，直接影响变频器的使用寿命。

3）对于主电路配线一定按照标准进行。由于变频器对周围或者电网干扰较大，可在电源与变频器输入端应加装交流输入电抗器，或隔离变压器。变频器与电动机导线距离不宜过长，导线越长载波频率越高，那么电缆上的高次谐波电流越大，这就会对变频器周边设备产生不利影响。当连线超过50m时，务必在变频器输出端增加等容量的专用电抗器；超过100m时，应加大导线线径保证线路电压降控制在2%以内。

4）变频器的接地端子必须要用专用的接地点可靠接地，这样既可确保安全，又可将干扰信号引入大地。接地电阻应控制在10Ω以下（越小越好）。变频器接地点不能与仪表、通信设备、电焊机、动力接地等混合使用，必须分开使用。多台变频器共同接地时，千万不要形成回路。

5）变频器无需做耐压测试，但接线时保证与电动机连接良好。检测电动机绝缘时，一定要将电动机与变频器的连接线分开，采用绝缘电阻表（习称兆欧表）对电动机进行测量，并应保证电动机绝缘电阻值不小于0.5MΩ。

6）当电动机与变频器不匹配时，特别是变频器额定容量大于电动机额定功率时，务必要调整变频器额定容量和一些相关保护参数，或者加装热继电器来保护电动机。

7）变频器输出频率为0~600Hz。超过50Hz时一定要考虑机械装置的承受能力。

8）当机械负载到达某个频率出现振动时，也就是说遇到了共振点，通过设置变频器的跳跃频率避开。

9）变频器输出为PWM波，因此含有一定的谐波，同时电动机的温度、声音和振动同工频运行时相比都会有所增加。

10）变频器输出为PWM波，输出不允许安装电容、压敏电阻等，因为易引起变频器瞬间过电流，甚至烧毁变频器。

11）三相异步电动机冷却风扇与转子轴是同轴连接，长期低频运行，风扇冷却效果差，必要时，可以加装冷却风机。

12）动力电源线与控制线要分开，并形成垂直交叉。

13）使用集电极开路输出端子控制继电器时，要在继电器线圈两端加装吸收二极管。

14）模拟信号线应采用屏蔽线或双绞线，采用0~5V或0~10V模拟信号时，屏蔽线应控制在20m以内，使双绞线则应更短。采用4~20mA模拟信号时，屏蔽线可达到100~200m。

15）采用RS-232标准进行通信时，距离限制为15~20m；采用RS-485标准进行通信时，通信距离可达到1200m，通信波特率为9600bit/s。

 变频器的接线端子讲解

变频器端子分为主电路端子、控制电路端子多功能输出端子、模拟量端子和通信端子，不同品牌的变频器端子符号也不相同，但原理分类基本相同。

1. 主电路端子

1）三相电源输入 R/L1、S/L2、T/L3（常见的有三相 220V 和三相 380V）。

2）单相电源输入 R/L1、N（单相 220V）。

3）变频器输出 U/T1、V/T2、W/T3（注意输出电压等级）。

4）制动电阻（小型变频器内置电阻，大型变频器需要外接电阻，具体接法和选型参考所选变频器的技术手册）。

2. 控制电路端子

数字量输入（开关量）分为固定端子和多功能端子。固定端子是指功能已由厂商固定好，不能作为其他功能使用；多功能端子，可以通过参数（也就是控制指令）修改端子的功能，来满足各种控制要求。以台达 M 系列为例，M0（正转/停止）、M1（反转/停止）、M2（停止）为固定端子，M3、M4、M5 为多功能端子。此外，还有一些变频器支持高速脉冲输入，这种端子也为固定端子。

3. 多功能输出端子

1）无源继电器：一个公共端，一个常开触点，一个常闭触点。根据参数设定的不同，可以实现不同功能。一般变频器提供一个无源继电器，也有一些变频器提供两个无源继电器。

2）光电耦合器：光电耦合器使用时需要提供直流电，其具体电压不同品牌的变频器要求有所不同。和无源继电器一样，设定参数不同，其功能也不同。

4. 模拟量端子

模拟量端子分为模拟量输入和模拟量输出。所谓的模拟量就是输入或输出一个电压信号（0～5V 或 0～10V）或电流信号（0～20mA 或 4～20mA），后面的案例中会详细介绍。

5. 通信端子

通信端子是与工控机、单片机、触摸屏、PLC 进行通信（按照变频器的通信协议）的端子。

→4 变频器的参数讲解

变频器技术的应用，全靠设置参数来实现各种控制，变频器参数设置不当，变频器将不能正常工作，严重时，还会导致变频器损坏，因此了解掌握变频器参数非常重要。不同品牌变频器的参数设置也不相同，即便是同一品牌，但系列不同，其参数也不相同。但有一点是相同的，即参数内容描述相同。

下面两个表是两个品牌变频器说明书中给出的参数表举例。通过两个品牌参数对比可以发现，参数码又叫功能代码，参数功能又叫名称，设定范围就是对内容的选择，出厂值又叫默认值。它们只是叫法不同，但所描述的是同样的东西。

参数码	参数功能	设定范围	出厂值
PO	主频率输入来源	00：主频率输入由数字操作器控制	0
		01：主频率输入由模拟量信号 0～10V 输入（AVI）	
		02：主频率输入由模拟量信号 4～20mA 输入（ACI）	
		03：主频率输入由通信输入（RS-485）	
		04：主频率输入由数字操作器上旋钮控制	

功能代码	名　　称	设定范围说明	默认值
PO	主频率输入来源	0：由面板上的按钮设定	0
		1：模拟量 V1 设定	
		2：模拟量 V2 设定	
		3：键盘电位器设定	
		4：多段速运行指令设定	
		5：PID 控制指令设定	
		6：远程通信设定	
		7：PLC 程序运行设定	
		8：HDI 高速脉冲设定	

5 台达变频器面板介绍

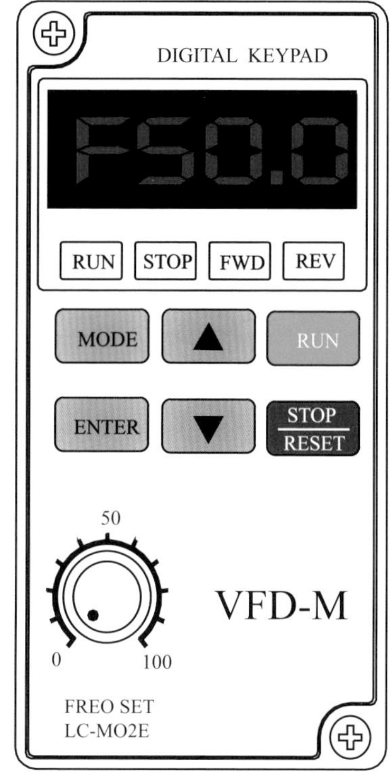

显示区
可显示输出频率、电流、各种参数设定值及异常参数

RUN　STOP　FWD　REV　LED指示区， 可显示变频器运行状态， 及指令

MODE　编程功能键
可显示变频器状态，设定参数 、频率 、输出电压、正反转、物理量等

数据确认键
修改参数后此键用于设定数据的确认

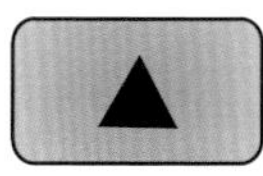

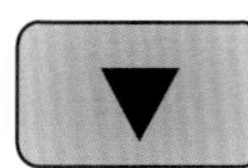

上/下键
用于选择参数，修改数据等

扫一扫看视频

频率设定旋钮
可用此旋钮设定主频率输入

RUN　运转指令键　用于使变频器起动运行

STOP/RESET　停止/重置键 用于使变频器停止运行或在异常中断后进行复位

→ 6 台达变频器参数构架

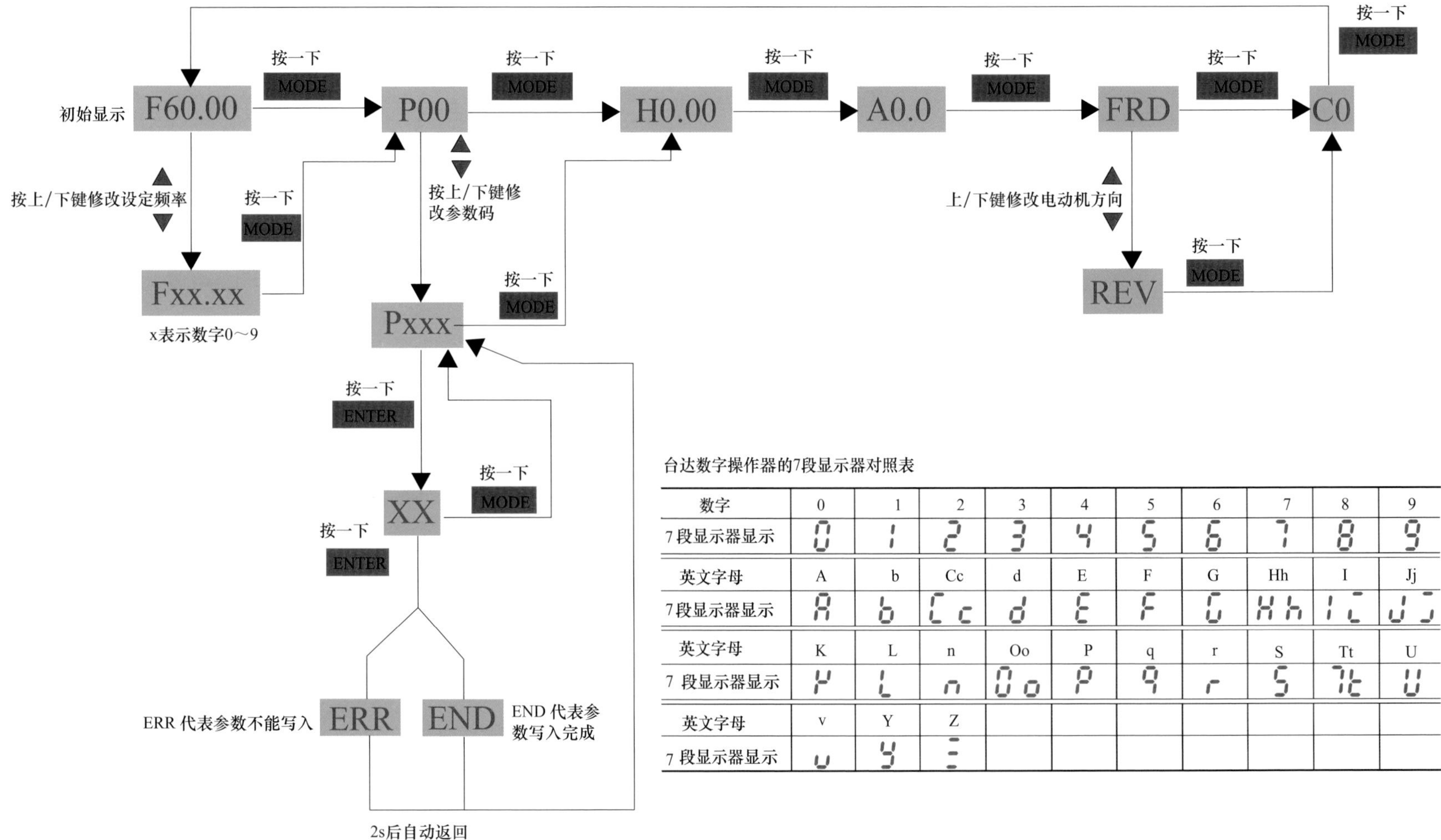

台达数字操作器的7段显示器对照表

数字	0	1	2	3	4	5	6	7	8	9
7段显示器显示	0	1	2	3	4	5	6	7	8	9
英文字母	A	b	Cc	d	E	F	G	Hh	I	Jj
7段显示器显示	A	b	C c	d	E	F	G	H h	I i	J j
英文字母	K	L	n	Oo	P	q	r	S	Tt	U
7 段显示器显示	K	L	n	O o	P	q	r	S	T t	U
英文字母	v	Y	Z							
7 段显示器显示	v	Y	Z							

→7 台达变频器的保护参数

下面将以台达 VFD-M 系列变频器为例说明如何设置其保护参数。

对于三相 2.2kW、2 极电动机，三相 380V、2.2kW 变频器常用的一些保护参数见下表。表中给出了针对电动机型号、参数等不同，应对变频器相关参数进行的设置。在实际应用中，这些参数较为常用，读者应熟练掌握。

参数码	设定值	含义说明	注意事项
P76	9	恢复出厂设置	
P05	380	电动机额定电压	电动机与变频参数相匹配
P52	3.9	电动机额定电流	电动机与变频参数相匹配
P03	50	电动机最高频率	电动机与变频参数相匹配
P08	0	电动机最低频率	
P10	10	加速时间	根据工艺要求而定
P11	10	减速时间	根据工艺要求而定

变频器加减速时间具体怎么设定

变频器加速时间，不宜过小，如果过小则会出现过电流，使变频器出现报警。如果工艺要求加速时间必须足够快以满足生产工艺，可以适当加大电子热电驿动作时间（P59）（热保护动作时间）。减速时间也不宜过短，如果过短就会出现四象限运动，使直流母线电压升高，变频器过电压。如果工艺必须要求减速时间足够快，那么就要考虑加装制动电阻或者制动单元。

扫一扫看视频

→8 台达变频器参数实操演示

扫一扫看视频

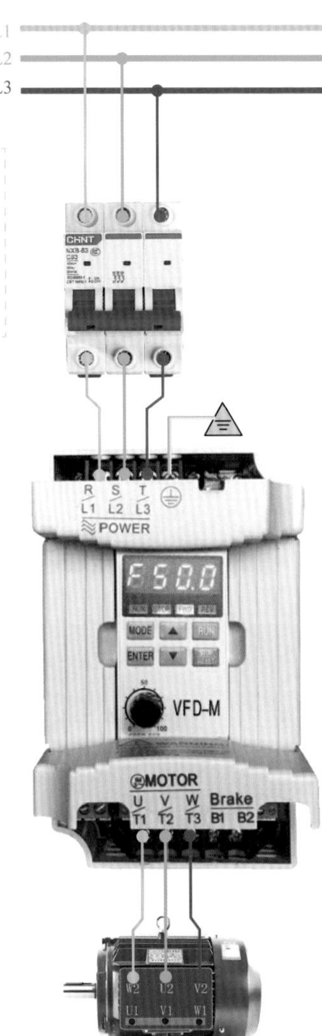

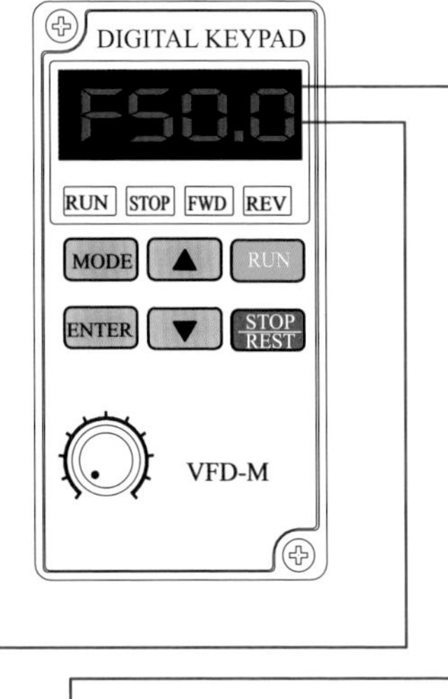

变频器通电后，按照以下流程方法可调整参数：

1）按编程功能键【MODE】。
2）变频器显示参数码[P00]。
3）按数据确认键【ENTER】进行修改。
4）变频器显示设定范围[00]。
5）按上翻键▲调整参数功能设定范围，调到[4]。
6）按数据确认键【ENTER】。
7）面板显示[END]。
8）2s后面板自动显示[F50.0]。
9）此时主频率设定由面板旋钮控制。

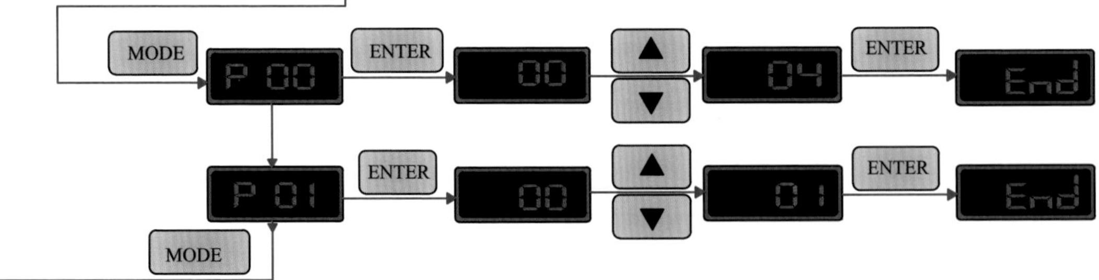

当面板出现Fxx.x(其中，x代表数字0~9)时，按上/下键即可调整当前频率。
需要起动电动机时，按下变频器面板上的RUN键即可，若要停止，按下STOP/REST键即可。

第二章

图解台达变频器控制电路接线

台达 VFD-M 系列变频器两线制模式 1 与模拟量综合应用电路

1.原理图

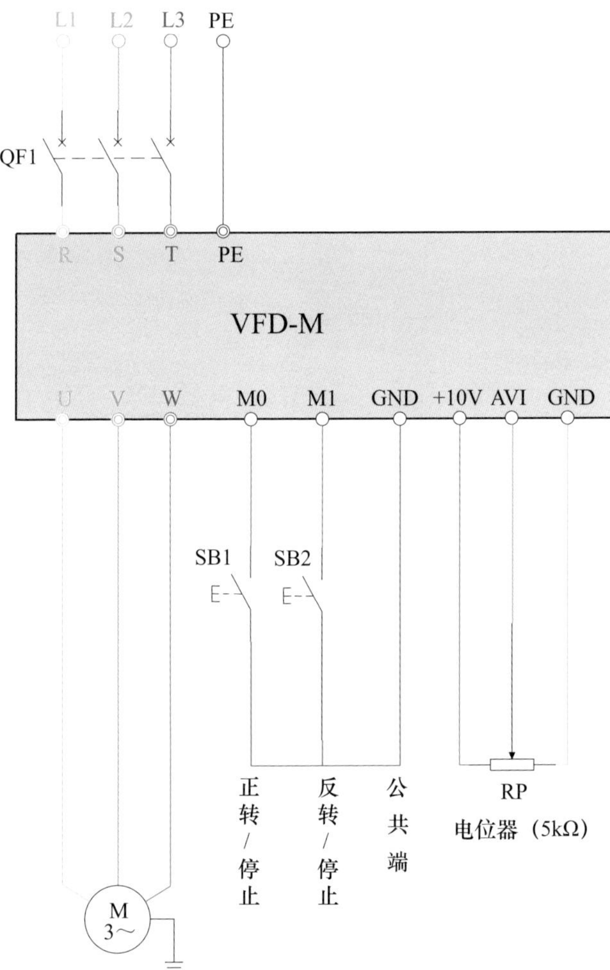

2.元器件明细表

文字符号	名称	型号与选型	电气元件在电路中起的作用
VFD-M	变频器	VFD-022M43A	改变电路中的频率，实现无级调速
QF1	3P10A断路器	NXB-63-3P-D10	电源总开关，在主电路中起控制兼保护作用
M	2.2kW电动机	YE2-90L-2/2.2kW	将电能转换为机械能
RP	电位器	5kΩ	控制变频器频率
SB1	绿色按钮	LA38-11NB置位型	正转起停
SB2	蓝色按钮	LA38-11NB置位型	反转起停

3.变频器基本运行参数和电动机参数

参数码	设定值	含义说明	注意事项
P76	9	恢复出厂设置	
P05	380	电动机额定电压	电动机与变频参数相匹配
P52	3.9	电动机额定电流	电动机与变频参数相匹配
P03	50	电动机最高频率	电动机与变频参数相匹配
P08	0	电动机最低频率	
P10	10	加速时间	根据工艺要求而定
P11	10	减速时间	根据工艺要求而定

4.变频器端子及参数含义说明

端子	功能	参数码	设定值	含义说明
AVI	主频率指令	P00	1	主频率由模拟量0～10V输入AVI
M0、M1	运转信号指令	P01	1	运转信号由外部端子控制
	模式选择	P38	0	两线制模式1

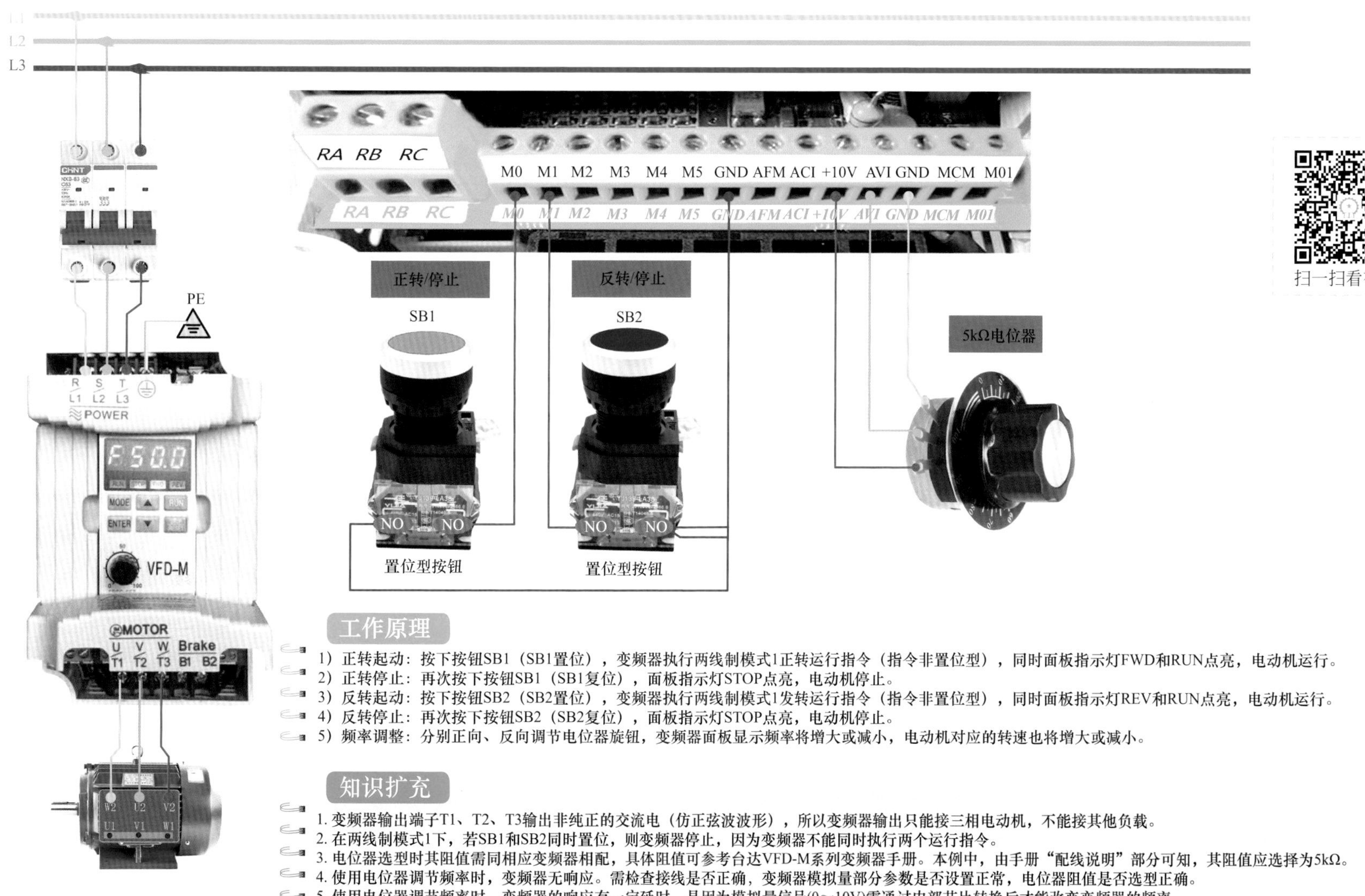

工作原理

1）正转起动：按下按钮SB1（SB1置位），变频器执行两线制模式1正转运行指令（指令非置位型），同时面板指示灯FWD和RUN点亮，电动机运行。
2）正转停止：再次按下按钮SB1（SB1复位），面板指示灯STOP点亮，电动机停止。
3）反转起动：按下按钮SB2（SB2置位），变频器执行两线制模式1发转运行指令（指令非置位型），同时面板指示灯REV和RUN点亮，电动机运行。
4）反转停止：再次按下按钮SB2（SB2复位），面板指示灯STOP点亮，电动机停止。
5）频率调整：分别正向、反向调节电位器旋钮，变频器面板显示频率将增大或减小，电动机对应的转速也将增大或减小。

知识扩充

1. 变频器输出端子T1、T2、T3输出非纯正的交流电（仿正弦波波形），所以变频器输出只能接三相电动机，不能接其他负载。
2. 在两线制模式1下，若SB1和SB2同时置位，则变频器停止，因为变频器不能同时执行两个运行指令。
3. 电位器选型时其阻值需同相应变频器相配，具体阻值可参考台达VFD-M系列变频器手册。本例中，由手册“配线说明”部分可知，其阻值应选择为5kΩ。
4. 使用电位器调节频率时，变频器无响应。需检查接线是否正确，变频器模拟量部分参数是否设置正常，电位器阻值是否选型正确。
5. 使用电位器调节频率时，变频器的响应有一定延时，是因为模拟量信号(0～10V)需通过内部芯片转换后才能改变变频器的频率。

台达 VFD-M 系列变频器两线制模式 1 与模拟量综合应用电路实物接线图

2 台达 VFD-M 系列变频器两线制模式 2 与模拟量综合应用电路

1.原理图

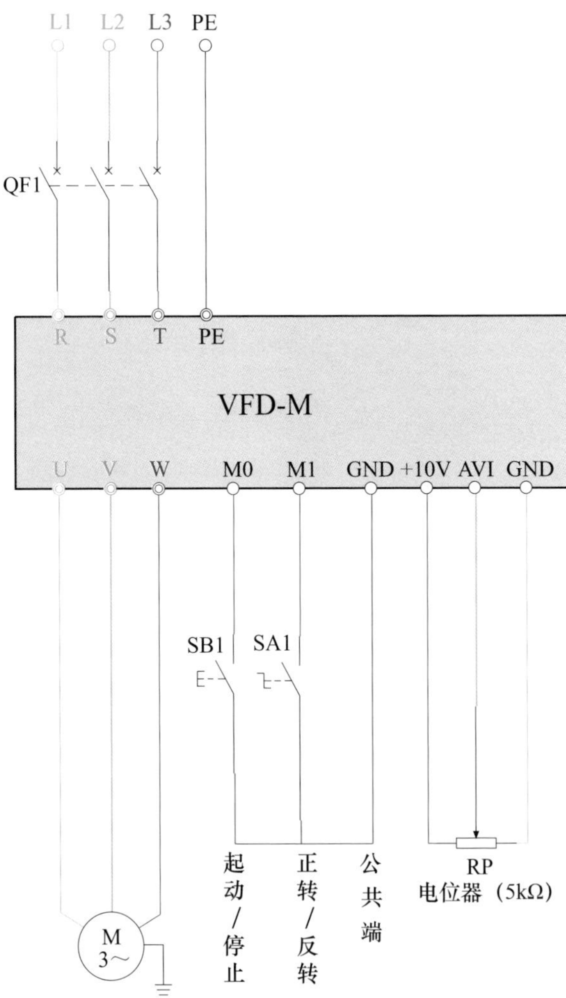

2.元器件明细表

文字符号	名称	型号与选型	电气元件在电路中起的作用
VFD-M	变频器	VFD-022M43A	改变电路中的频率，实现无级调速
QF1	3P10A断路器	NXB-63-3P-D10	电源总开关，在主电路中起控制兼保护作用
M	2.2kW电动机	YE2-90L-2/2.2kW	将电能转换为机械能
RP	电位器	5kΩ	控制变频器频率
SB1	绿色按钮	LA38-11NB(置位型)	起动/停止
SA1	旋转开关	LA38-11X/21(置位型)	正转/反转

3.变频器基本运行参数和电动机参数

参数码	设定值	含义说明	注意事项
P76	9	恢复出厂设置	
P05	380	电动机额定电压	电动机与变频参数相匹配
P52	3.9	电动机额定电流	电动机与变频参数相匹配
P03	50	电动机最高频率	电动机与变频参数相匹配
P08	0	电动机最低频率	
P10	10	加速时间	根据工艺要求而定
P11	10	减速时间	根据工艺要求而定

4.变频器端子及参数含义说明

端子	功能	参数码	设定值	含义说明
AVI	主频率指令	P00	1	主频率由模拟量0～10V输入AVI
M0、M1	运转信号指令	P01	1	运转信号由外部端子控制
	模式选择	P38	1	两线制模式2

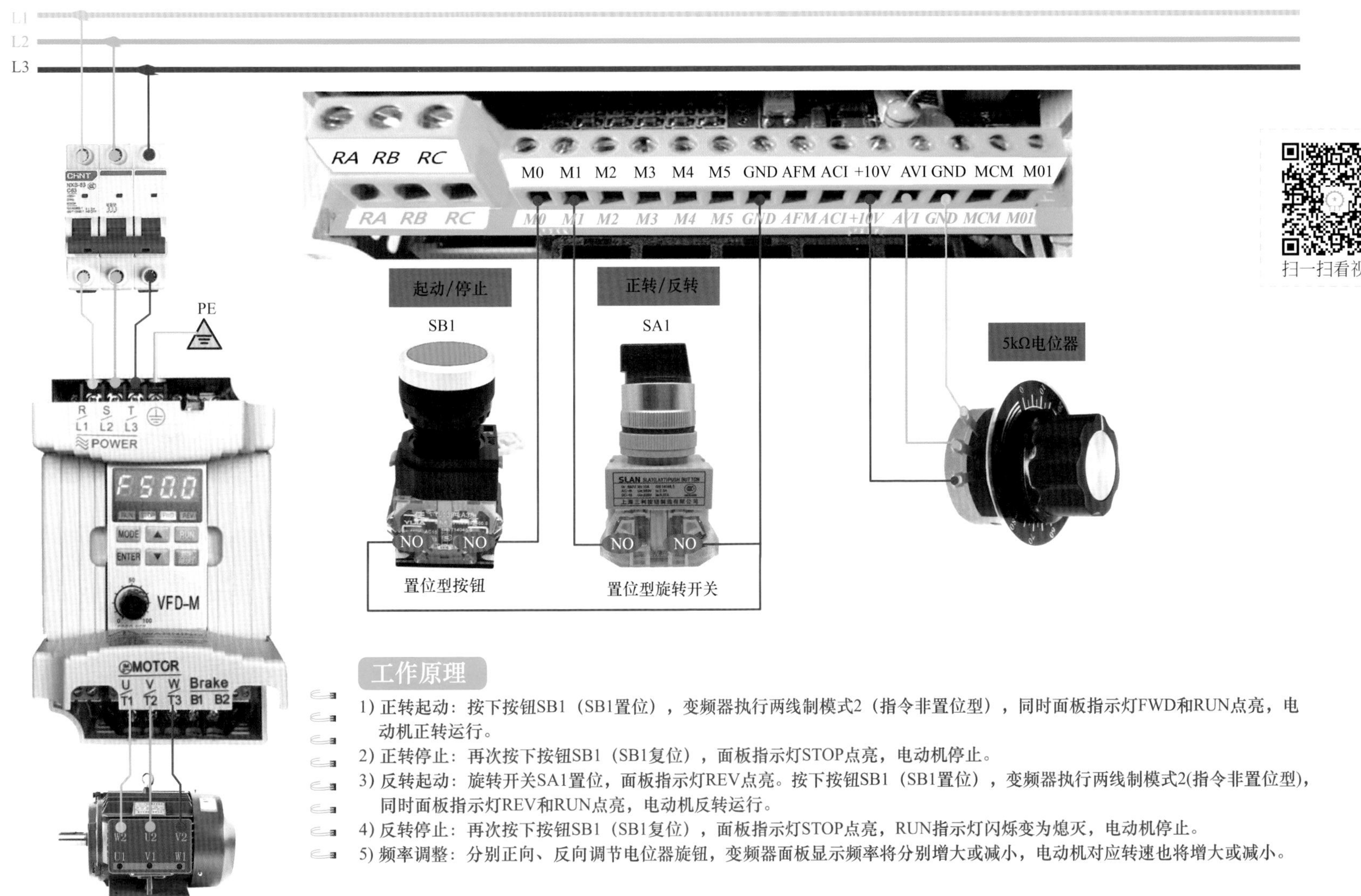

工作原理

1) 正转起动：按下按钮SB1（SB1置位），变频器执行两线制模式2（指令非置位型），同时面板指示灯FWD和RUN点亮，电动机正转运行。
2) 正转停止：再次按下按钮SB1（SB1复位），面板指示灯STOP点亮，电动机停止。
3) 反转起动：旋转开关SA1置位，面板指示灯REV点亮。按下按钮SB1（SB1置位），变频器执行两线制模式2(指令非置位型)，同时面板指示灯REV和RUN点亮，电动机反转运行。
4) 反转停止：再次按下按钮SB1（SB1复位），面板指示灯STOP点亮，RUN指示灯闪烁变为熄灭，电动机停止。
5) 频率调整：分别正向、反向调节电位器旋钮，变频器面板显示频率将分别增大或减小，电动机对应转速也将增大或减小。

台达 **VFD-M** 系列变频器两线制模式 **2** 与模拟量综合应用电路实物接线图

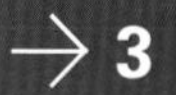

台达 VFD- M 系列变频器三线制模式与模拟量综合应用电路

1.原理图

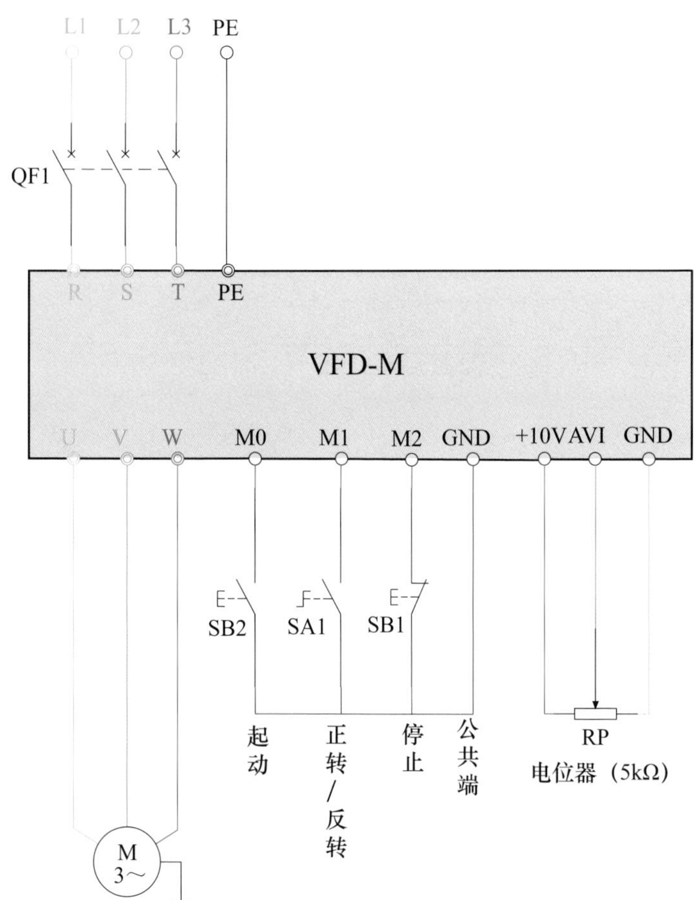

2.元器件明细表

文字符号	名称	型号与选型	电气元件在电路中起的作用
VFD-M	变频器	VFD-022M43A	改变电路中的频率，实现无级调速
QF1	3P10A断路器	NXB-63-3P-D10	电源总开关，在主电路中起控制兼保护作用
M	2.2kW电动机	YE2-90L-2/2.2kW	将电能转换为机械能
RP	电位器	5kΩ	控制变频器频率
SB1	红色按钮	LA38-11NB(自复位型)	停止按钮
SB2	绿色按钮	LA38-11NB(自复位型)	起动按钮
SA1	旋转开关	LA38-11X/21(置位型)	正转/反转

3.变频器基本运行参数和电动机参数

参数码	设定值	含义说明	注意事项
P76	9	恢复出厂设置	
P05	380	电动机额定电压	电动机与变频参数相匹配
P52	3.9	电动机额定电流	电动机与变频参数相匹配
P03	50	电动机最高频率	电动机与变频参数相匹配
P08	0	电动机最低频率	
P10	10	加速时间	根据工艺要求而定
P11	10	减速时间	根据工艺要求而定

4.变频器端子及参数含义说明

端子	功能	参数码	设定值	含义说明
AVI	主频率指令	P00	1	主频率由模拟量0～10V输入AVI
M0、M1、M2	运转信号指令	P01	1	运转信号由外部端子控制
	模式选择	P38	2	三线制模式

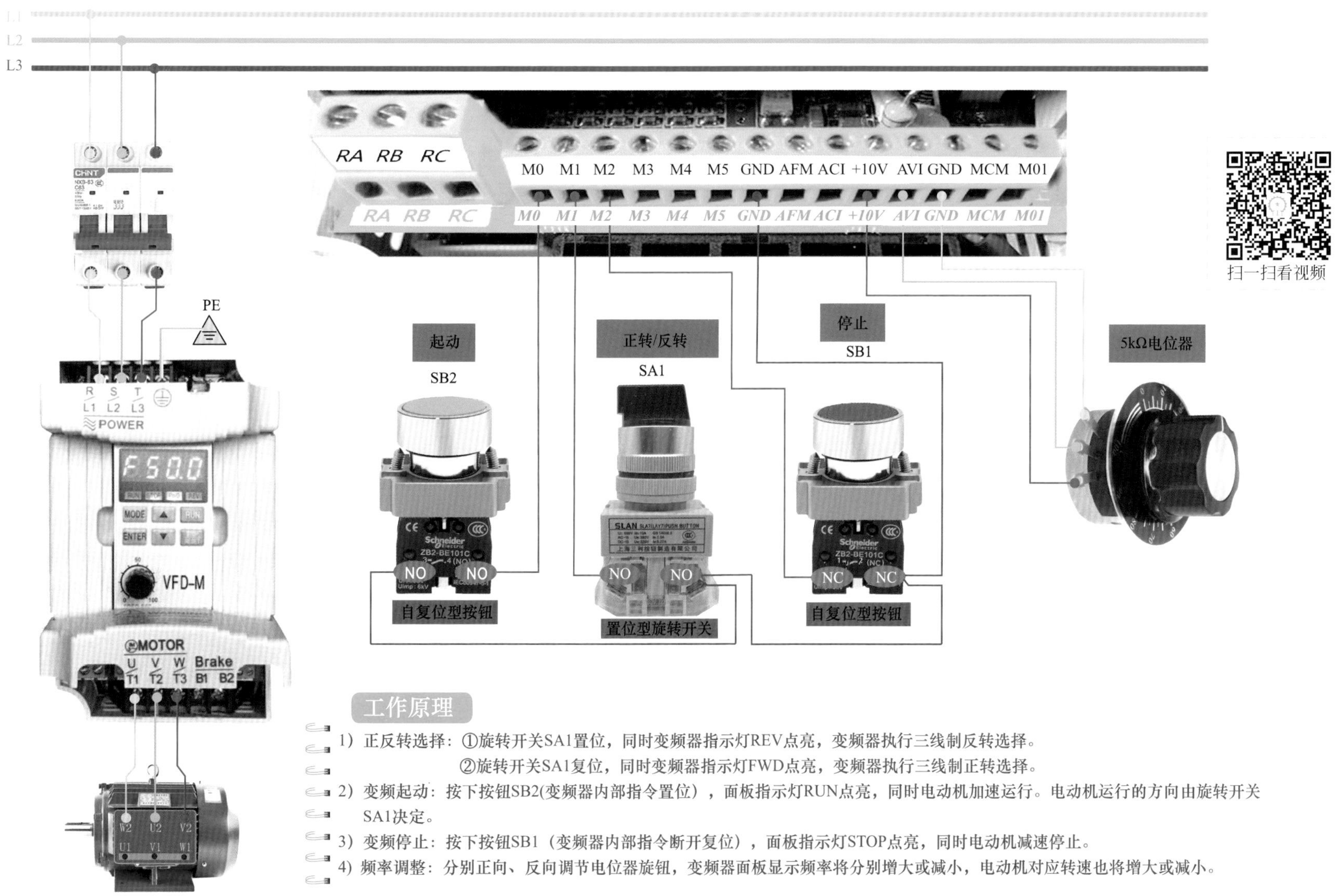

工作原理

1）正反转选择：①旋转开关SA1置位，同时变频器指示灯REV点亮，变频器执行三线制反转选择。
②旋转开关SA1复位，同时变频器指示灯FWD点亮，变频器执行三线制正转选择。

2）变频起动：按下按钮SB2(变频器内部指令置位），面板指示灯RUN点亮，同时电动机加速运行。电动机运行的方向由旋转开关SA1决定。

3）变频停止：按下按钮SB1（变频器内部指令断开复位），面板指示灯STOP点亮，同时电动机减速停止。

4）频率调整：分别正向、反向调节电位器旋钮，变频器面板显示频率将分别增大或减小，电动机对应转速也将增大或减小。

台达 VFD-M 系列变频器三线制模式与模拟量综合应用电路实物接线图

→4 台达 VFD-M 系列变频器连续运行与间歇控制（内部参数）电路

1.原理图

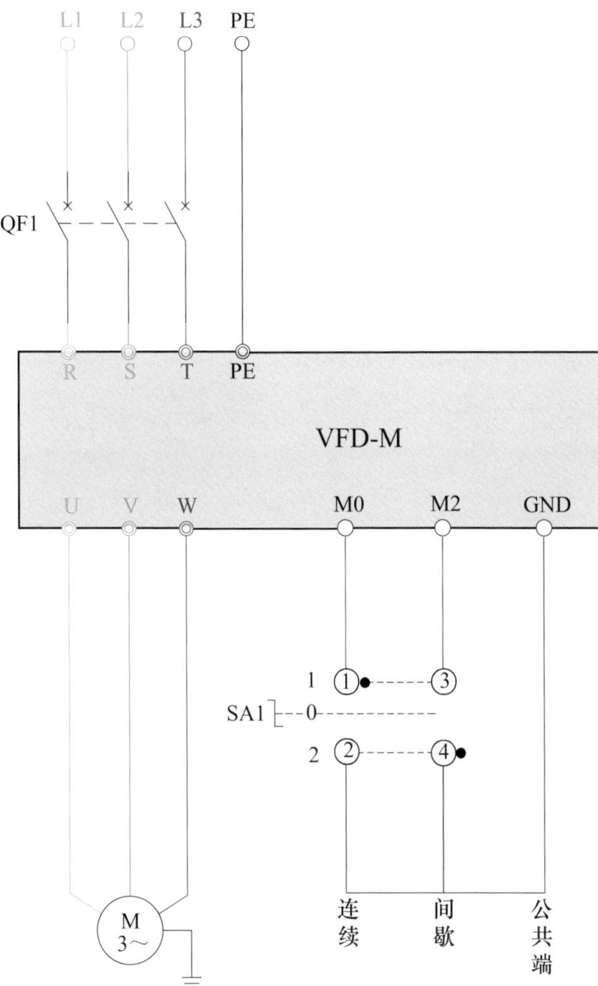

2.元器件明细表

文字符号	名称	型号与选型	电气元件在电路中起的作用
VFD-M	台达变频器	VFD-022M43A	改变电路中的频率，实现无级调速
QF1	3P10A断路器	NXB-63-3P-D10	电源总开关，在主电路中起控制兼保护作用
M	2.2kW电动机	YE2-90L-2/2.2kW	将电能转换为机械能
SA1	三档旋转开关	LA38-20X/31(置位型)	连续/间歇

3.变频器基本运行参数和电动机参数

参数码	设定值	含义说明	注意事项
P76	9	恢复出厂设置	
P05	380	电动机额定电压	电动机与变频参数相匹配
P52	3.9	电动机额定电流	电动机与变频参数相匹配
P03	50	电动机最高频率	电动机与变频参数相匹配
P08	0	电动机最低频率	
P10	10	加速时间	根据工艺要求而定
P11	10	减速时间	根据工艺要求而定

4.变频器端子及参数含义说明

端子	功能	参数码	设定值	含义说明
	主频率指令	P00	4	主频率由变频器面板上的旋钮进行调整
M0	运转信号指令	P01	1	运转信号由外部端子控制
	模式选择	P38	0	两线制模式1(此案例反转不用，M1忽略)
	多段速一频率	P17	25	此案例第二段速必须为0
	多段速二频率	P18	0	
	多段速一运行时间	P81	120	一段速运行时间
	多段速二运行时间	P82	120	二段速运行时间
	程序运转模式设定	P78	2	自动运行循环运转
	程序运行方向设定	P79	2	方向设定(二进制原理，可以参考台达VFD-M系列变频器参数手册)
M2	多功能输入端子	P39	16	M2端子AUTO RUN程序自动运转

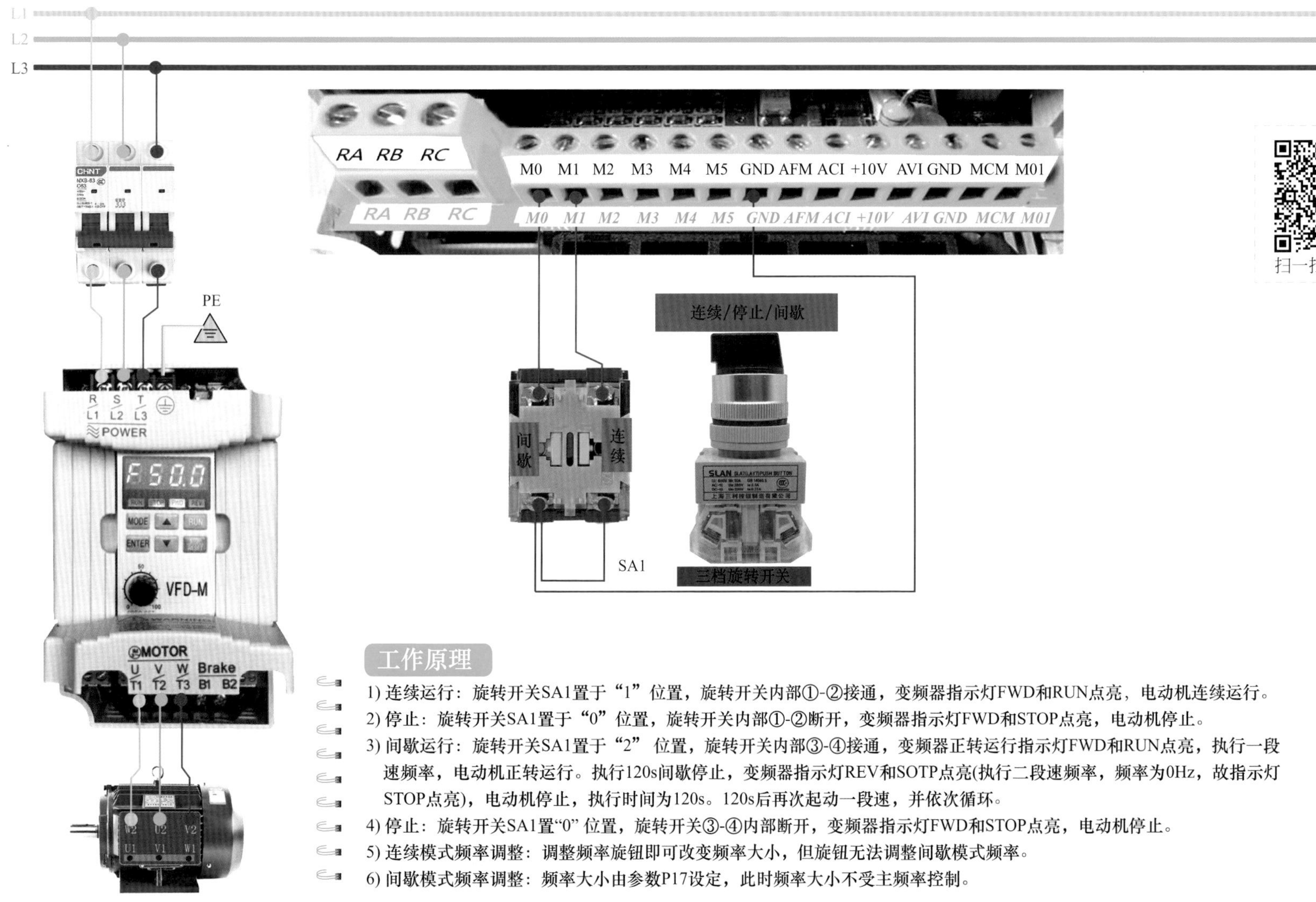

工作原理

1) 连续运行：旋转开关SA1置于“1”位置，旋转开关内部①-②接通，变频器指示灯FWD和RUN点亮，电动机连续运行。

2) 停止：旋转开关SA1置于“0”位置，旋转开关内部①-②断开，变频器指示灯FWD和STOP点亮，电动机停止。

3) 间歇运行：旋转开关SA1置于“2” 位置，旋转开关内部③-④接通，变频器正转运行指示灯FWD和RUN点亮，执行一段速频率，电动机正转运行。执行120s间歇停止，变频器指示灯REV和SOTP点亮(执行二段速频率，频率为0Hz，故指示灯STOP点亮)，电动机停止，执行时间为120s。120s后再次起动一段速，并依次循环。

4) 停止：旋转开关SA1置“0” 位置，旋转开关③-④内部断开，变频器指示灯FWD和STOP点亮，电动机停止。

5) 连续模式频率调整：调整频率旋钮即可改变频率大小，但旋钮无法调整间歇模式频率。

6) 间歇模式频率调整：频率大小由参数P17设定，此时频率大小不受主频率控制。

台达 **VFD-M** 系列变频器连续运行与间歇控制（内部参数）电路实物接线图

→5 台达 VFD-M 系列变频器起停控制与外置频率表电路

1.原理图

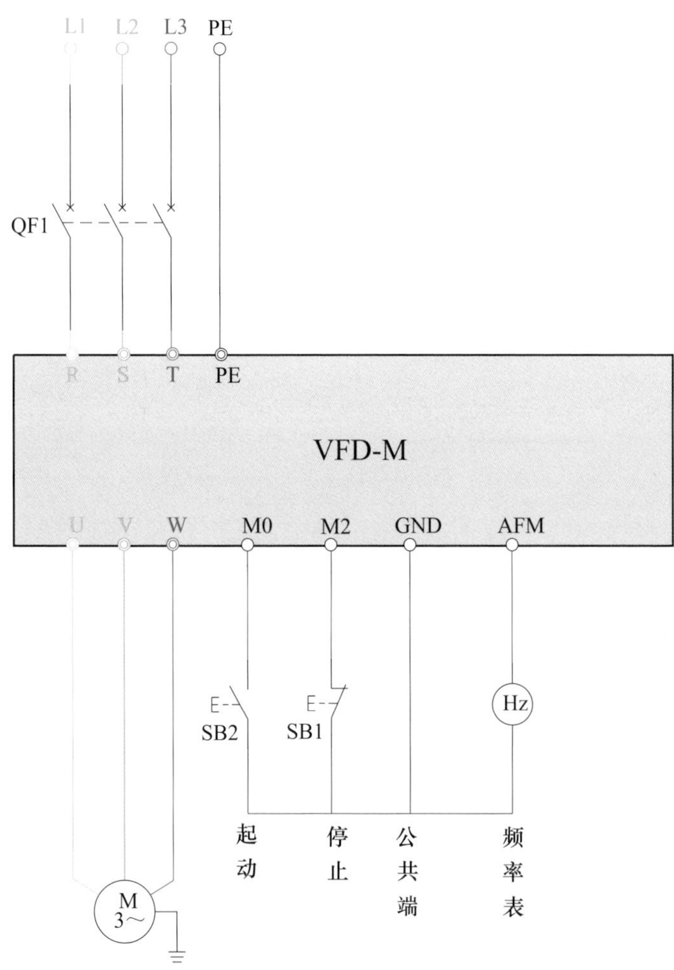

2.元器件明细表

文字符号	名称	型号与选型	电气元件在电路中起的作用
VFD-M	台达变频器	VFD-022M43A	改变电路中的频率，实现无级调速
QF1	3P10A断路器	NXB-63-3P-D10	电源总开关，在主电路中起控制兼保护作用
M	2.2kW电动机	YE2-90L-2/2.2kW	将电能转换为机械能
RP	电位器	5kΩ	控制变频器频率
SB1	红色按钮	LA38-11NB(自复位型)	停止按钮
SB2	绿色按钮	LA38-11NB(自复位型)	起动按钮
Hz	频率表	模拟量0~10V型	外接频率表检测输出频率

3.变频器基本运行参数和电动机参数

参数码	设定值	含义说明	注意事项
P76	9	恢复出厂设置	
P05	380	电动机额定电压	电动机与变频参数相匹配
P52	3.9	电动机额定电流	电动机与变频参数相匹配
P03	50	电动机最高频率	电动机与变频参数相匹配
P08	0	电动机最低频率	
P10	10	加速时间	根据工艺要求而定
P11	10	减速时间	根据工艺要求而定

4.变频器端子及参数含义说明

端子	功能	参数码	设定值	含义说明
	主频率指令	P00	0	通过面板上的上/下键进行调整
M0、M2	运转信号指令	P01	1	运转信号由外部端子控制
	模式选择	P38	2	三线制模式(此案例无反转，M1端子忽略)
AFM	模拟量输出	P44	100	模拟量输出增益为0～200%

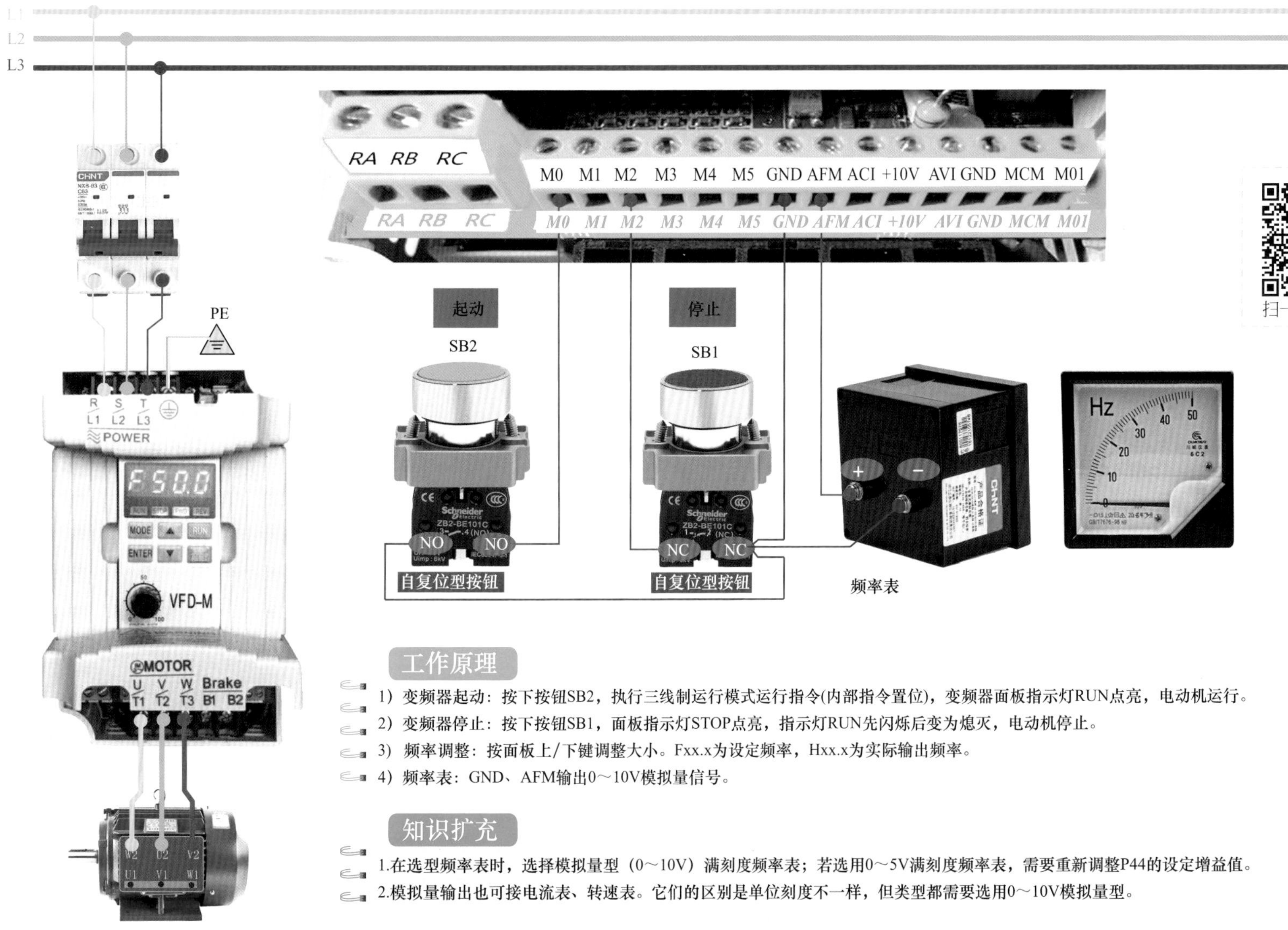

工作原理

1）变频器起动：按下按钮SB2，执行三线制运行模式运行指令(内部指令置位)，变频器面板指示灯RUN点亮，电动机运行。

2）变频器停止：按下按钮SB1，面板指示灯STOP点亮，指示灯RUN先闪烁后变为熄灭，电动机停止。

3）频率调整：按面板上/下键调整大小。Fxx.x为设定频率，Hxx.x为实际输出频率。

4）频率表：GND、AFM输出0～10V模拟量信号。

知识扩充

1.在选型频率表时，选择模拟量型（0～10V）满刻度频率表；若选用0～5V满刻度频率表，需要重新调整P44的设定增益值。

2.模拟量输出也可接电流表、转速表。它们的区别是单位刻度不一样，但类型都需要选用0～10V模拟量型。

台达 VFD-M 系列变频器起停控制与外置频率表电路实物接线图

6 台达 VFD-M 系列变频器正转高频运行、反转低频运行控制电路

1.原理图

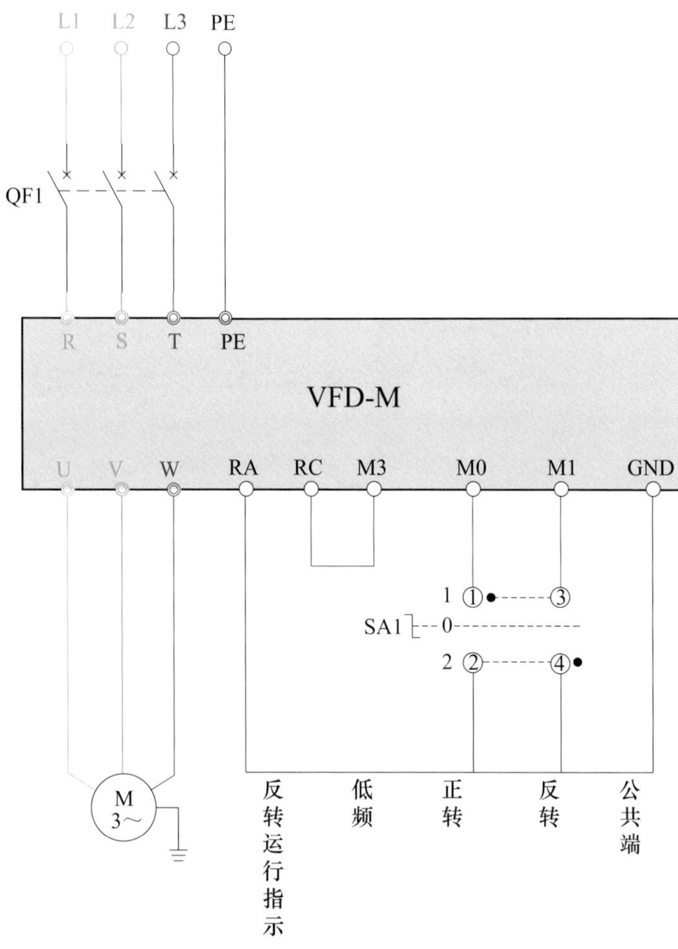

2.元器件明细表

文字符号	名称	型号与选型	电气元件在电路中起的作用
VFD-M	台达变频器	VFD-022M43A	改变电路中的频率，实现无级调速
QF1	3P10A断路器	NXB-63-3P-D10	电源总开关，在主电路中起控制兼保护作用
M	2.2kW电动机	YE2-90L-2/2.2kW	将电能转换为机械能
SA1	三档旋转开关	LA38-20X/31(置位型)	正转、反转、停止

3.变频器基本运行参数和电动机参数

参数码	设定值	含义说明	注意事项
P76	9	恢复出厂设置	
P05	380	电动机额定电压	电动机与变频参数相匹配
P52	3.9	电动机额定电流	电动机与变频参数相匹配
P03	50	电动机最高频率	电动机与变频参数相匹配
P08	0	电动机最低频率	
P10	10	加速时间	根据工艺要求而定
P11	10	减速时间	根据工艺要求而定

4.变频器端子及参数含义说明

端子	功能	参数码	设定值	含义说明
M0、M1	主频率指令	P00	0	主频率有数字操作器控制
	运转信号指令	P01	1	运转信号由外部端子控制
	模式选择	P38	0	两线制模1
	频率设定	P17	10	第一段速频率
M3	多功能输入端子	P40	6	多段速指令一
RA、RC	无源继电器多功能输出	P46	23	反转运行指示

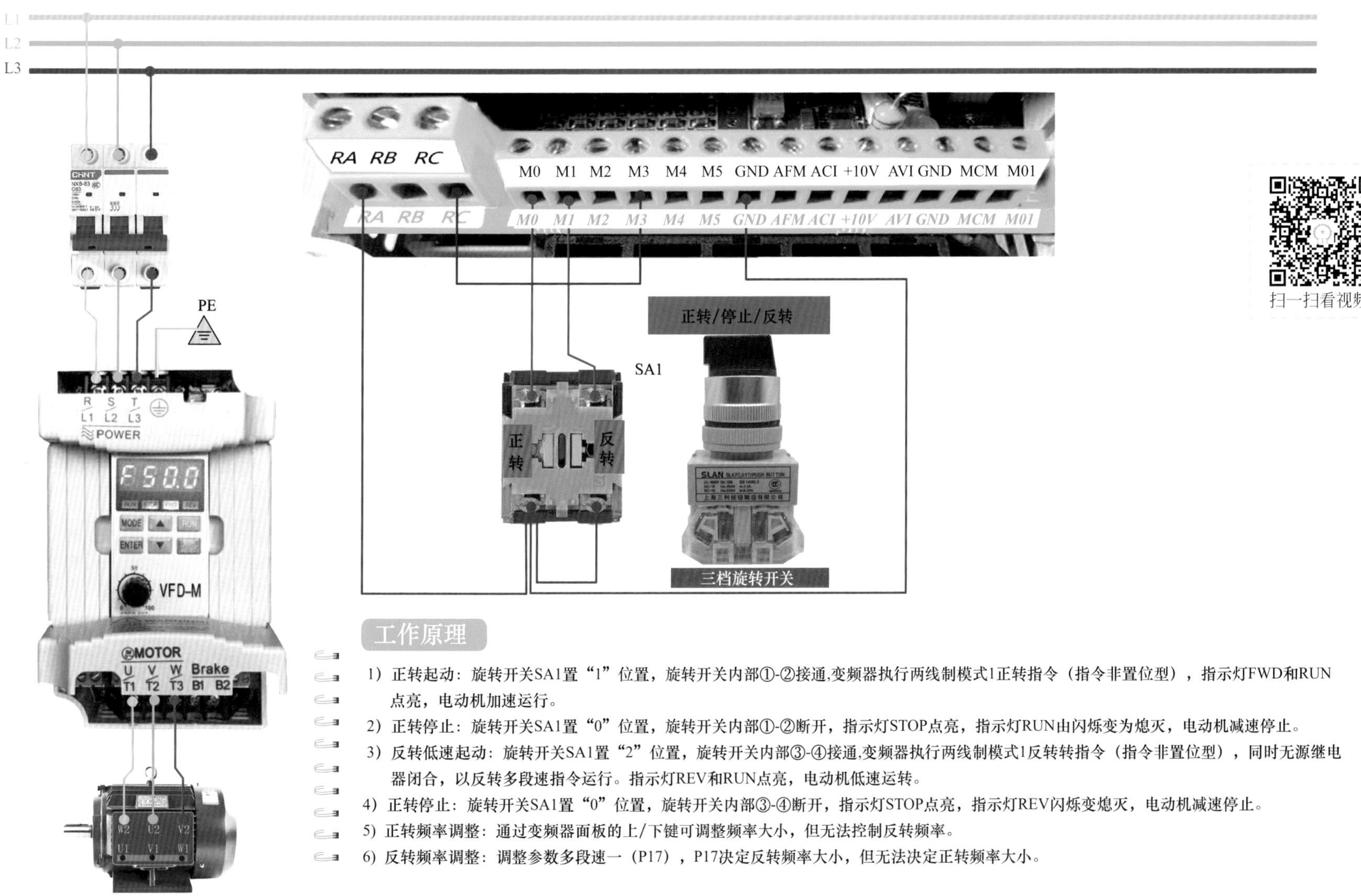

工作原理

1）正转起动：旋转开关SA1置“1”位置，旋转开关内部①-②接通,变频器执行两线制模式1正转指令（指令非置位型），指示灯FWD和RUN点亮，电动机加速运行。

2）正转停止：旋转开关SA1置“0”位置，旋转开关内部①-②断开，指示灯STOP点亮，指示灯RUN由闪烁变为熄灭，电动机减速停止。

3）反转低速起动：旋转开关SA1置“2”位置，旋转开关内部③-④接通,变频器执行两线制模式1反转转指令（指令非置位型），同时无源继电器闭合，以反转多段速指令运行。指示灯REV和RUN点亮，电动机低速运转。

4）正转停止：旋转开关SA1置“0”位置，旋转开关内部③-④断开，指示灯STOP点亮，指示灯REV闪烁变熄灭，电动机减速停止。

5）正转频率调整：通过变频器面板的上/下键可调整频率大小，但无法控制反转频率。

6）反转频率调整：调整参数多段速一（P17），P17决定反转频率大小，但无法决定正转频率大小。

台达 **VFD-M** 系列变频器正转高频运行，反转低频运行控制电路实物接线图

7 用中间继电器控制台达 VFD-M 系列变频器变频起动与停止电路

1.原理图

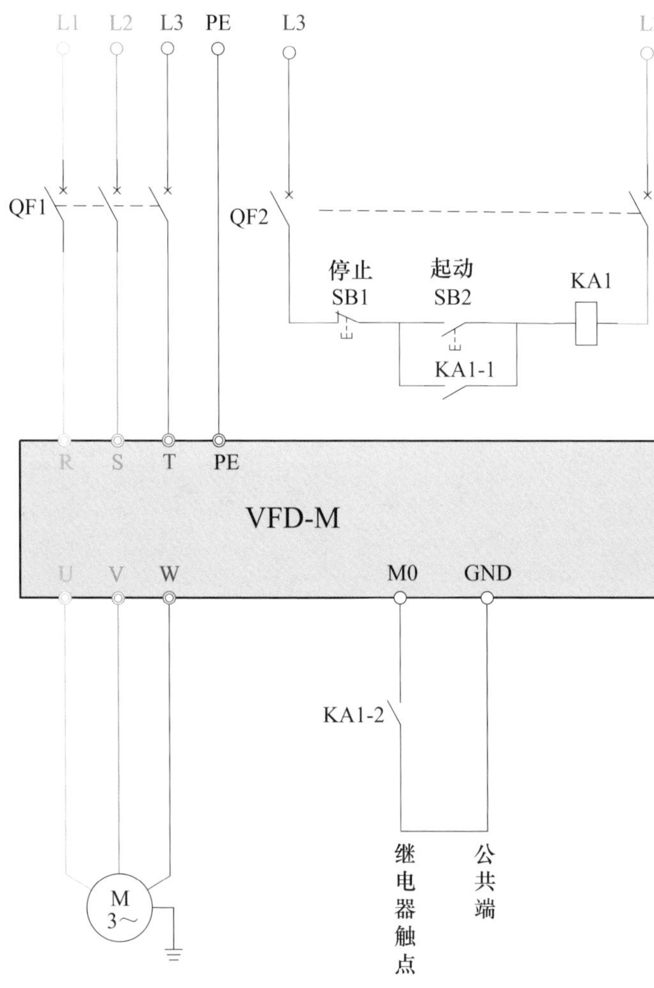

2.元器件明细表

文字符号	名称	型号与选型	电气元件在电路中起的作用
VFD-M	台达变频器	VFD-022M43A	改变电路中的频率，实现无级调速
QF1	3P10A断路器	NXB-63-3P-D10	电源总开关，在主电路中起控制兼保护作用
QF2	2P5A断路器	NXB-63-2P-C05	控制电路电源开关
M	2.2kW电动机	YE2-90L-2/2.2kW	将电能转换为机械能
SB1	红色按钮	LA38-11NB(自复位型)	停止
SB2	绿色按钮	LA38-11NB(自复位型)	起动
KA1	380V中间继电器	JZX-22F-2Z	中间继电器控制变频器起停信号

3.变频器基本运行参数和电动机参数

参数码	设定值	含义说明	注意事项
P76	9	恢复出厂设置	
P05	380	电动机额定电压	电动机与变频参数相匹配
P52	3.9	电动机额定电流	电动机与变频参数相匹配
P03	50	电动机最高频率	电动机与变频参数相匹配
P08	0	电动机最低频率	
P10	10	加速时间	根据工艺要求而定
P11	10	减速时间	根据工艺要求而定

4.变频器端子及参数含义说明

端子	功能	参数码	设定值	含义说明
	主频率指令	P00	0	主频率由变频器面板上的按键设定
	运转信号指令	P01	1	运转信号由外部端子控制
M0	模式选择	P38	0	两线制模式1（此处无反转，M1忽略）

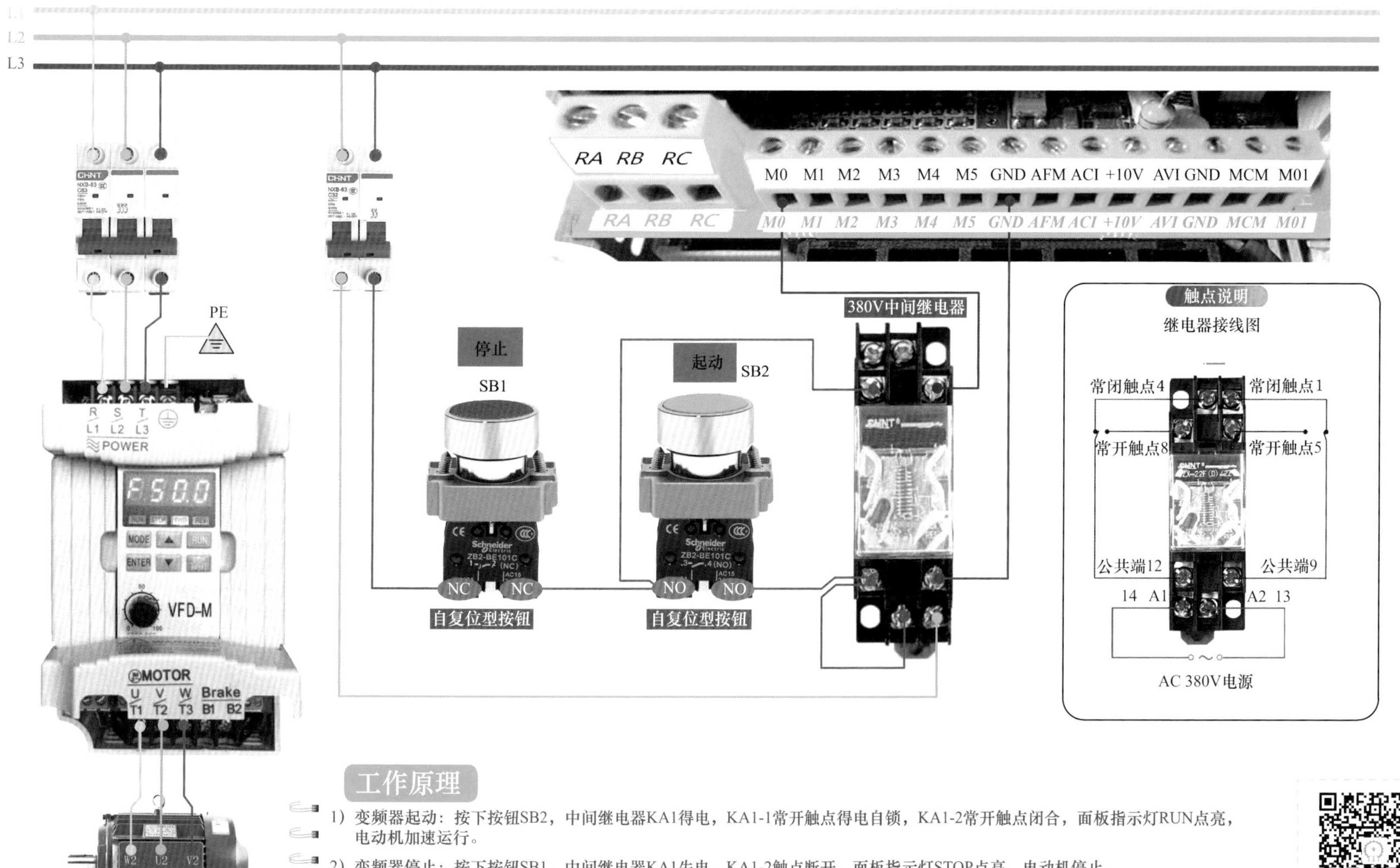

工作原理

1）变频器起动：按下按钮SB2，中间继电器KA1得电，KA1-1常开触点得电自锁，KA1-2常开触点闭合，面板指示灯RUN点亮，电动机加速运行。

2）变频器停止：按下按钮SB1，中间继电器KA1失电，KA1-2触点断开。面板指示灯STOP点亮，电动机停止。

3）频率调整：通过面板上的上/下键调整大小。Fxx.x为设定频率，Hxx.x为实际输出频率。

扫一扫看视频

用中间继电器控制台达 VFD-M 系列变频器变频起动与停止电路实物接线图

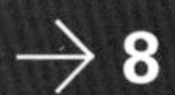

8 台达 VFD-M 系列变频器两地控制电动机起动、停止，及加减速电路（一）

1.原理图

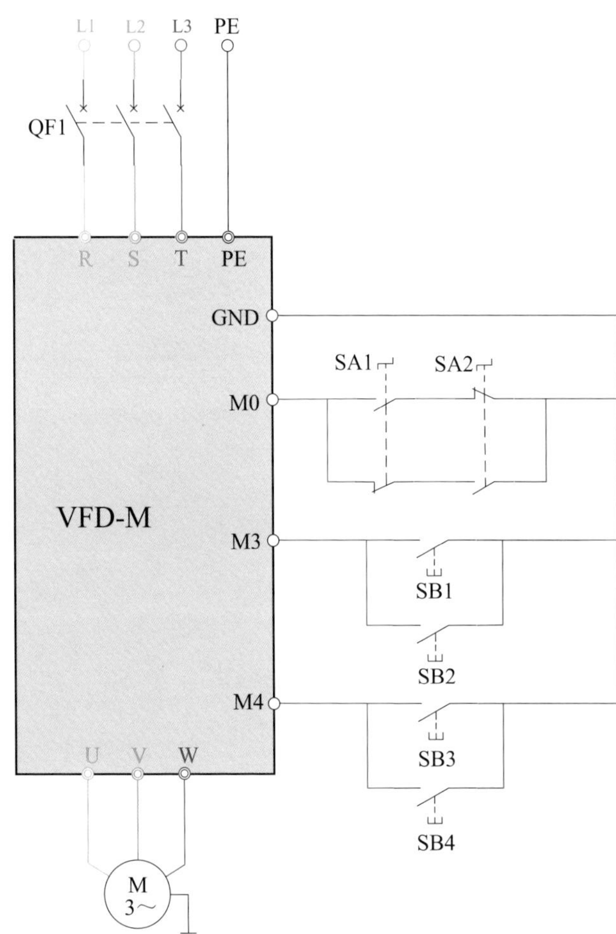

2.元器件明细表

文字符号	名称	型号与选型	电气元件在电路中起的作用
VFD-M	台达变频器	VFD-022M43A	改变电路中的频率，实现无级调速
QF1	3P10A断路器	NXB-63-3P-D10	电源总开关，在主电路中起控制兼保护作用
M	2.2kW电动机	YE2-90L-2/2.2kW	将电能转换为机械能
SA1	两档旋转开关	LA38-11X/21(置位型)	实现甲乙两地控制
SA2	两档旋转开关	LA38-11X/21(置位型)	实现甲乙两地控制
SB1	绿色按钮	LA38-11NB(自复位型)	频率递增
SB2	绿色按钮	LA38-11NB(自复位型)	频率递增
SB3	蓝色按钮	LA38-11NB(自复位型)	频率递减
SB4	蓝色按钮	LA38-11NB(自复位型)	频率递减

3.变频器基本运行参数和电动机参数

参数码	设定值	含义说明	注意事项
P76	9	恢复出厂设置	
P05	380	电动机额定电压	电动机与变频参数相匹配
P52	3.9	电动机额定电流	电动机与变频参数相匹配
P03	50	电动机最高频率	电动机与变频参数相匹配
P08	0	电动机最低频率	
P10	10	加速时间	根据工艺要求而定
P11	10	减速时间	根据工艺要求而定

4.变频器端子及参数含义说明

端子	功能	参数码	设定值	含义说明
	主频率指令	P00	0	主频率输入由面板上下键控制
	运转信号指令	P01	1	运转信号由外部端子控制
M0	模式选择	P38	0	两线制模式1
M3	多功能输入端子	P40	14	频率递增
M4	多功能输入端子	P41	15	频率递减

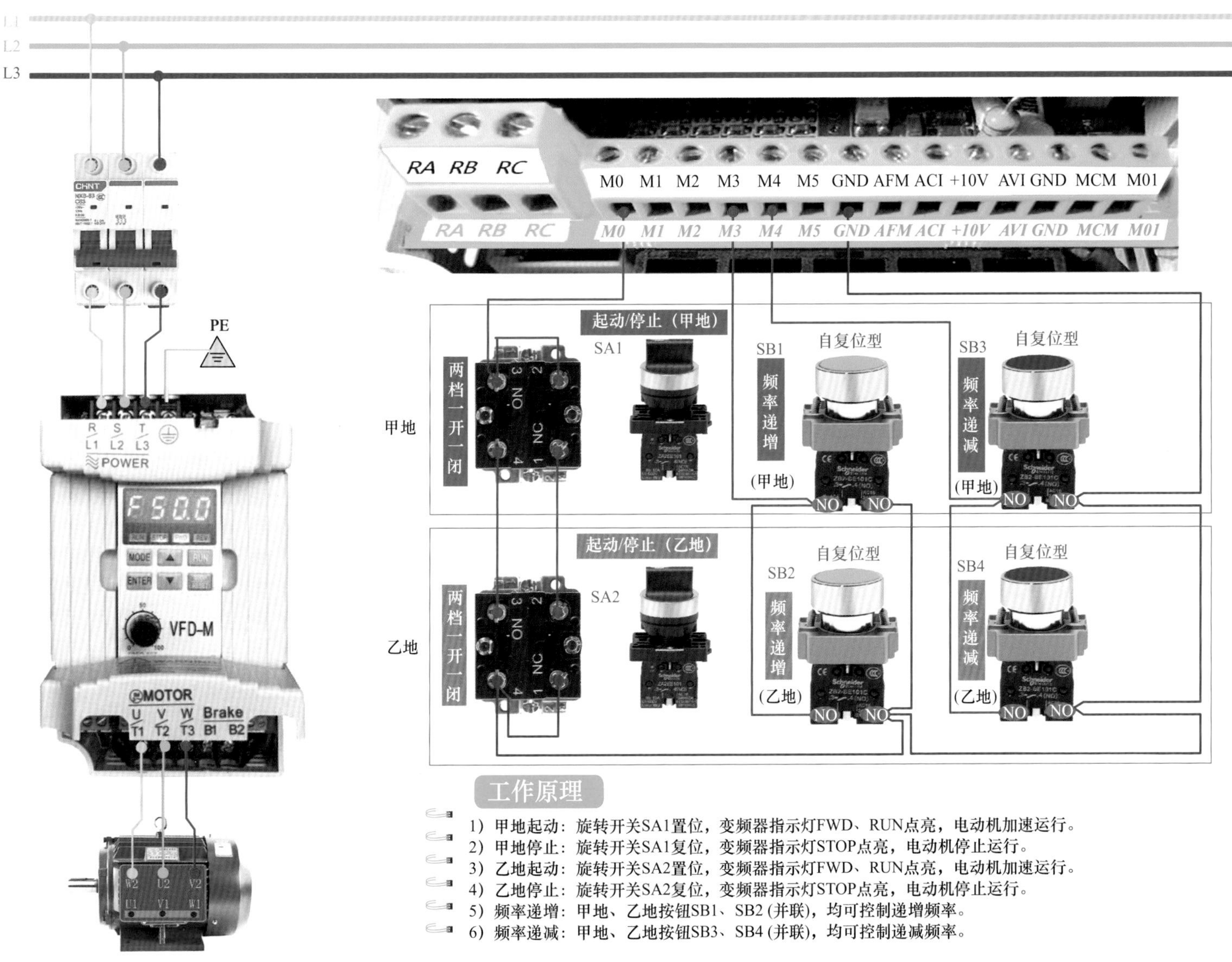

扫一扫看视频

工作原理

1）甲地起动：旋转开关SA1置位，变频器指示灯FWD、RUN点亮，电动机加速运行。
2）甲地停止：旋转开关SA1复位，变频器指示灯STOP点亮，电动机停止运行。
3）乙地起动：旋转开关SA2置位，变频器指示灯FWD、RUN点亮，电动机加速运行。
4）乙地停止：旋转开关SA2复位，变频器指示灯STOP点亮，电动机停止运行。
5）频率递增：甲地、乙地按钮SB1、SB2（并联），均可控制递增频率。
6）频率递减：甲地、乙地按钮SB3、SB4（并联），均可控制递减频率。

台达 **VFD-M** 系列变频器两地控制电动机起动、停止，及加减速电路（一）实物接线图

→9 台达 VFD-M 系列变频器两地控制电动机起动、停止，及加减速电路（二）

1.原理图

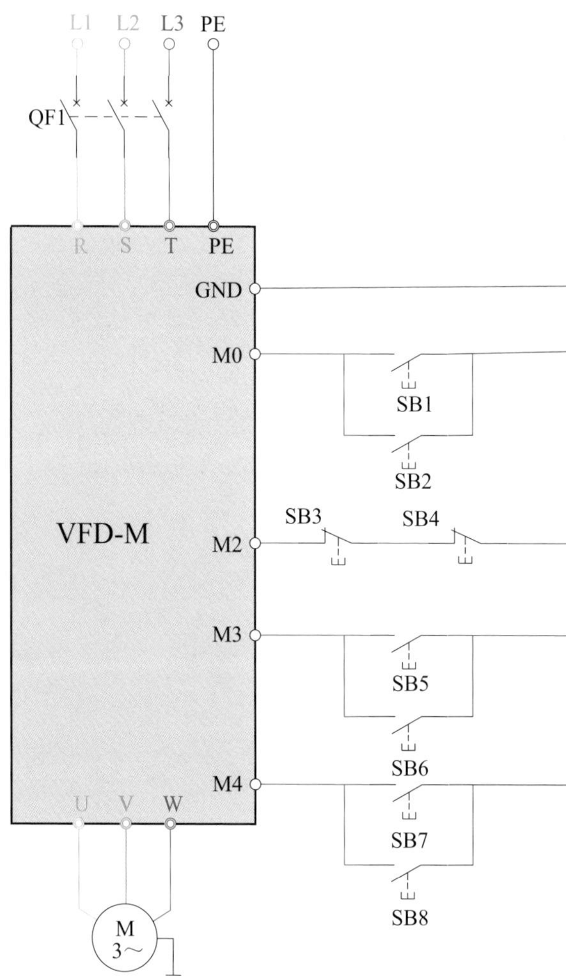

2.元器件明细表

文字符号	名称	型号与选型	电气元件在电路中起的作用
VFD-M	台达变频器	VFD-022M43A	改变电路中的频率，实现无级调速
QF1	3P10A断路器	NXB-63-3P-D10	电源总开关，在主电路中起控制兼保护作用
M	2.2kW电动机	YE2-90L-2/2.2kW	将电能转换为机械能
SB1	绿色按钮	LA38-11NB(自复位型)	甲地起动
SB2	绿色按钮	LA38-11NB(自复位型)	乙地起动
SB3	红色按钮	LA38-11NB(自复位型)	甲地停止
SB4	红色按钮	LA38-11NB(自复位型)	乙地停止
SB5	蓝色按钮	LA38-11NB(自复位型)	甲地频率递增
SB6	蓝色按钮	LA38-11NB(自复位型)	乙地频率递增
SB7	黄色按钮	LA38-11NB(自复位型)	甲地频率递减
SB8	黄色按钮	LA38-11NB(自复位型)	乙地频率递减

3.变频器基本运行参数和电动机参数

参数码	设定值	含义说明	注意事项
P76	9	恢复出厂设置	
P05	380	电动机额定电压	电动机与变频参数相匹配
P52	3.9	电动机额定电流	电动机与变频参数相匹配
P03	50	电动机最高频率	电动机与变频参数相匹配
P08	0	电动机最低频率	
P10	10	加速时间	根据工艺要求而定
P11	10	减速时间	根据工艺要求而定

4.变频器端子及参数含义说明

端子	功能	参数码	设定值	含义说明
	主频率指令	P00	0	主频率输入由面板上的上/下键控制
	运转信号指令	P01	1	运转信号由外部端子控制
M0、M2	模式选择	P38	0	三线制模式（此案例无反转，M1忽略）
M3	多功能输入端子	P40	14	频率递增
M4	多功能输入端子	P41	15	频率递减

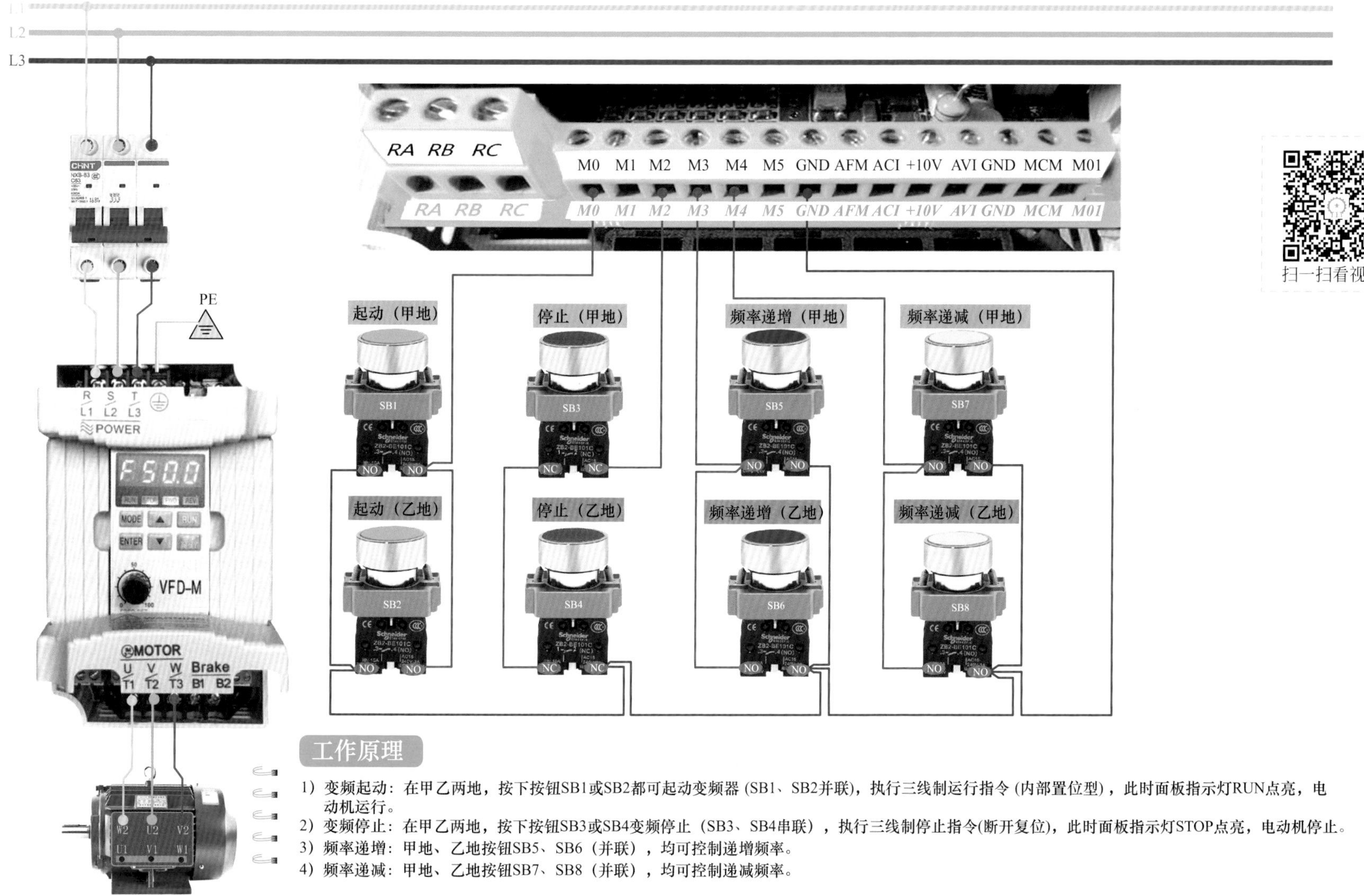

工作原理

1）变频起动：在甲乙两地，按下按钮SB1或SB2都可起动变频器（SB1、SB2并联），执行三线制运行指令（内部置位型），此时面板指示灯RUN点亮，电动机运行。
2）变频停止：在甲乙两地，按下按钮SB3或SB4变频停止（SB3、SB4串联），执行三线制停止指令(断开复位)，此时面板指示灯STOP点亮，电动机停止。
3）频率递增：甲地、乙地按钮SB5、SB6（并联），均可控制递增频率。
4）频率递减：甲地、乙地按钮SB7、SB8（并联），均可控制递减频率。

台达 **VFD-M** 系列变频器两地控制电动机起动、停止，及加减速电路（二）实物接线图

10 台达 VFD-M 系列变频器由按钮与电位器实现频率自由切换电路

1.原理图

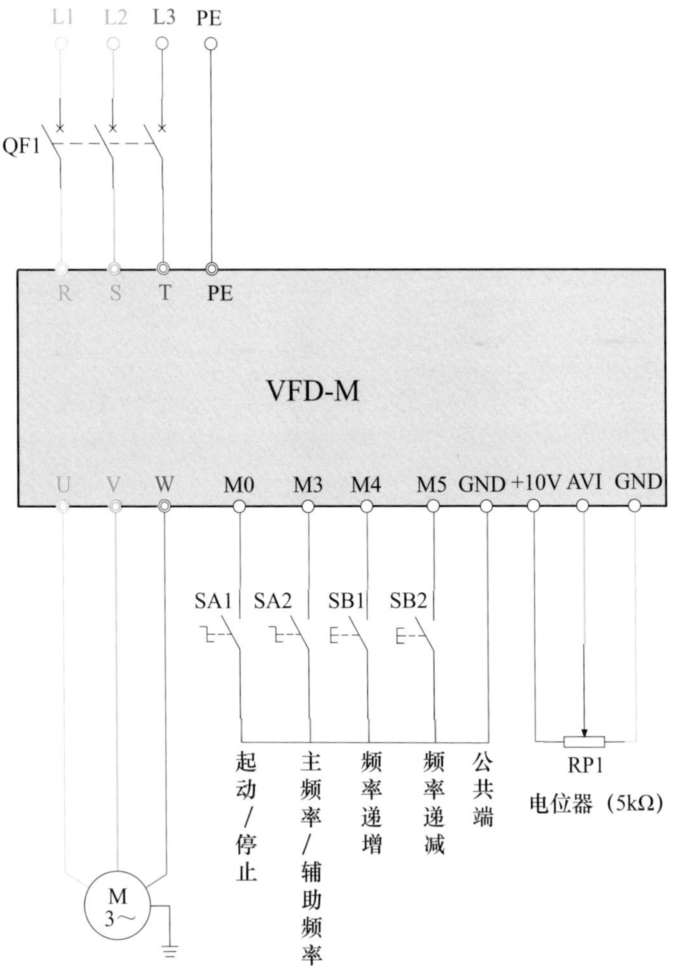

2.元器件明细表

文字符号	名称	型号与选型	电气元件在电路中起的作用
VFD-M	台达变频器	VFD-022M43A	改变电路中的频率，实现无级调速
QF1	3P10A断路器	NXB-63-3P-D10	电源总开关，在主电路中起控制兼保护作用
M	2.2kW电动机	YE2-90L-2/2.2kW	将电能转换为机械能
SA1	两档旋转开关	LA38-11X/21(置位型)	起动/停止
SA2	两档旋转开关	LA38-11X/21(置位型)	主频率/第二频率（辅助频率）
SB1	绿色按钮	LA38-11NB(自复位型)	频率递增
SB2	蓝色按钮	LA38-11NB(自复位型)	频率递减
RP1	电位器	5kΩ	第二频率调节

3.变频器基本运行参数和电动机参数

参数码	设定值	含义说明	注意事项
P76	9	恢复出厂设置	
P05	380	电动机额定电压	电动机与变频参数相匹配
P52	3.9	电动机额定电流	电动机与变频参数相匹配
P03	50	电动机最高频率	电动机与变频参数相匹配
P08	0	电动机最低频率	
P10	10	加速时间	根据工艺要求而定
P11	10	减速时间	根据工艺要求而定

4.变频器端子及参数含义说明

端子	功能	参数码	设定值	含义说明
	主频率指令	P00	0	主频率输入由面板上的上/下键控制
M0	运转信号指令	P01	1	运转信号由外部端子控制
	模式选择	P38	0	两线制模式1(此案例无反转，M1忽略)
M3	开启第二频率	P40	28	开启第二频率
M4	频率递增	P41	14	频率递增（多功能端子）
M5	频率递减	P42	15	频率递减（多功能端子）
AVI	辅助频率通道	P142	1	第二频率来源为模拟量信号0~10V输入

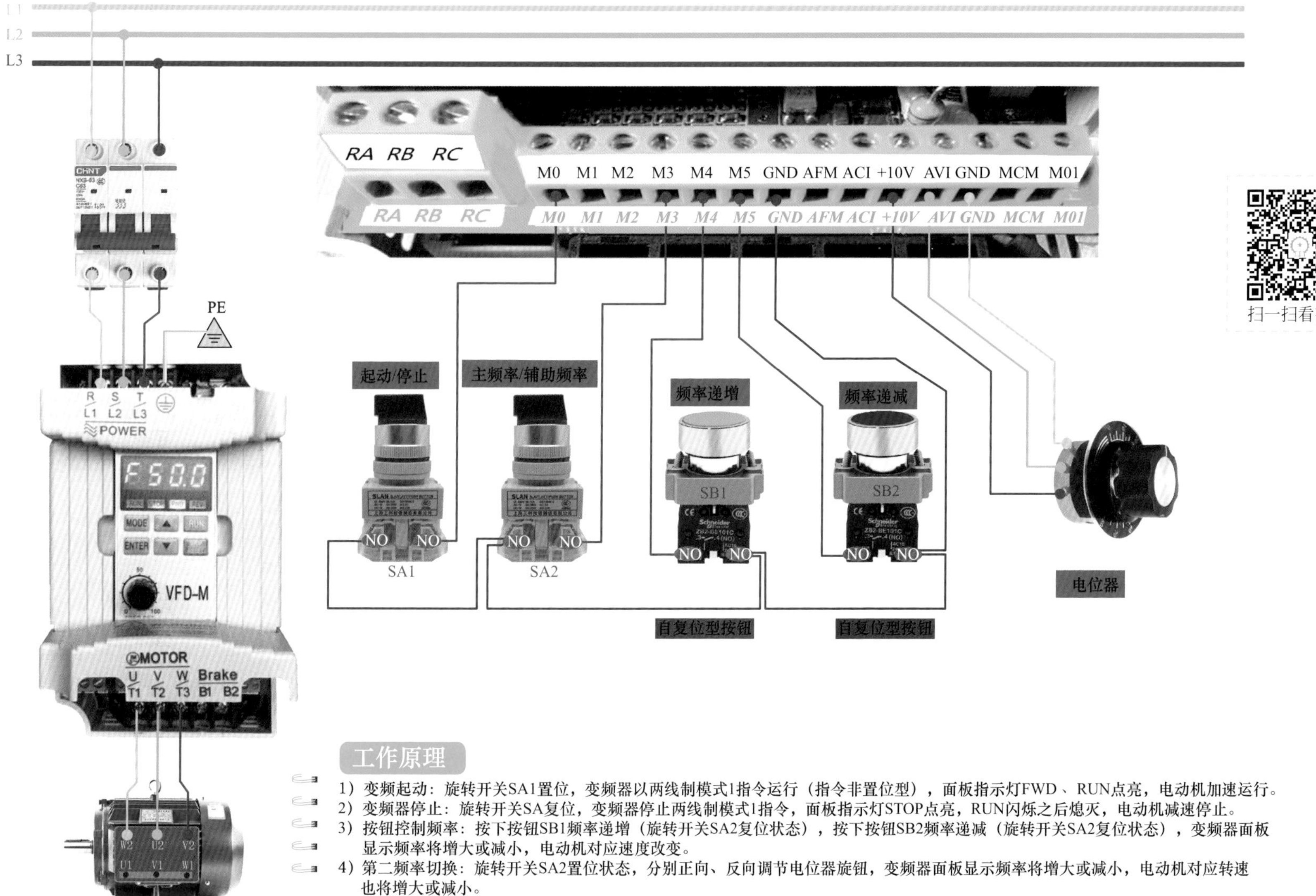

工作原理

1）变频起动：旋转开关SA1置位，变频器以两线制模式1指令运行（指令非置位型），面板指示灯FWD、RUN点亮，电动机加速运行。

2）变频器停止：旋转开关SA复位，变频器停止两线制模式1指令，面板指示灯STOP点亮，RUN闪烁之后熄灭，电动机减速停止。

3）按钮控制频率：按下按钮SB1频率递增（旋转开关SA2复位状态），按下按钮SB2频率递减（旋转开关SA2复位状态），变频器面板显示频率将增大或减小，电动机对应速度改变。

4）第二频率切换：旋转开关SA2置位状态，分别正向、反向调节电位器旋钮，变频器面板显示频率将增大或减小，电动机对应转速也将增大或减小。

台达 **VFD-M** 系列变频器由按钮与电位器实现频率自由切换电路实物接线图

11 台达 VFD-M 系列变频器连续控制与点动控制电路

1.原理图

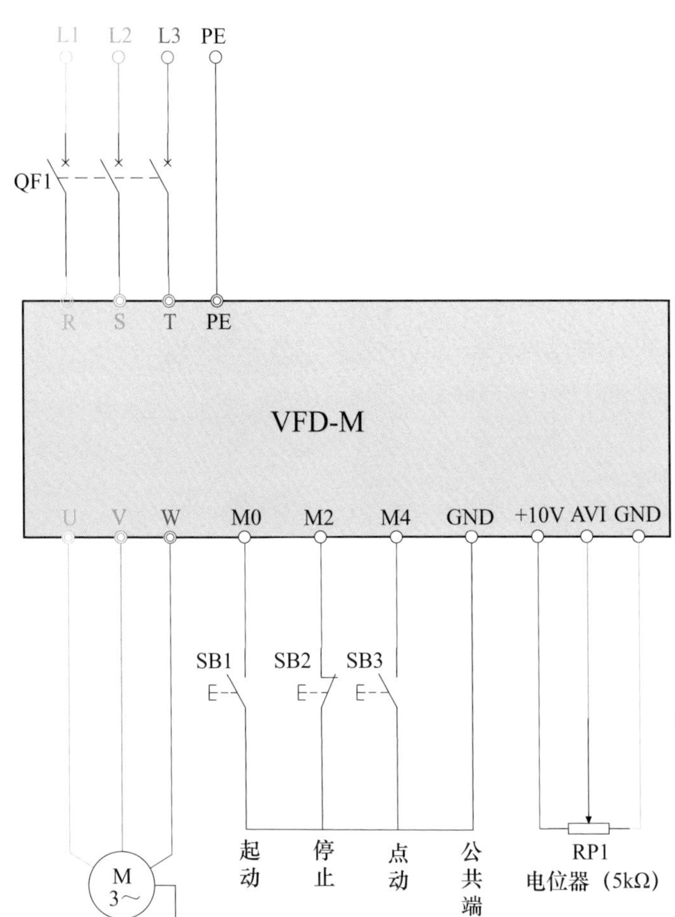

2.元器件明细表

文字符号	名称	型号与选型	电气元件在电路中起的作用
VFD-M	台达变频器	VFD-022M43A	改变电路中的频率，实现无级调速
QF1	3P10A断路器	NXB-63-3P-D10	电源总开关，在主电路中起控制兼保护作用
M	2.2kW电动机	YE2-90L-2/2.2kW	将电能转换为机械能
RP1	电位器	5kΩ	控制变频器输出频率
SB1	绿色按钮	LA38-11NB(自复位型)	起动
SB2	红色按钮	LA38-11NB(自复位型)	停止
SB3	黄色按钮	LA38-11NB(自复位型)	点动

3.变频器基本运行参数和电动机参数

参数码	设定值	含义说明	注意事项
P76	9	恢复出厂设置	
P05	380	电动机额定电压	电动机与变频参数相匹配
P52	3.9	电动机额定电流	电动机与变频参数相匹配
P03	50	电动机最高频率	电动机与变频参数相匹配
P08	0	电动机最低频率	
P10	10	加速时间	根据工艺要求而定
P11	10	减速时间	根据工艺要求而定

4.变频器端子及参数含义说明

端子	功能	参数码	设定值	含义说明
AVI	主频率指令	P00	1	主频率由模拟量信号0～10V输入
	运转信号指令	P01	1	运转信号由外部端子控制
M0、M2	模式选择	P38	2	三线制模式(此案例无反转，M1忽略)
M4	多功能端子	P41	9	点动运行

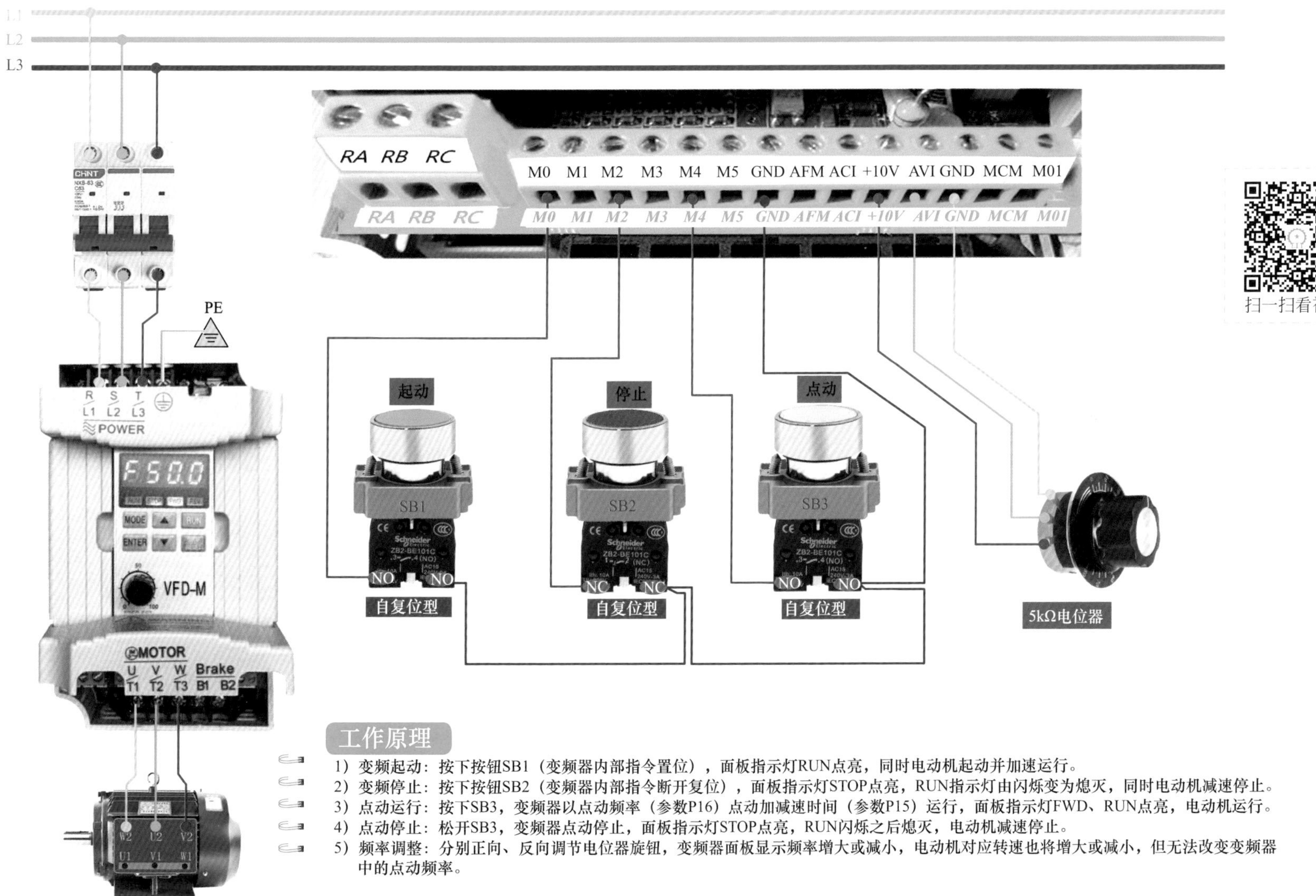

工作原理

1）变频起动：按下按钮SB1（变频器内部指令置位），面板指示灯RUN点亮，同时电动机起动并加速运行。

2）变频停止：按下按钮SB2（变频器内部指令断开复位），面板指示灯STOP点亮，RUN指示灯由闪烁变为熄灭，同时电动机减速停止。

3）点动运行：按下SB3，变频器以点动频率（参数P16）点动加减速时间（参数P15）运行，面板指示灯FWD、RUN点亮，电动机运行。

4）点动停止：松开SB3，变频器点动停止，面板指示灯STOP点亮，RUN闪烁之后熄灭，电动机减速停止。

5）频率调整：分别正向、反向调节电位器旋钮，变频器面板显示频率增大或减小，电动机对应转速也将增大或减小，但无法改变变频器中的点动频率。

台达 **VFD-M** 系列变频器连续控制与点动控制电路实物接线图

→12 台达 VFD-M 系列变频器间歇控制电路

1.原理图

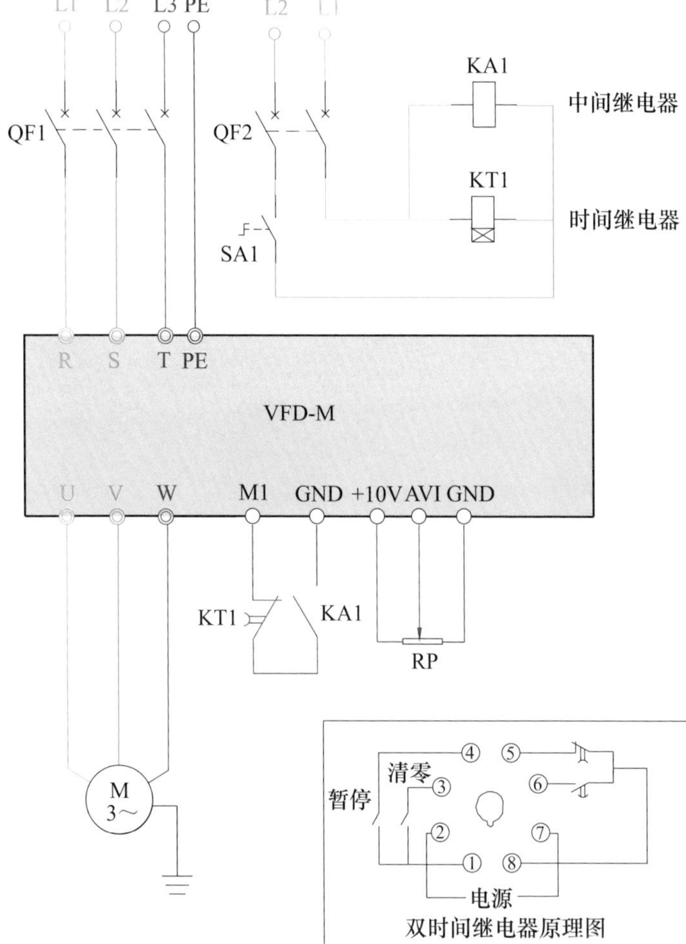

2.元器件明细表

文字符号	名称	型号与选型	电气元件在电路中起的作用
VFD-M	台达变频器	VFD-022M43A	改变电路中的频率，实现无级调速
QF1	3P10A断路器	NXB-63-3P-D10	电源总开关，在主电路中起控制兼保护作用
QF2	2P5A断路器	NXB-63-2P-C0-5	控制电路电源开关
M	2.2kW电动机	YE2-90L-2/2.2kW	将电能转换为机械能
RP	电位器	5kΩ	控制变频器输出频率
SA1	两档旋转开关	LA38-11X/21(置位型)	起动与停止
KT1	380V双时间继电器	JSS48A-S	间歇控制起停
KA1	380V中间继电器	JZX-22F-2Z	起动与停止

3.变频器基本运行参数和电动机参数

参数码	设定值	含义说明	注意事项
P76	9	恢复出厂设置	
P05	380	电动机额定电压	电动机与变频参数相匹配
P52	3.9	电动机额定电流	电动机与变频参数相匹配
P03	50	电动机最高频率	电动机与变频参数相匹配
P08	0	电动机最低频率	
P10	10	加速时间	根据工艺要求而定
P11	10	减速时间	根据工艺要求而定

4.变频器端子及参数含义说明

端子	功能	参数码	设定值	含义说明
AVI	主频率指令	P00	1	主频率由模拟量信号0～10V输入
	运转信号指令	P01	1	运转信号由外部端子控制
M1	模式选择	P38	0	两线制模式1

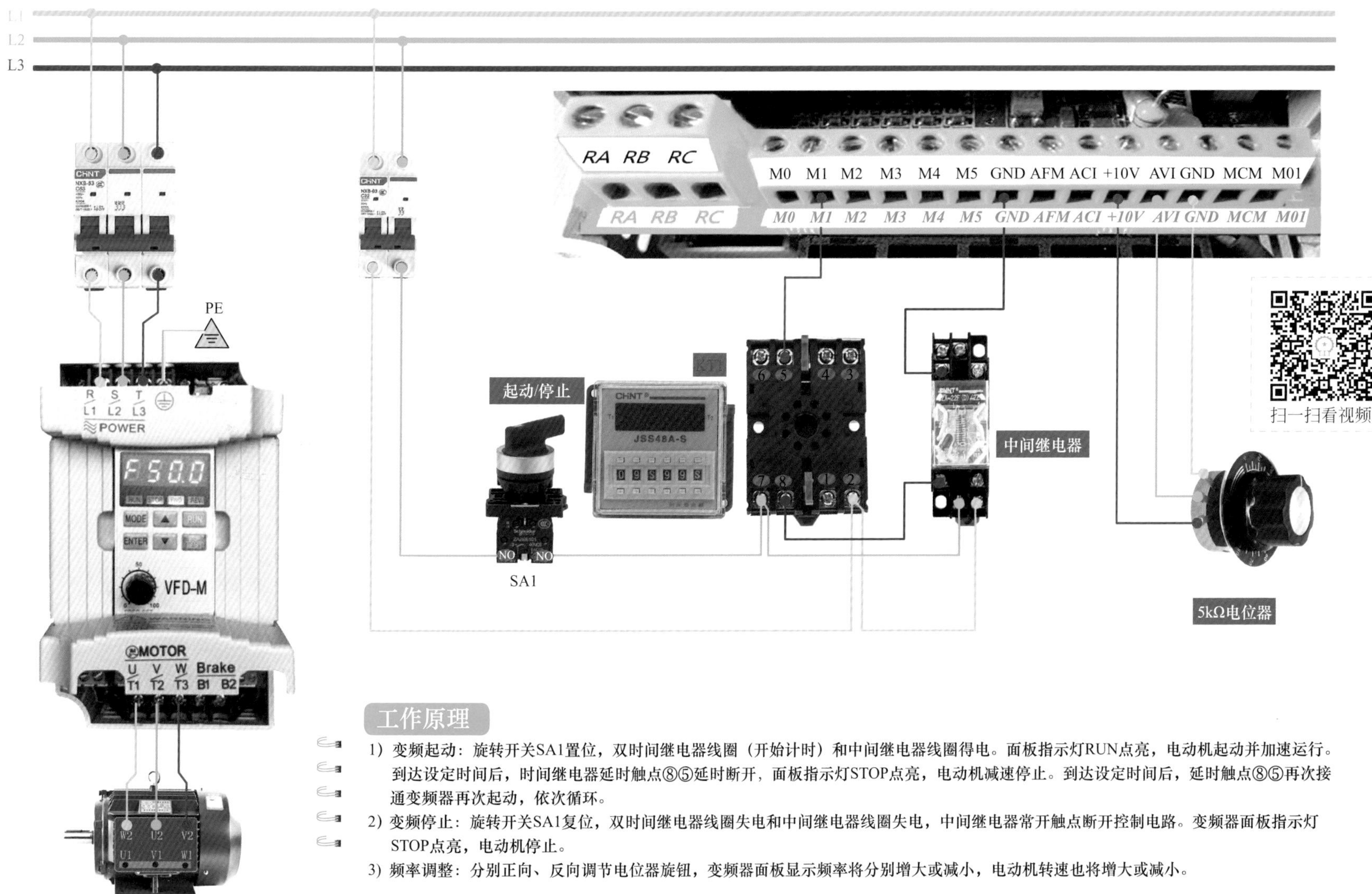

工作原理

1）变频起动：旋转开关SA1置位，双时间继电器线圈（开始计时）和中间继电器线圈得电。面板指示灯RUN点亮，电动机起动并加速运行。到达设定时间后，时间继电器延时触点⑧⑤延时断开，面板指示灯STOP点亮，电动机减速停止。到达设定时间后，延时触点⑧⑤再次接通变频器再次起动，依次循环。

2）变频停止：旋转开关SA1复位，双时间继电器线圈失电和中间继电器线圈失电，中间继电器常开触点断开控制电路。变频器面板指示灯STOP点亮，电动机停止。

3）频率调整：分别正向、反向调节电位器旋钮，变频器面板显示频率将分别增大或减小，电动机转速也将增大或减小。

台达 VFD-M 系列变频器间歇控制电路实物接线图

→13 两台台达 VFD-M 系列变频器顺序起动逆序停止电路

1.原理图

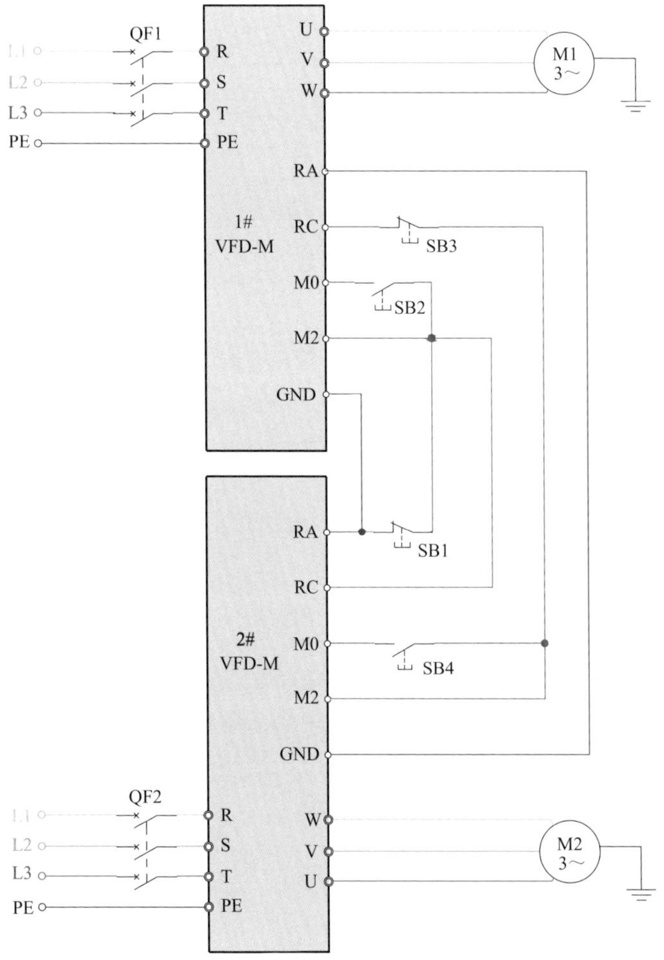

2.元器件明细表

文字符号	名称	型号与选型	电气元件在电路中起的作用
1#VFD-M	台达变频器	VFD-022M43A	改变电路中的频率，实现无级调速
2#VFD-M	台达变频器	VFD-022M43A	改变电路中的频率，实现无级调速
QF1	3P10A断路器	NXB-63-3P-D10	电源总开关，在主电路中起控制兼保护作用
QF2	3P10A断路器	NXB-63-3P-D10	电源总开关，在主电路中起控制兼保护作用
M1	2.2kW电动机	YE2-90L-2/2.2kW	将电能转换为机械能
M2	2.2kW电动机	YE2-90L-2/2.2kW	将电能转换为机械能
SB1	红色按钮	LA38-11NB(自复位型)	1#停止
SB2	绿色按钮	LA38-11NB(自复位型)	2#起动
SB3	红色按钮	LA38-11NB(自复位型)	1#停止
SB4	绿色按钮	LA38-11NB(自复位型)	2#起动

3.变频器基本运行参数和电动机参数(1#和2#参数相同)

参数码	设定值	含义说明	注意事项
P76	9	恢复出厂设置	
P05	380	电动机额定电压	电动机与变频参数相匹配
P52	3.9	电动机额定电流	电动机与变频参数相匹配
P03	50	电动机最高频率	电动机与变频参数相匹配
P08	0	电动机最低频率	
P10	10	加速时间	根据工艺要求而定
P11	10	减速时间	根据工艺要求而定

4.变频器端子及参数含义说明(1#和2#参数相同)

端子	功能	参数码	设定值	含义说明
	主频率指令	P00	0	主频率输入由面板上的上/下键设定
	运转信号指令	P01	1	运转信号由外部端子控制
M0、M2	模式选择	P38	2	三线制模式(此案例无反转，M1忽略)
RA、RC	多功能输出	P46	0	运行指示(变频器运行时，RA、RC均闭合)

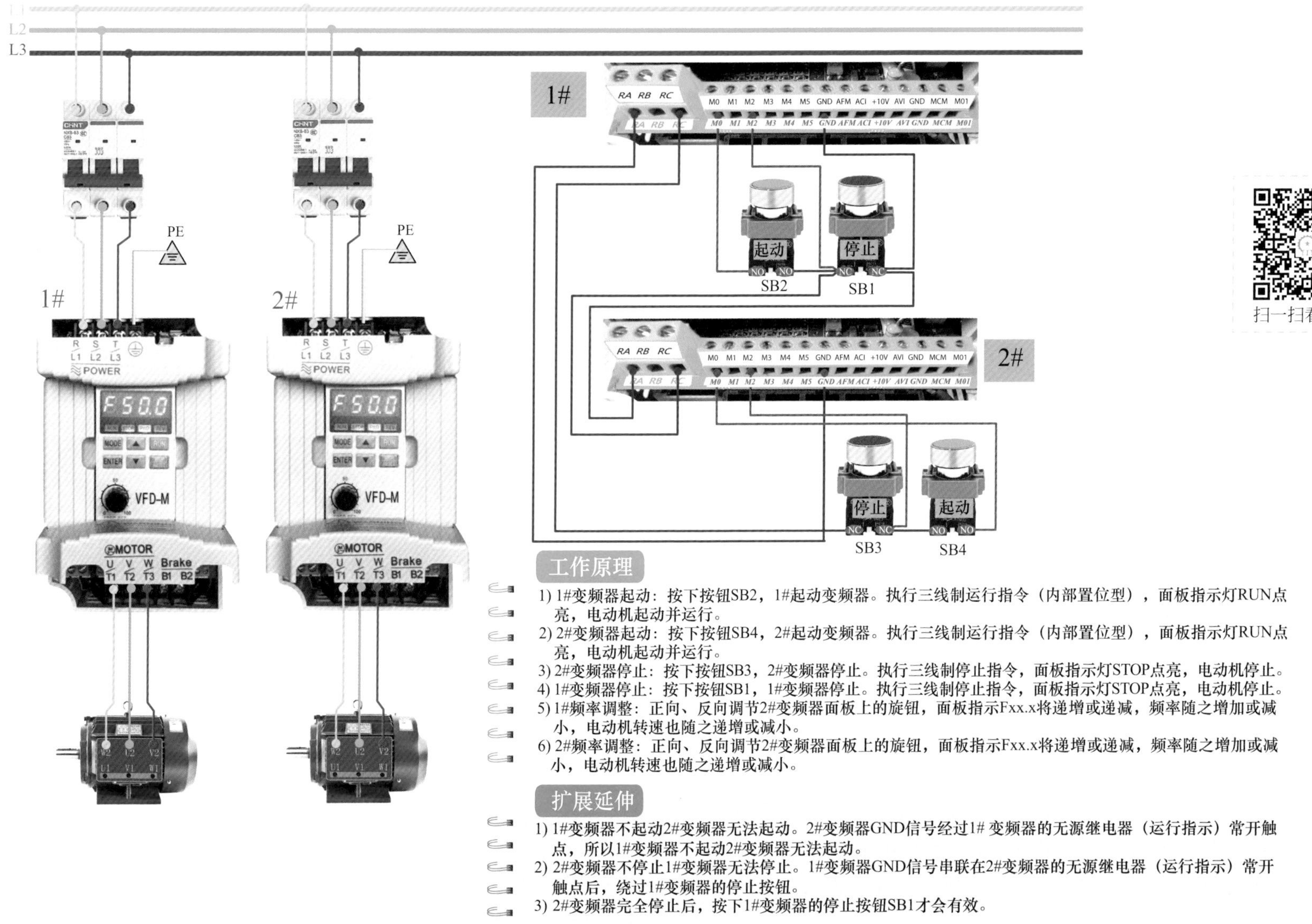

工作原理

1) 1#变频器起动：按下按钮SB2，1#起动变频器。执行三线制运行指令（内部置位型），面板指示灯RUN点亮，电动机起动并运行。

2) 2#变频器起动：按下按钮SB4，2#起动变频器。执行三线制运行指令（内部置位型），面板指示灯RUN点亮，电动机起动并运行。

3) 2#变频器停止：按下按钮SB3，2#变频器停止。执行三线制停止指令，面板指示灯STOP点亮，电动机停止。

4) 1#变频器停止：按下按钮SB1，1#变频器停止。执行三线制停止指令，面板指示灯STOP点亮，电动机停止。

5) 1#频率调整：正向、反向调节2#变频器面板上的旋钮，面板指示Fxx.x将递增或递减，频率随之增加或减小，电动机转速也随之递增或减小。

6) 2#频率调整：正向、反向调节2#变频器面板上的旋钮，面板指示Fxx.x将递增或递减，频率随之增加或减小，电动机转速也随之递增或减小。

扩展延伸

1) 1#变频器不起动2#变频器无法起动。2#变频器GND信号经过1# 变频器的无源继电器（运行指示）常开触点，所以1#变频器不起动2#变频器无法起动。

2) 2#变频器不停止1#变频器无法停止。1#变频器GND信号串联在2#变频器的无源继电器（运行指示）常开触点后，绕过1#变频器的停止按钮。

3) 2#变频器完全停止后，按下1#变频器的停止按钮SB1才会有效。

两台台达 **VFD-M** 系列变频器顺序起动逆序停止电路实物接线图

扫一扫看视频

→14 两台台达 VFD-M 系列变频器顺序起动顺序停止电路

1.原理图

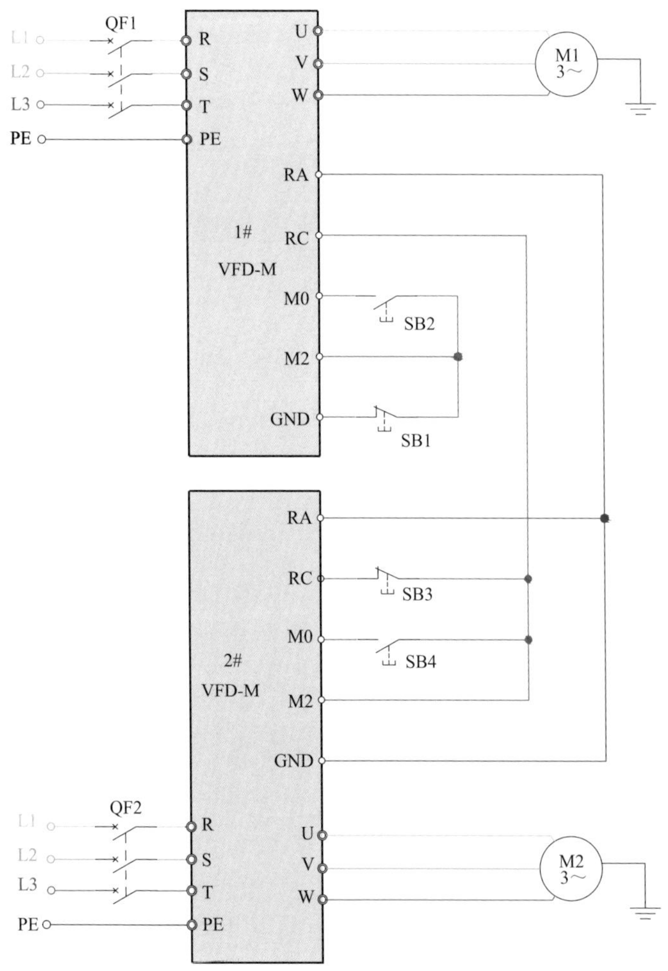

2.元器件明细表

文字符号	名称	型号与选型	电气元件在电路中起的作用
1#VFD-M	台达变频器	VFD-022M43A	改变电路中的频率，实现无级调速
2#VFD-M	台达变频器	VFD-022M43A	改变电路中的频率，实现无级调速
QF1	3P10A断路器	NXB-63-3P-D10	电源总开关，在主电路中起控制兼保护作用
QF2	3P10A断路器	NXB-63-3P-D10	电源总开关，在主电路中起控制兼保护作用
M1	2.2kW电动机	YE2-90L-2/2.2kW	将电能转换为机械能
M2	2.2kW电动机	YE2-90L-2/2.2kW	将电能转换为机械能
SB1	红色按钮	LA38-11NB(自复位型)	1#停止
SB2	绿色按钮	LA38-11NB(自复位型)	2#起动
SB3	红色按钮	LA38-11NB(自复位型)	1#停止
SB4	绿色按钮	LA38-11NB(自复位型)	2#起动

3.变频器基本运行参数和电动机参数(1#和2#参数相同)

参数码	设定值	含义说明	注意事项
P76	9	恢复出厂设置	
P05	380	电动机额定电压	电动机与变频参数相匹配
P52	3.9	电动机额定电流	电动机与变频参数相匹配
P03	50	电动机最高频率	电动机与变频参数相匹配
P08	0	电动机最低频率	
P10	10	加速时间	根据工艺要求而定
P11	10	减速时间	根据工艺要求而定

4.变频器端子及参数含义说明(1#和2#参数相同)

端子	功能	参数码	设定值	含义说明
	主频率指令	P00	0	主频率输入由面板上的上/下键设定
	运转信号指令	P01	1	运转信号由外部端子控制
M0、M2	模式选择	P38	2	三线制模式(此案例无反转，M1忽略)
RA、RC	多功能输出	P46	0	运行指示(变频器运行时，RA、RC均闭合)

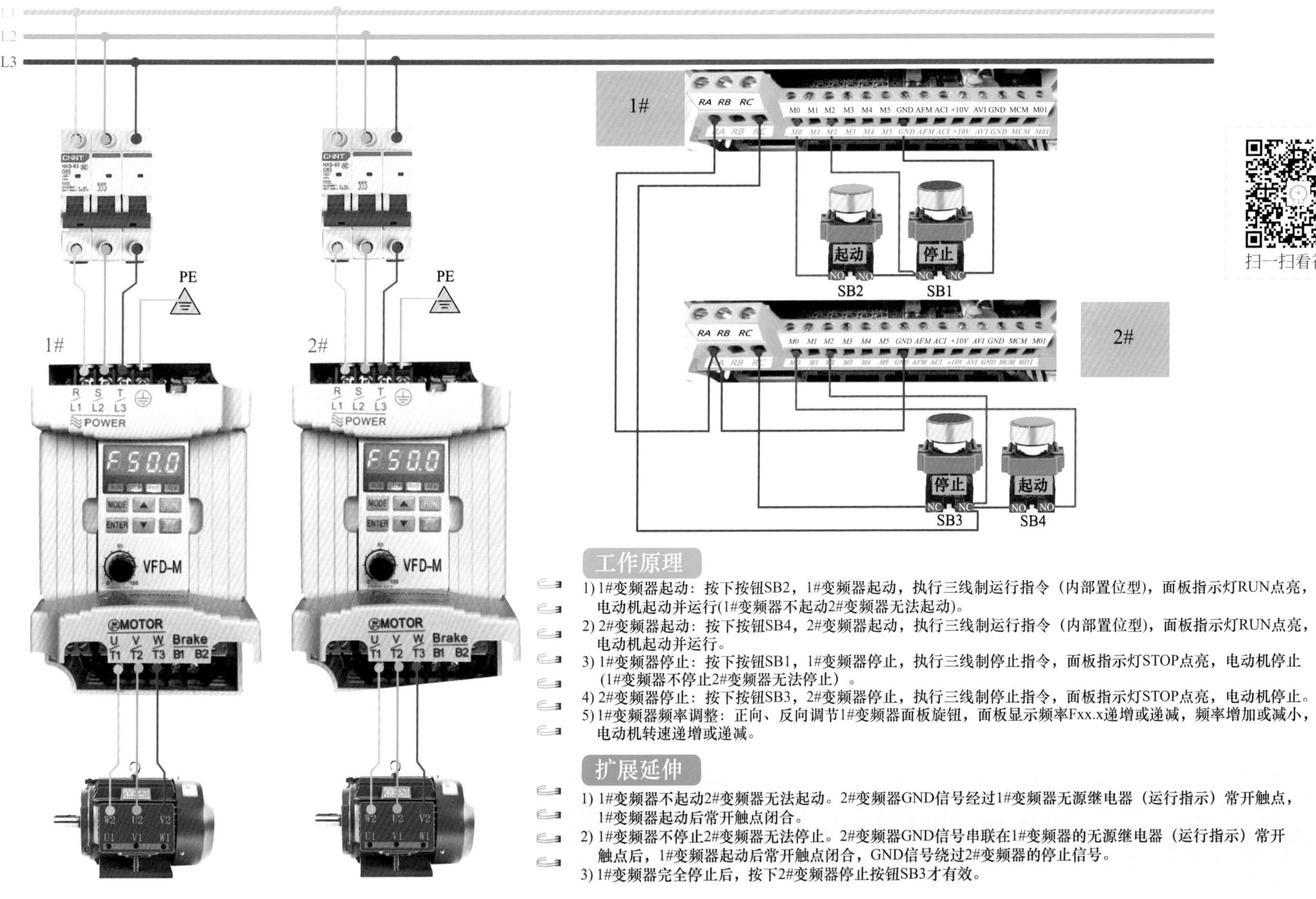

工作原理

1) 1#变频器起动：按下按钮SB2，1#变频器起动，执行三线制运行指令（内部置位型），面板指示灯RUN点亮，电动机起动并运行(1#变频器不起动2#变频器无法起动)。
2) 2#变频器起动：按下按钮SB4，2#变频器起动，执行三线制运行指令（内部置位型），面板指示灯RUN点亮，电动机起动并运行。
3) 1#变频器停止：按下按钮SB1，1#变频器停止，执行三线制停止指令，面板指示灯STOP点亮，电动机停止（1#变频器不停止2#变频器无法停止）。
4) 2#变频器停止：按下按钮SB3，2#变频器停止，执行三线制停止指令，面板指示灯STOP点亮，电动机停止。
5) 1#变频器频率调整：正向、反向调节1#变频器面板旋钮，面板显示频率Fxx.x递增或递减，频率增加或减小，电动机转速递增或递减。

扩展延伸

1) 1#变频器不起动2#变频器无法起动。2#变频器GND信号经过1#变频器无源继电器（运行指示）常开触点，1#变频器起动后常开触点闭合。
2) 1#变频器不停止2#变频器无法停止。2#变频器GND信号串联在1#变频器的无源继电器（运行指示）常开触点后，1#变频器起动后常开触点闭合，GND信号绕过2#变频器的停止信号。
3) 1#变频器完全停止后，按下2#变频器停止按钮SB3才有效。

两台台达 **VFD-M** 系列变频器顺序起动顺序停止电路实物接线图

→15 台达 VFD-M 系列变频器正转与自动正反转运行控制电路

1.原理图

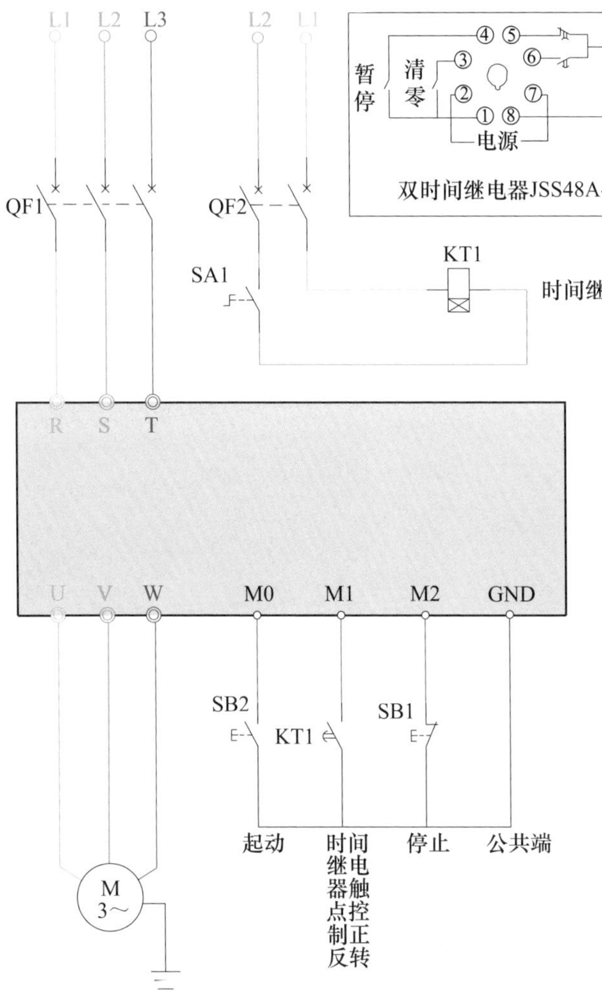

2.元器件明细表

文字符号	名称	型号与选型	电气元件在电路中起的作用
VFD-M	台达变频器	VFD-022M43A	改变电路中的频率，实现无级调速
QF1	3P10A断路器	NXB-63-3P-D10	电源总开关，在主电路中起控制兼保护作用
QF2	2P5A断路器	NXB-63-2P-C05	控制电路电源
M	2.2kW电动机	YE2-90L-2/2.2kW	将电能转换为机械能
SA1	旋转开关	LA38-11X/21(置位型)	自动正反转开关
SB1	红色按钮	LA38-11NB(自复位型)	停止按钮
SB2	绿色按钮	LA38-11NB(自复位型)	起动按钮
KT1	时间继电器	380V双时间继电器JSS48A-S	正反转切换时间

3.变频器基本运行参数和电动机参数

参数码	设定值	含义说明	注意事项
P76	9	恢复出厂设置	
P05	380	电动机额定电压	电动机与变频参数相匹配
P52	3.9	电动机额定电流	电动机与变频参数相匹配
P03	50	电动机最高频率	电动机与变频参数相匹配
P08	0	电动机最低频率	
P10	10	加速时间	根据工艺要求而定
P11	10	减速时间	根据工艺要求而定

4.变频器端子及参数含义说明

端子	功能	参数码	设定值	含义说明
	主频率指令	P00	4	主频率由面板上的旋钮控制
M0、M1、M2	运转信号指令	P01	1	运转信号由外部端子控制
	模式选择	P38	2	三线制模式1

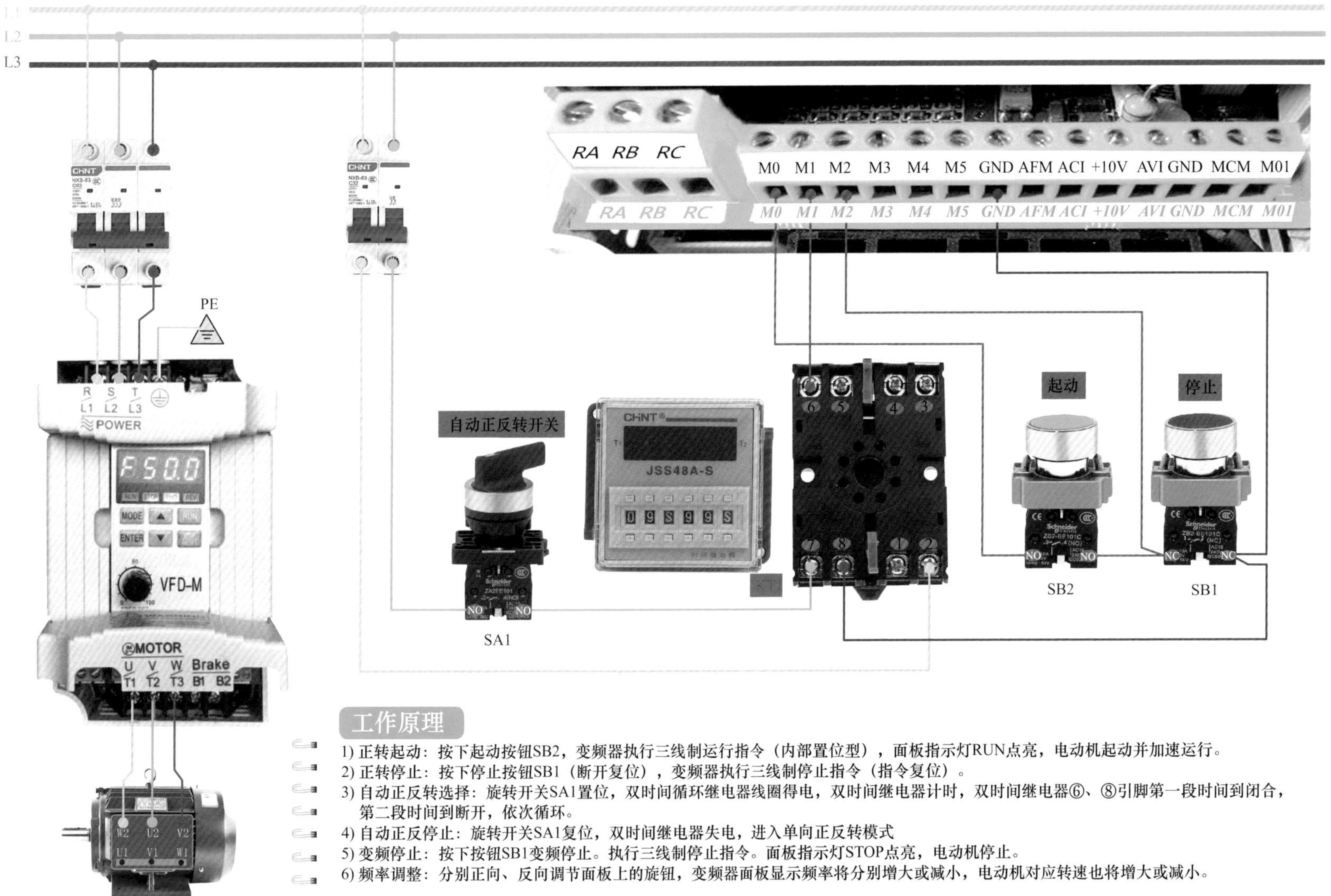

工作原理

1) 正转起动：按下起动按钮SB2，变频器执行三线制运行指令（内部置位型），面板指示灯RUN点亮，电动机起动并加速运行。
2) 正转停止：按下停止按钮SB1（断开复位），变频器执行三线制停止指令（指令复位）。
3) 自动正反转选择：旋转开关SA1置位，双时间循环继电器线圈得电，双时间继电器计时，双时间继电器⑥、⑧引脚第一段时间到闭合，第二段时间到断开，依次循环。
4) 自动正反停止：旋转开关SA1复位，双时间继电器失电，进入单向正反转模式
5) 变频停止：按下按钮SB1变频停止。执行三线制停止指令。面板指示灯STOP点亮，电动机停止。
6) 频率调整：分别正向、反向调节面板上的旋钮，变频器面板显示频率将分别增大或减小，电动机对应转速也将增大或减小。

台达 **VFD-M** 系列变频器正转与自动正反转运行控制电路实物接线图

→16 台达 VFD-M 系列变频器工频变频模式切换控制电路

1.原理图

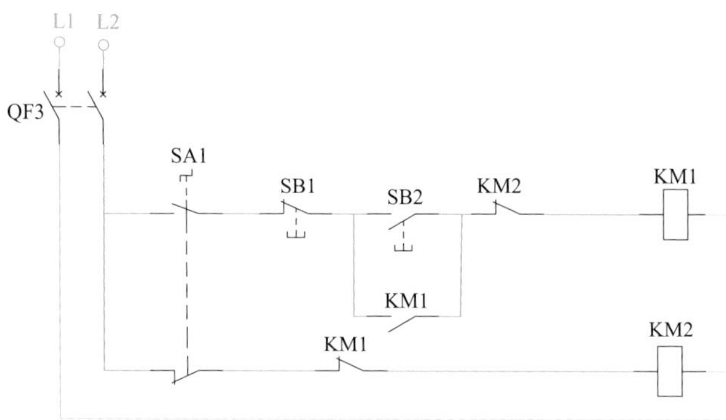

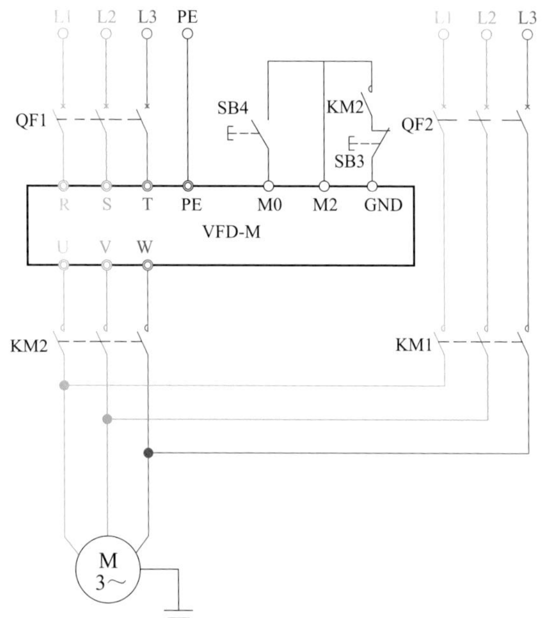

2.元器件明细表

文字符号	名称	型号与选型	电气元件在电路中起的作用
VFD-M	台达变频器	VFD-022M43A	改变电路中的频率，实现无级调速
QF1	3P10A断路器	NXB-63-3P-D10	电源总开关，在主电路中起控制兼保护作用
QF2	3P10A断路器	NXB-63-3P-D10	工频电源开关，在主电路中起控制兼保护作用
QF3	2P5A断路器	NXB-63-2P-C05	控制电路开关
M	2.2kW电动机	YE2-90L-2/2.2kW	将电能转换为机械能
SB1	红色按钮	LA38-11NB(自复位型)	工频停止按钮
SB2	绿色按钮	LA38-11NB(自复位型)	工频起动按钮
SB3	红色按钮	LA38-11NB(自复位型)	变频停止按钮
SB4	绿色按钮	LA38-11NB(自复位型)	变频起动按钮
SA1	旋转开关	一开一闭旋钮	变频模式/工频模式
KM1	交流接触器	CJX2-1201+F4-11	控制工频电源通断
KM2	交流接触器	CJX2-1201+F4-11	控制变频电源通断

3.变频器端子及参数含义说明

端子	功能	参数码	设定值	含义说明
	基本参数	参考其他案例设置		
	主频率指令	P00	0	主频率输入由面板上的上/下键设定
M0、M2	运转信号指令	P01	1	运转信号由外部端子控制
	模式选择	P38	2	三线制模式（此案例无反转，M1忽略）

4.为什么要使用变频工频切换?

在一些设备中，比如风机水泵或者一些不能长时间停机的设备都会采用变频工频切换。目的是当变频器出现故障时，为不影响设备正常运转，切换到工频模式，然后对变频器进行维修或更换。工变频切换原理如下：

1) 闭合断路器QF1、QF2、QF3接通电源（变频器初始状态显示F00.0，指示灯STOP、FWD点亮）。
2) 按照表格设置相应变频器参数，设置完毕，变频器面板显示F00.0，指示灯STOP、FWD 点亮。
3) 变频模式：旋转开关SA1-1闭合（SA1-2断开）经过KM1常闭触点，接通KM2，并吸合。
   ① 按下起动按钮SB4，变频器执行三线制模式起动（内部置位），指示灯RUN点亮，电动机起动运行。
   ② 按下停止按钮SB3，变频器执行三线制模式停止，指示灯STOP点亮，电动机停止。
4) 频率调整：通过面板上的上/下键，调整频率大小。
5) 工频模式：旋转开关SA1-2闭合（SA1-1断开）。
   ① 工频起动：按下按钮SB2，KM1自锁，电动机起动运行。
   ② 工频停止：按下按钮SB1，电动机停止。

知识扩充

1) 在安装变频器时，变频模式和工频模式，电动机相序必须保持一致。
2) 接触器必须进行互锁。
3) 禁止在电动机未停稳时，进行变频到工频切换或工频到工频的切换。

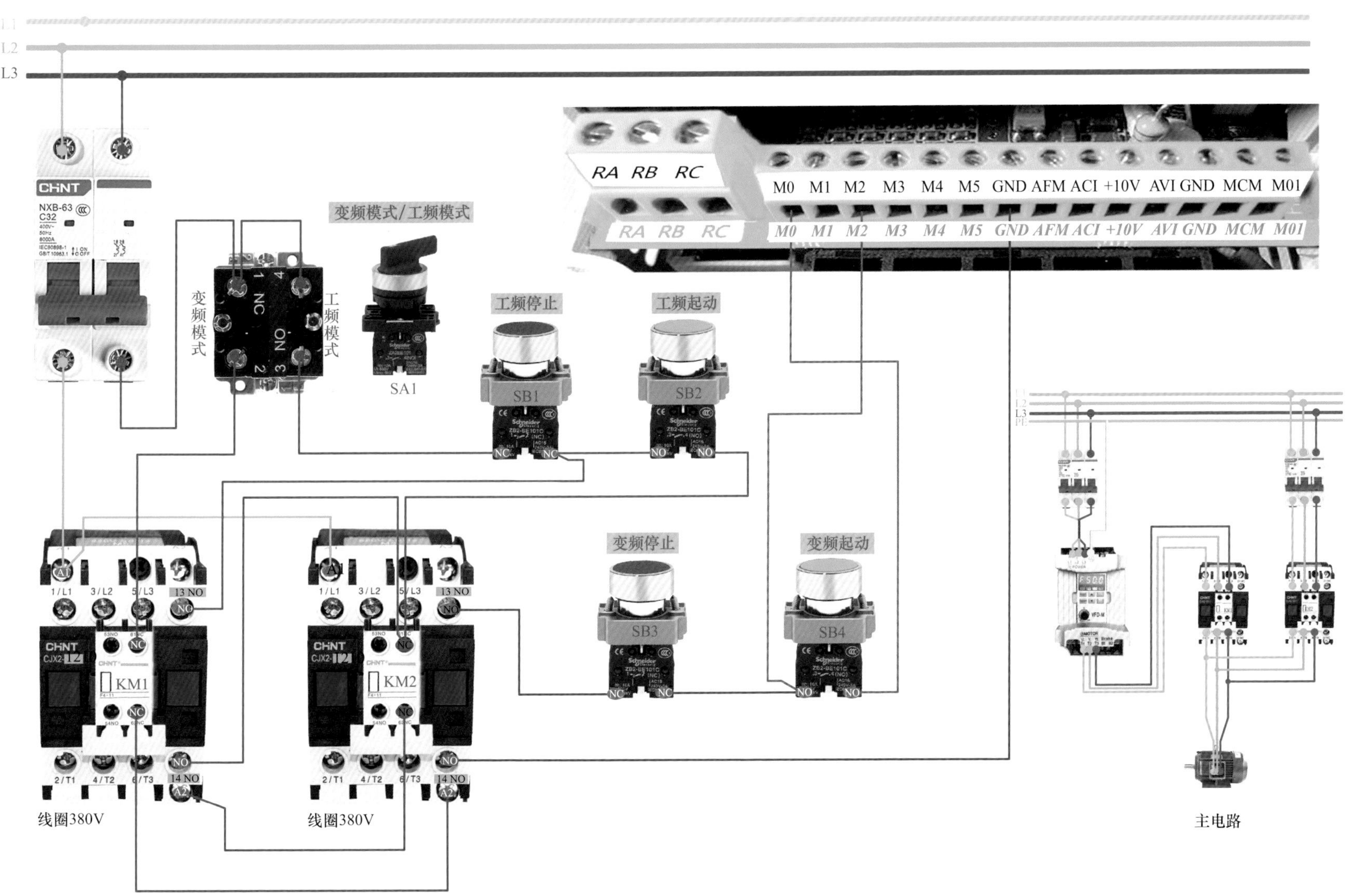

台达 VFD-M 系列变频器工频变频模式切换控制电路实物接线图

→17 台达 VFD-M 系列变频器加接触器断电控制电路

1.原理图

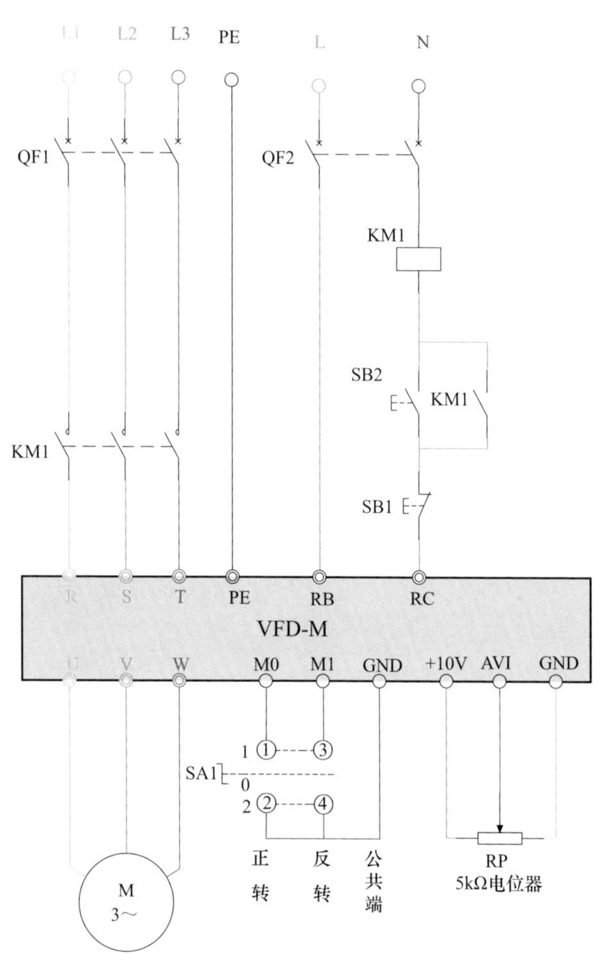

2.元器件明细表

文字符号	名称	型号与选型	电气元件在电路中起的作用
VFD-M	台达变频器	VFD-022M43A	改变电路中的频率，实现无级调速
QF1	断路器	NXB-63-3P-D10	电源总开关，在主电路中起控制兼保护作用
QF2	断路器	NXB-63-2P-D10	控制电路断路器
M	2.2kW电动机	YE2-90L-2/2.2kW	将电能转换为机械能
RP	电位器	5kΩ	控制变频器频率
SB1	红色按钮	LA38-11NB(自复位型)	停止
SB2	绿色按钮	LA38-11NB(自复位型)	起动
SA1	三档双常开旋转开关	LA38-20X/31(置位型)	正转/停止/反转
KM1	接触器	220V接触器	控制电源通断

3.变频器基本运行参数和电动机参数

参数码	设定值	含义说明	注意事项
P76	9	恢复出厂设置	
P05	380	电动机额定电压	电动机与变频参数相匹配
P52	3.9	电动机额定电流	电动机与变频参数相匹配
P03	50	电动机最高频率	电动机与变频参数相匹配
P08	0	电动机最低频率	
P10	10	加速时间	根据工艺要求而定
P11	10	减速时间	根据工艺要求而定

4.变频器端子及参数含义说明

端子	功能	参数码	设定值	含义说明
AVI	主频率指令	P00	1	主频率由模拟量信号0～10V输入
M0、M1	运转信号指令	P01	1	运转信号由外部端子控制
	模式选择	P38	0	两线制模式1

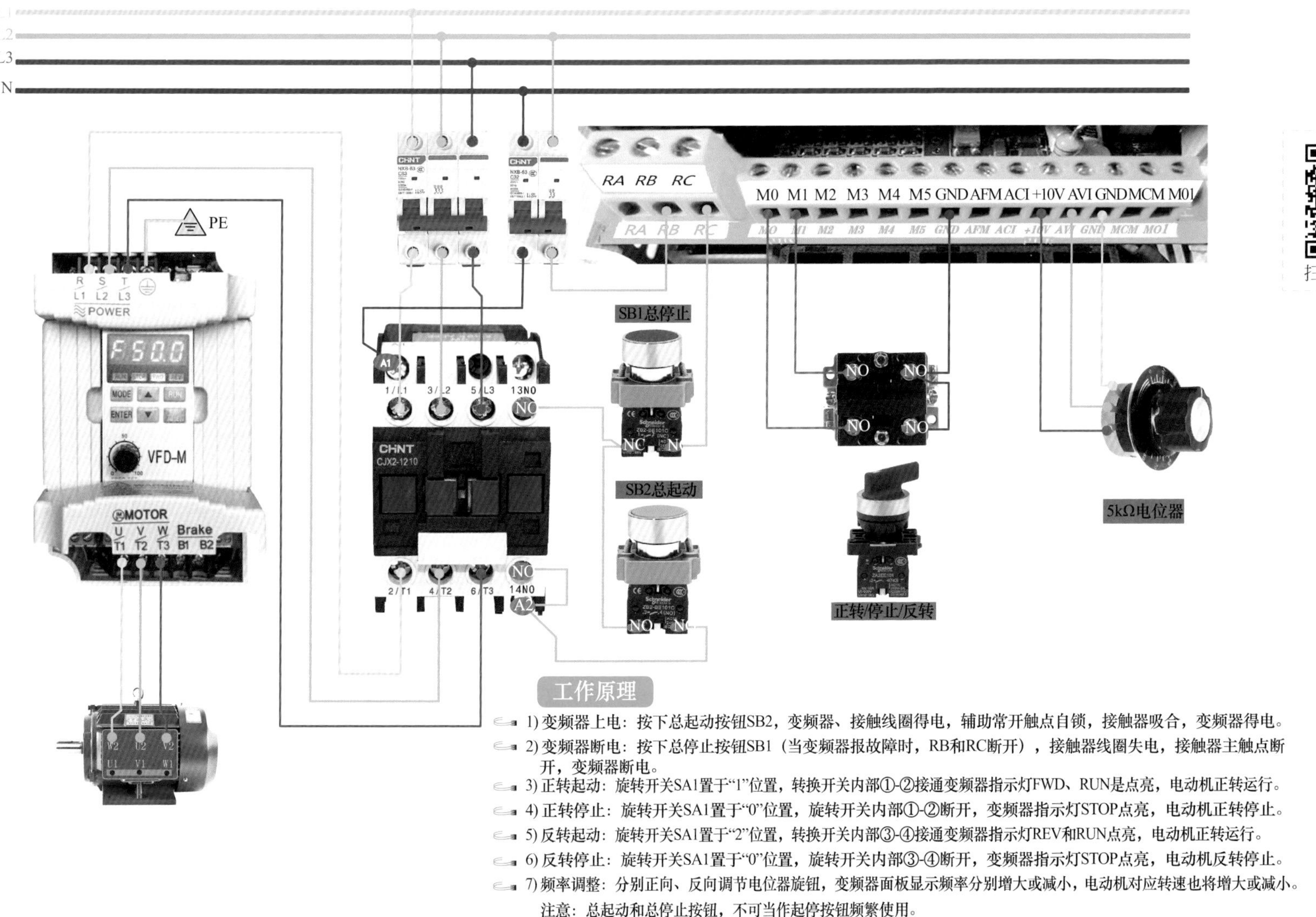

扫一扫看视频

工作原理

1) 变频器上电：按下总起动按钮SB2，变频器、接触线圈得电，辅助常开触点自锁，接触器吸合，变频器得电。

2) 变频器断电：按下总停止按钮SB1（当变频器报故障时，RB和RC断开），接触器线圈失电，接触器主触点断开，变频器断电。

3) 正转起动：旋转开关SA1置于“1”位置，转换开关内部①-②接通变频器指示灯FWD、RUN是点亮，电动机正转运行。

4) 正转停止：旋转开关SA1置于“0”位置，旋转开关内部①-②断开，变频器指示灯STOP点亮，电动机正转停止。

5) 反转起动：旋转开关SA1置于“2”位置，转换开关内部③-④接通变频器指示灯REV和RUN点亮，电动机正转运行。

6) 反转停止：旋转开关SA1置于“0”位置，旋转开关内部③-④断开，变频器指示灯STOP点亮，电动机反转停止。

7) 频率调整：分别正向、反向调节电位器旋钮，变频器面板显示频率分别增大或减小，电动机对应转速也将增大或减小。

注意：总起动和总停止按钮，不可当作起停按钮频繁使用。

台达 VFD-M 系列变频器加接触器断电控制电路实物接线图

→18 两台台达 VFD-M 系列变频器同步起动、同步停止（一台故障，同步停止）、同步调速电路

1.原理图

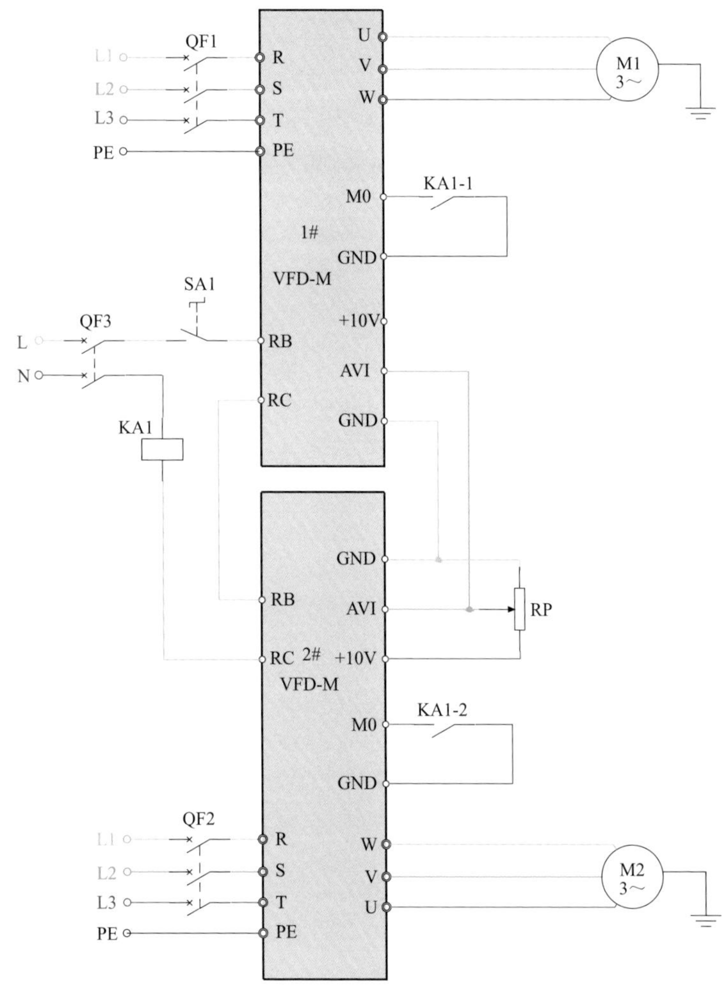

2.元器件明细表

文字符号	名称	型号与选型	电气元件在电路中起的作用
1#VFD-M	台达变频器	VFD-022M43A	改变电路中的频率，实现无级调速
2#VFD-M	台达变频器	VFD-022M43A	改变电路中的频率，实现无级调速
QF1	3P10A断路器	NXB-63-3P-D10	电源总开关，在主电路中起控制兼保护作用
QF2	3P10A断路器	NXB-63-3P-D10	电源总开关，在主电路中起控制兼保护作用
QF3	2P5A断路器	NXB-63-2P-C05	控制电源开关
M1	2.2kW电动机	YE2-90L-2/2.2kW	将电能转换为机械能
M2	2.2kW电动机	YE2-90L-2/2.2kW	将电能转换为机械能
RP	电位器	5kΩ	控制1#和2#变频器的频率
SA1	两档旋转开关	LA38-11X/21(置位型)	起动/停止
KA1	220V中间继电器	JZX-22F-2Z	起动/停止

3.变频器基本运行参数和电动机参数

参数码	设定值	含义说明	注意事项
P76	9	恢复出厂设置	
P05	380	电动机额定电压	电动机与变频参数相匹配
P52	3.9	电动机额定电流	电动机与变频参数相匹配
P03	50	电动机最高频率	电动机与变频参数相匹配
P08	0	电动机最低频率	
P10	10	加速时间	根据工艺要求而定
P11	10	减速时间	根据工艺要求而定

4.变频器端子及参数含义说明

端子	功能	参数码	设定值	含义说明
	主频率指令	P00	1	主频率由模拟量信号0~10V输入
M0	运转信号指令	P01	1	运转信号由外部端子控制
	模式选择	P38	0	两线制模式(此案例无反转，M1忽略)
RB、RC	多功能输出	P46	7	故障指示(RB、RC常闭)

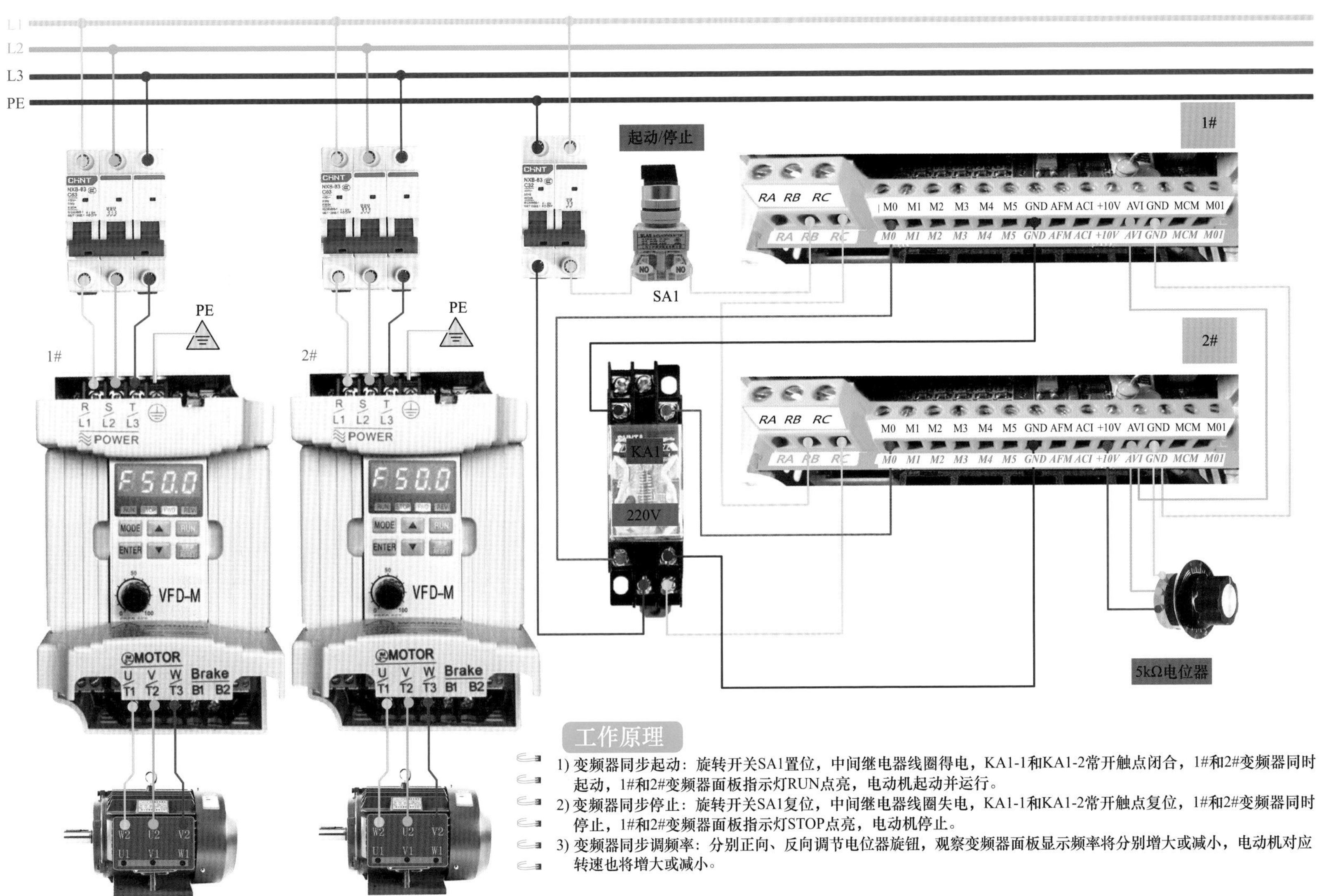

工作原理

1) 变频器同步起动：旋转开关SA1置位，中间继电器线圈得电，KA1-1和KA1-2常开触点闭合，1#和2#变频器同时起动，1#和2#变频器面板指示灯RUN点亮，电动机起动并运行。

2) 变频器同步停止：旋转开关SA1复位，中间继电器线圈失电，KA1-1和KA1-2常开触点复位，1#和2#变频器同时停止，1#和2#变频器面板指示灯STOP点亮，电动机停止。

3) 变频器同步调频率：分别正向、反向调节电位器旋钮，观察变频器面板显示频率将分别增大或减小，电动机对应转速也将增大或减小。

两台台达 **VFD-M** 系列变频器同步起动、同步停止（一台故障，同步停止）、同步调速电路实物接线图

台达 VFD- M 系列变频器多段速调速控制电路

1.原理图

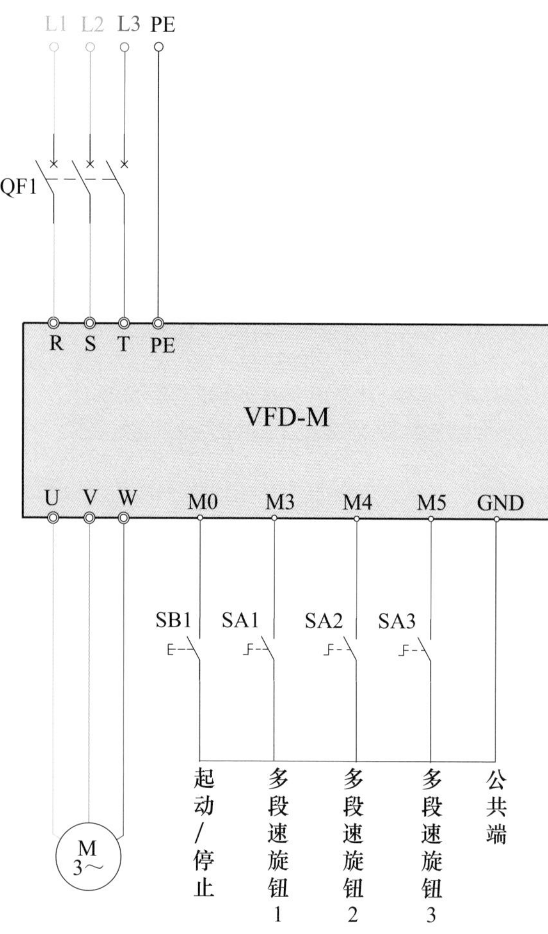

2.元器件明细表

文字符号	名称	型号与选型	电气元件在电路中起的作用
VFD-M	台达变频器	VFD-022M43A	改变电路中的频率，实现无级调速
QF1	3P10A断路器	NXB-63-3P-D10	电源总开关，在主电路中起控制兼保护作用
M	2.2kW电动机	YE2-90L-2/2.2kW	将电能转换为机械能
SB1	绿色按钮	LA38-11NB(置位型)	起动/停止
SA1	两档旋转开关	LA38-11X/21(置位型)	多段速频率组合使用（具体方法见实物图）
SA2	两档旋转开关	LA38-11X/21(置位型)	
SA3	两档旋转开关	LA38-11X/21(置位型)	

3.变频器基本运行参数和电动机参数

参数码	设定值	含义说明	注意事项
P76	9	恢复出厂设置	
P05	380	电动机额定电压	电动机与变频参数相匹配
P52	3.9	电动机额定电流	电动机与变频参数相匹配
P03	50	电动机最高频率	电动机与变频参数相匹配
P08	0	电动机最低频率	
P10	10	加速时间	根据工艺要求而定
P11	10	减速时间	根据工艺要求而定

4.变频器端子及参数含义说明

端子	功能	参数码	设定值	含义说明
	主频率指令	P00	0	主频率输入由面板上的上/下键控制
M0	运转信号指令	P01	1	运转信号由外部端子控制
	模式选择	P38	0	两线制模式1(此案例无反转，M1忽略)
M3	多功能输入端子	P40	6	多段速指令一
M4	多功能输入端子	P41	7	多段速指令二
M5	多功能输入端子	P42	15	多段速指令三
	多段速频率设定一	P17	10	多段速指令一
	多段速频率设定二	P18	15	级别优先主频率，并不受主频率控制
	多段速频率设定三	P19	20	
	多段速频率设定四	P20	30	
	多段速频率设定五	P21	35	
	多段速频率设定六	P22	40	
	多段速频率设定七	P23	50	

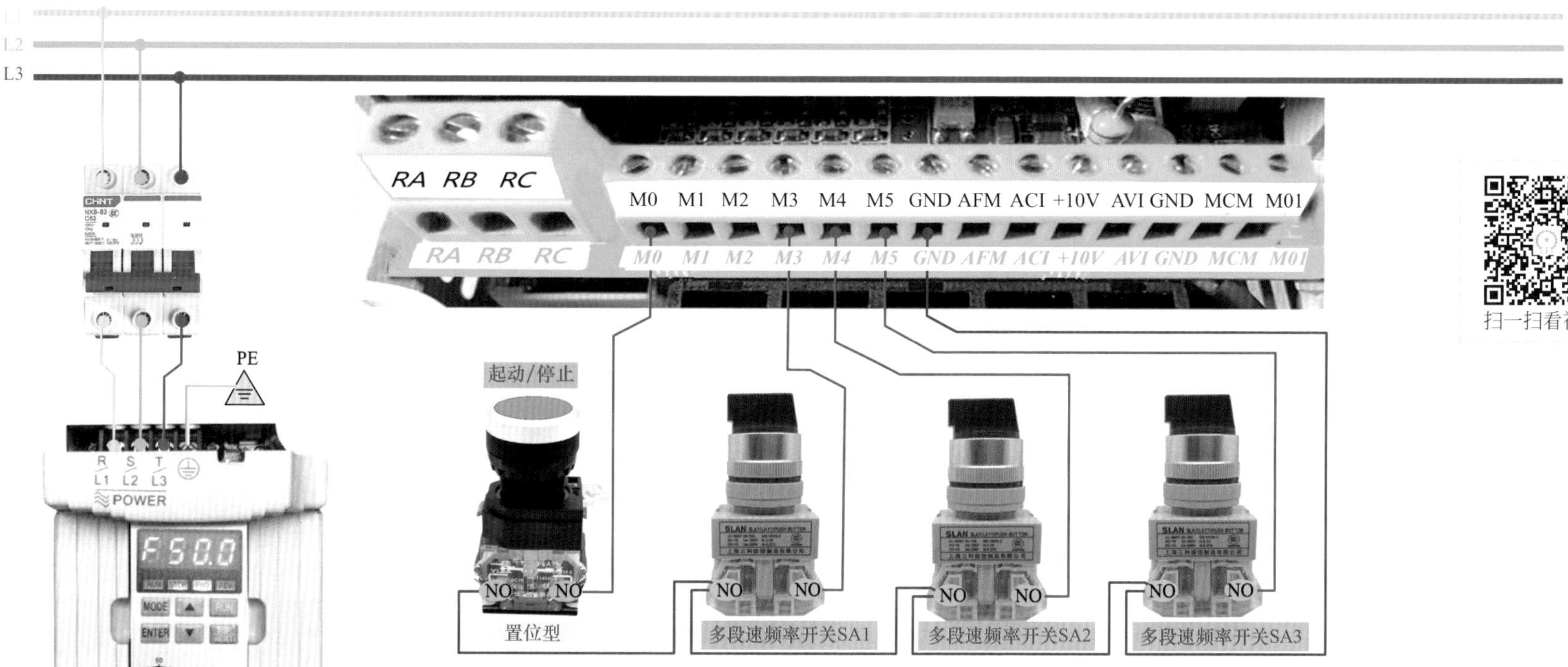

工作原理

1) 变频起动：按下按钮SB1（置位），变频起动，面板指示灯RUN点亮，电动机起动并运行。
2) 变频停止：按下按钮SB1（复位），变频停止，面板指示灯STOP点亮，电动机停止。
3) 主频率：主频率通过面板上的上/下键调整频率大小，电动机速度相应做出改变（多段速条件不成立时，以主频率运行）。
4) 多段速频率：多段速频率是由旋转开关组合使用，具体组合状态见右表。

多段速频率开关组合状态				
	用二进制表示开关状态，0代表复位，1代表置位			用十进制表示
	频率开关SA3	频率开关SA2	频率开关SA1	
主频率	SA3复位（0）	SA2复位（0）	SA1复位（0）	0
一段速	SA3复位（0）	SA2复位（0）	SA1置位（1）	1
二段速	SA3复位（0）	SA2复位（1）	SA1复位（0）	2
三段速	SA3复位（0）	SA2复位（1）	SA1置位（1）	3
四段速	SA3置位（1）	SA2置位（0）	SA1复位（0）	4
五段速	SA3置位（1）	SA2置位（0）	SA1置位（1）	5
六段速	SA3置位（1）	SA2置位（1）	SA1复位（0）	6
七段速	SA3置位（1）	SA2置位（1）	SA1置位（1）	7

台达 VFD-M 系列变频器多段速调速控制电路实物接线图

台达 VFD-M 系列变频器内部计数器计数完成停机控制电路

1.原理图

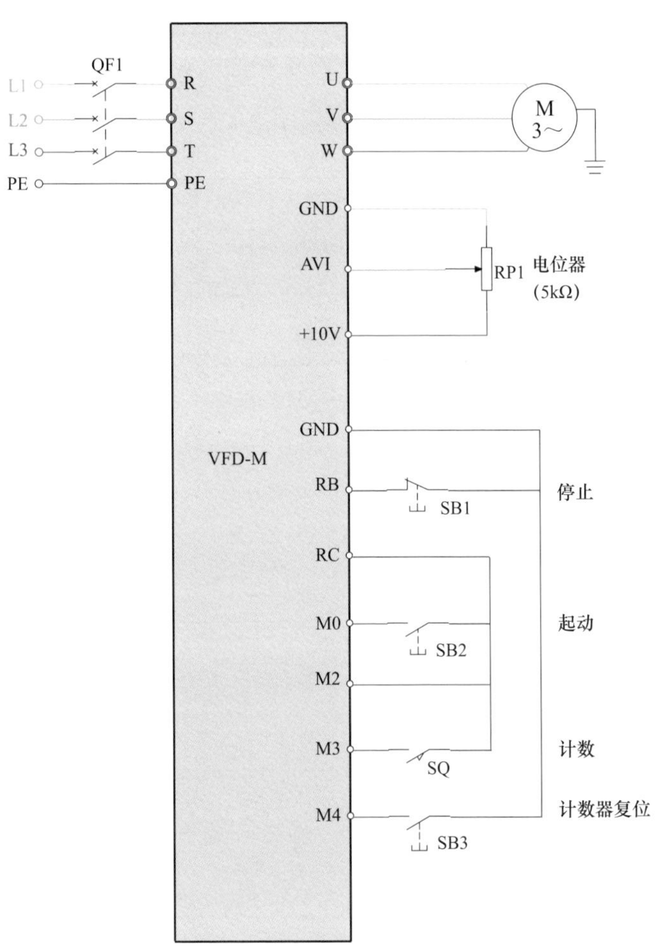

2.元器件明细表

文字符号	名称	型号与选型	电气元件在电路中起的作用
VFD-M	台达变频器	VFD-022M43A	改变电路中的频率，实现无级调速
QF1	3P10A断路器	NXB-63-3P-D10	电源总开关，在主电路中起控制兼保护作用
M	2.2kW电动机	YE2-90L-2/2.2kW	将电能转换为机械能
RP1	电位器	5kΩ	控制变频器频率
SB1	停止	红色自复位按钮	停止变频器
SB2	起动	绿色自复位按钮	起动变频器
SB3	清零	黄色自复位按钮	计数器清零复位
SQ	限位开关	行程限位自复位开关	计数器计数

3.变频器基本运行参数和电动机参数

参数码	设定值	含义说明	注意事项
P76	9	恢复出厂设置	
P05	380	电动机额定电压	电动机与变频参数相匹配
P52	3.9	电动机额定电流	电动机与变频参数相匹配
P03	50	电动机最高频率	电动机与变频参数相匹配
P08	0	电动机最低频率	
P10	10	加速时间	根据工艺要求而定
P11	10	减速时间	根据工艺要求而定

4.变频器端子及参数含义说明

端子	功能	参数码	设定值	含义说明
	主频率指令	P00	1	主频率由模拟量信号0~10V输入
M0、M2	运转信号指令	P01	2	运转信号由外部端子控制
	模式选择	P38	2	三线制模式(此案例无反转，M1忽略)
M3	多功能输入端子	P40	18	计数器触发
M4	多功能输入端子	P41	19	清除计数器当前值
RB、RC	多功能输出	P46	13	到达设定计数器，断开(RB、RC常闭)
	计数器设定值	P96	10	计数器设定值，根据需求设定
	面板显示计数器	P64	5	显示计数值

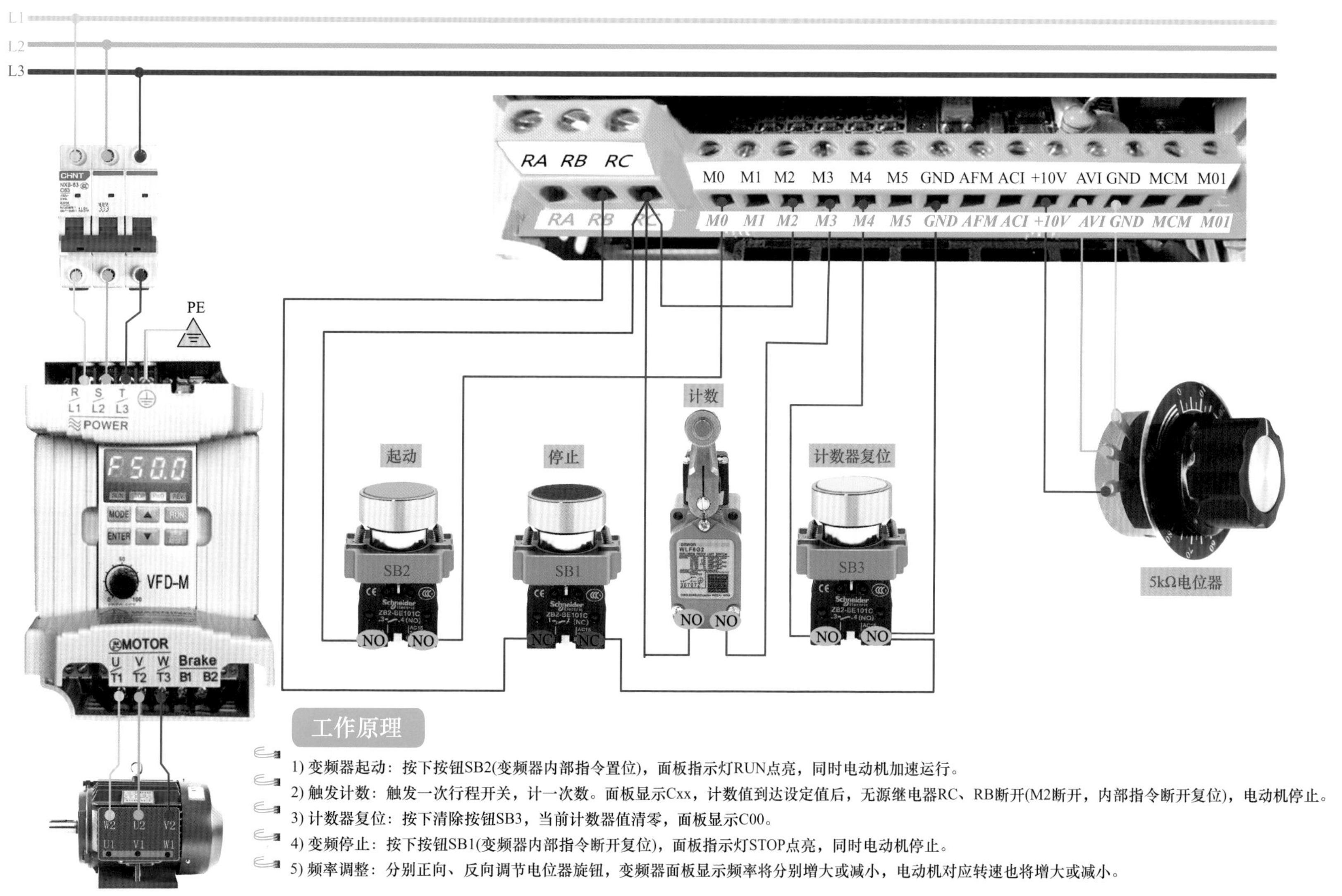

工作原理

1) 变频器起动：按下按钮SB2(变频器内部指令置位)，面板指示灯RUN点亮，同时电动机加速运行。

2) 触发计数：触发一次行程开关，计一次数。面板显示Cxx，计数值到达设定值后，无源继电器RC、RB断开(M2断开，内部指令断开复位)，电动机停止。

3) 计数器复位：按下清除按钮SB3，当前计数器值清零，面板显示C00。

4) 变频停止：按下按钮SB1(变频器内部指令断开复位)，面板指示灯STOP点亮，同时电动机停止。

5) 频率调整：分别正向、反向调节电位器旋钮，变频器面板显示频率将分别增大或减小，电动机对应转速也将增大或减小。

台达 **VFD-M** 系列变频器内部计数器计数完成停机控制电路实物接线图

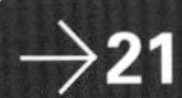

台达 VFD-M 系列变频器恒压供水（远传压力表）控制电路（一）

1.原理图

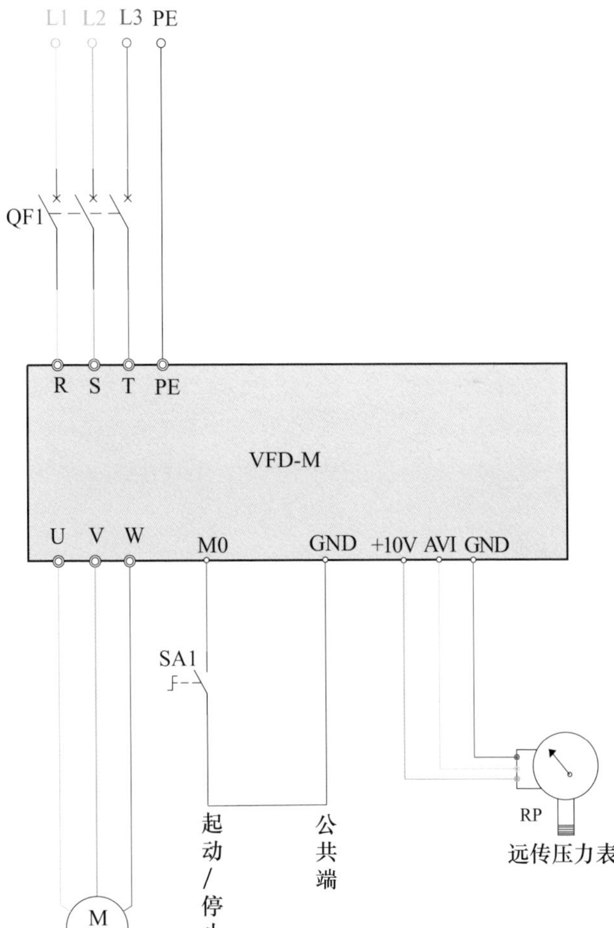

2.元器件明细表

文字符号	名称	型号与选型	电气元件在电路中起的作用
VFD-M	变频器	VFD-022M43A	改变电路中的频率，实现无级调速
QF1	3P10A断路器	NXB-63-3P-D10	电源总开关，在主电路中起控制兼保护作用
M	2.2kW电动机	YE2-90L-2/2.2kW	将电能转换为机械能
RP	远传压力表	YT150(0~1MPa)	检测压力，并反馈到变频器
SA1	两档旋转开关	LA38-11X/21(置位型)	起动/停止

3.变频器基本运行参数和电动机参数

参数码	设定值	含义说明	注意事项
P76	9	恢复出厂设置	
P05	380	电动机额定电压	电动机与变频参数相匹配
P52	3.9	电动机额定电流	电动机与变频参数相匹配
P03	50	电动机最高频率	电动机与变频参数相匹配
P08	0	电动机最低频率	

4.变频器端子及参数含义说明

端子	功能	参数码	设定值	含义说明
AVI	主频率指令	P00	1	主频率由模拟量0~10V输入
	运转信号指令	P01	1	运转信号由外部端子控制
M0	模式选择	P38	0	两线制模式1(此案例无反转，M1忽略)
	输出下限频率设定	P37	20	最低运行频率
	PID参考目标来源	P115	1	数字操作器
	PID反馈目标来源	P116	1	负反馈0~10V
	比例增益(P)	P117	0~10	增益调节得越大，调节得速度就越快，会使稳定性下降
	积分(I)	P118	0~100	消除偏差，但同时也降低相应速度
	微分(D)	P119	0.0~1.0	消除瞬间偏差
	睡眠时间	P136		根据现场控制要求设定(苏醒频率一定大于睡眠频率。睡眠频率最好控制在20~25Hz之间)
	睡眠频率	P137		
	苏醒频率	P138		

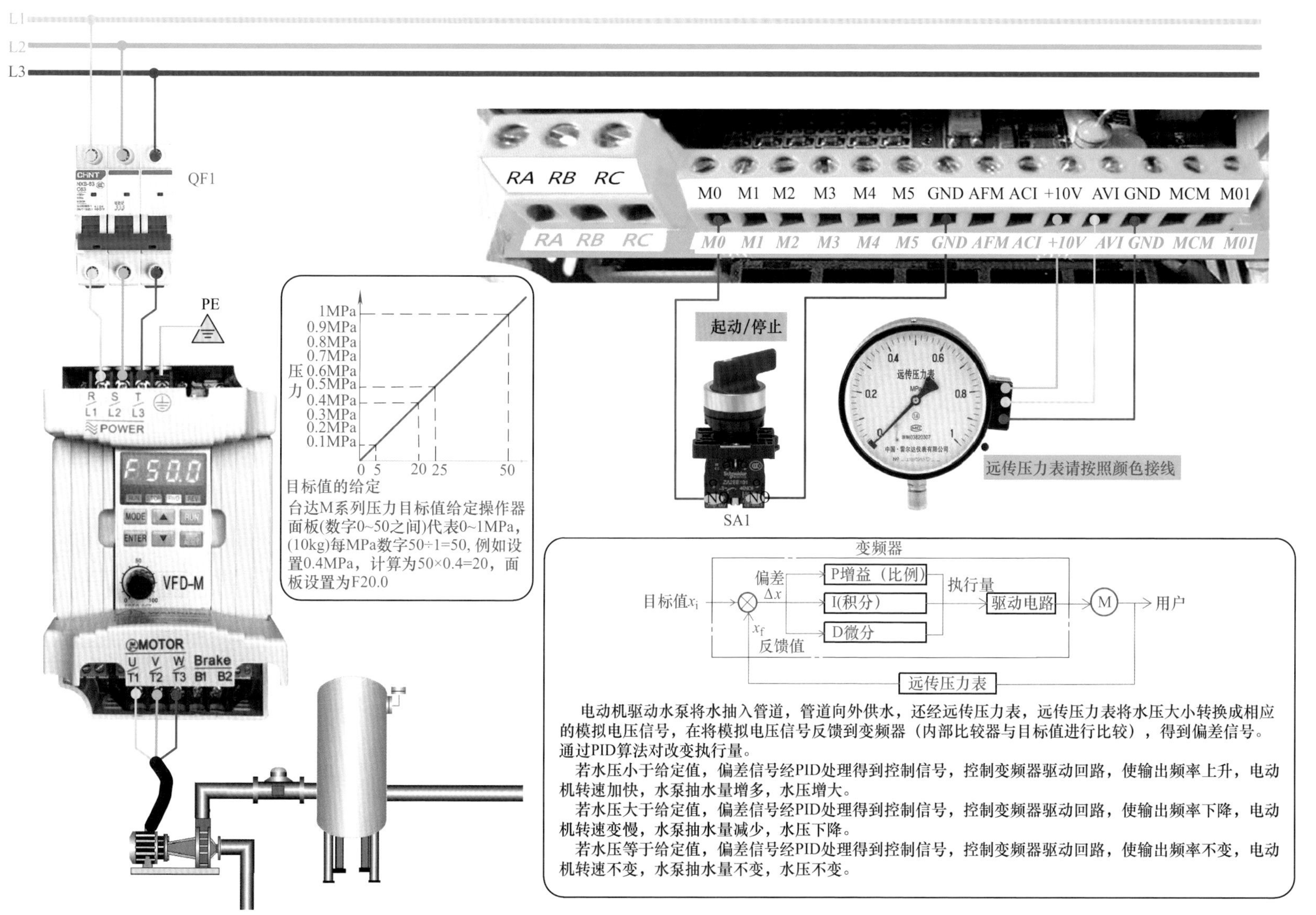

电动机驱动水泵将水抽入管道，管道向外供水，还经远传压力表，远传压力表将水压大小转换成相应的模拟电压信号，在将模拟电压信号反馈到变频器（内部比较器与目标值进行比较），得到偏差信号。通过PID算法对改变执行量。

若水压小于给定值，偏差信号经PID处理得到控制信号，控制变频器驱动回路，使输出频率上升，电动机转速加快，水泵抽水量增多，水压增大。

若水压大于给定值，偏差信号经PID处理得到控制信号，控制变频器驱动回路，使输出频率下降，电动机转速变慢，水泵抽水量减少，水压下降。

若水压等于给定值，偏差信号经PID处理得到控制信号，控制变频器驱动回路，使输出频率不变，电动机转速不变，水泵抽水量不变，水压不变。

台达 VFD-M 系列变频器恒压供水（远传压力表）控制电路（一）实物接线图

→22 台达 VFD-M 系列变频器恒压供水（远传压力表）控制电路（二）

1.原理图

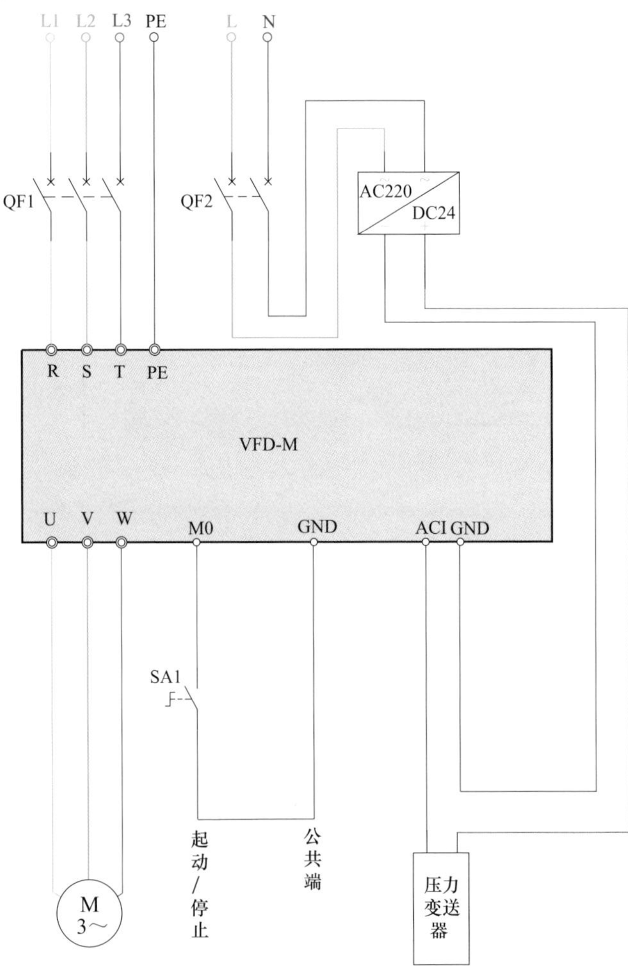

2.元器件明细表

文字符号	名称	型号与选型	电气元件在电路中起的作用
VFD-M	台达变频器	VFD-022M43A	改变电路中的频率，实现无级调速
QF1	3P10A断路器	NXB-63-3P-D10	电源总开关，在主电路中起控制兼保护作用
QF2	断路器	NXB-63-2P-D10	在控制电路中起控制兼保护作用
M	2.2kW电动机	YE2-90L-2/2.2kW	将电能转换为机械能
	压力变送器	0~1MPa(4~20mA)	检测压力，并反馈到变频器
	开关电源	24V	给压力变送器提供电源
SA1	两档旋转开关	LA38-11X/21(置位型)	起动/停止

3.变频器基本运行参数和电动机参数

参数码	设定值	含义说明	注意事项
P76	9	恢复出厂设置	
P05	380	电动机额定电压	电动机与变频参数相匹配
P52	3.9	电动机额定电流	电动机与变频参数相匹配
P03	50	电动机最高频率	电动机与变频参数相匹配
P08	0	电动机最低频率	

4.变频器端子及参数含义说明

端子	功能	参数码	设定值	含义说明
ACI	主频率指令	P00	2	主频率由模拟量信号4~20mA输入
	运转信号指令	P01	1	运转信号由外部端子控制
M0	模式选择	P38	0	两线制模式1(此案例无反转，M1忽略)
	输出下限频率设定	P41	9	点动运行
	PID参考目标来源	P115	1	数字操作器
	PID反馈目标来源	P116	3	负反馈4~20mA
	比例增益(P)	P117	0~10	增益调节的越大，调节的速度就越快，会使稳定性下降
	积分（I）	P118	0~100	消除偏差，但同时也降低相应速度
	微分（D）	P119	0.0~1.0	消除瞬间偏差
	睡眠时间	P136		根据现场控制要求设定(苏醒频率一定大于睡眠频率。睡眠频率最好控制在20~25Hz之间)
	睡眠频率	P137		
	苏醒频率	P138		

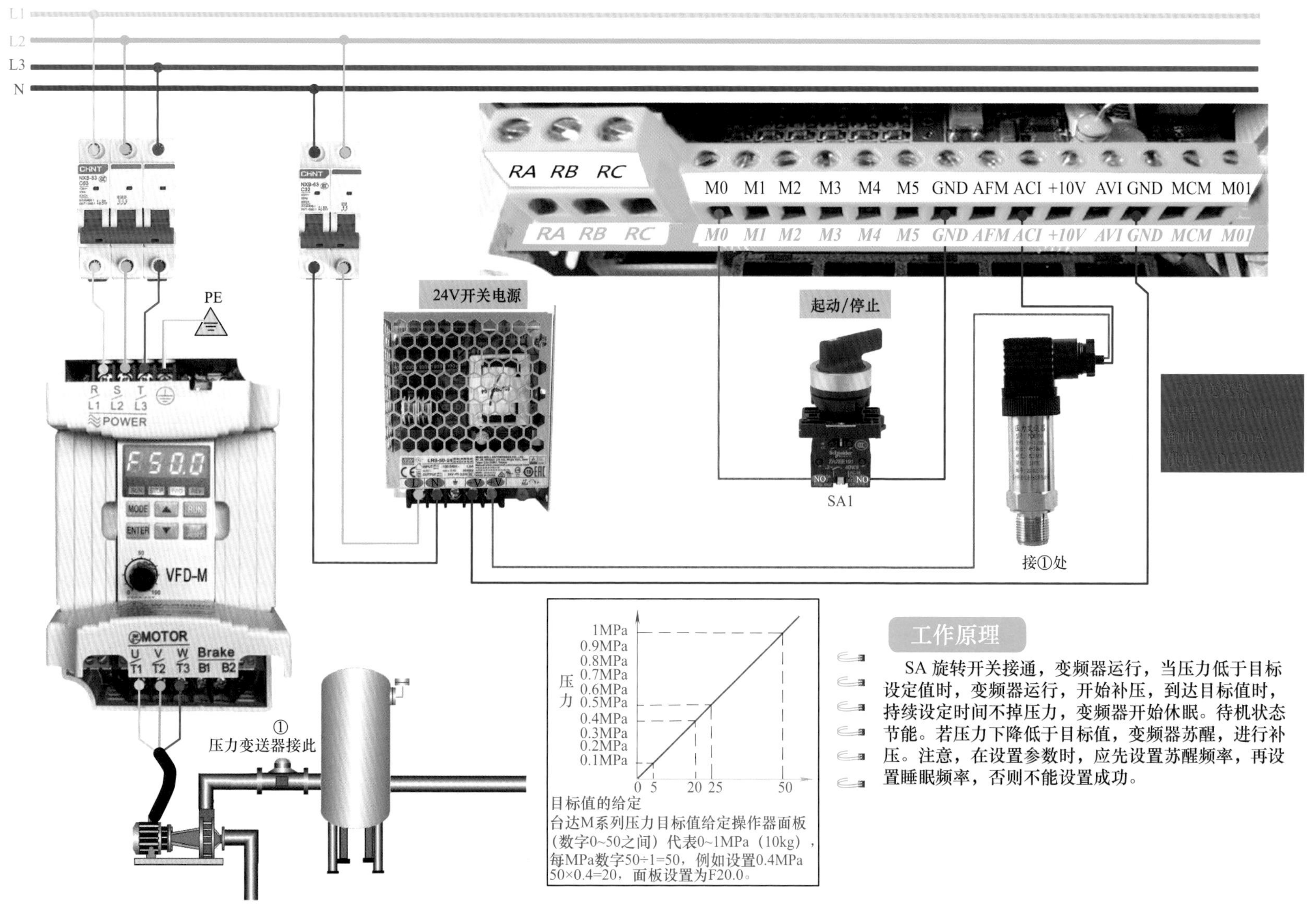

工作原理

SA旋转开关接通，变频器运行，当压力低于目标设定值时，变频器运行，开始补压，到达目标值时，持续设定时间不掉压力，变频器开始休眠。待机状态节能。若压力下降低于目标值，变频器苏醒，进行补压。注意，在设置参数时，应先设置苏醒频率，再设置睡眠频率，否则不能设置成功。

台达 VFD-M 系列变频器恒压供水（远传压力表）控制电路（二）实物接线图

第三章

图解其他品牌变频器控制电路接线

→1 深川 SVF-G7 系列变频器键盘操作与显示

指示类名称	指示灯说明
RUN	运行状态指示灯：灯灭表示变频器处于停机状态；灯闪烁表示变频器处于参数自学习状态或者休眠待机状态；灯亮表示变频器处于运行状态
REV	正反转命令指示灯：灯灭表示为正转命令；灯亮表示为反转命令
REMOT	运行通道指示灯：灯灭表示键盘控制状态；灯闪烁表示端子控制状态；灯亮表示远程通信控制状态
FAULT	故障告警指示灯：灯灭表示变频器处于正常状态；灯闪烁表示变频器处于报警状态；灯亮表示变频器处于故障状态

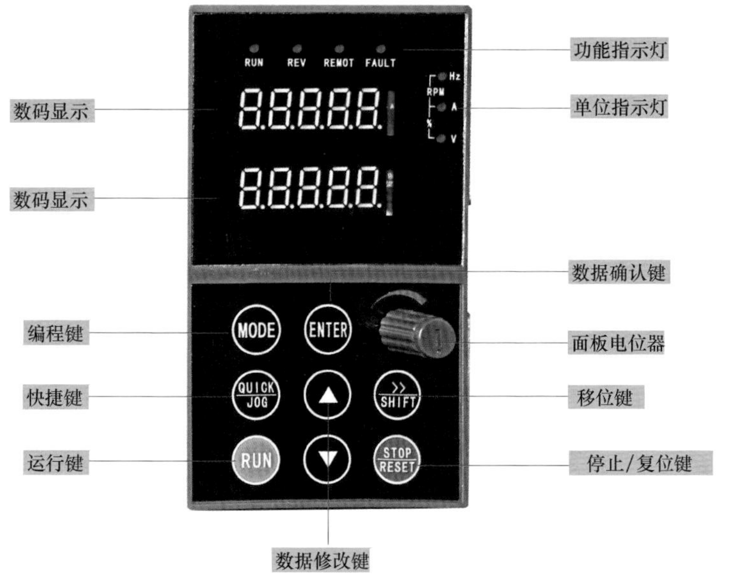

符号特征	符号内容描述
Hz	频率单位，闪烁表示运行频率
A	电流单位
V	电压单位
RPM	转速单位
%	百分数

按键符号	名称	功能说明
MODE	编程键	一级菜单进入或退出
ENTER	确定键	逐级进入菜单画面、设定参数确认
▲	递增键	数据或功能码的递增
▼	递减键	数据或功能码的递减
» SHIFT	移位键	在修改参数时，可以选择参数的修改位；在停机显示界面和运行显示界面下，可循环选择显示参数
RUN	运行键	在键盘操作方式下，用于运行操作，与STOP/RESET 键同时按下，变频器将自由停机
STOP RESET	停止/复位键	运行状态时，按此键可用于停止运行操作，受功能码F9.00小数点后第1位(可设置0~3)的制约；故障报警状态时，所有控制模式都可用该键来复位故障
QUICK JOG	快捷多功能键	该功能由功能码 F9.00小数点后第2位确定： 0：点动运行 1：正转反转切换 2：清除递增键/递减键的设定 3：主辅频率源切换 4：转矩控制禁止/有效切换

→ 2 深川 SVF- G7 系列变频器功能码的修改方法与说明

1.上电状态

变频器上电后，系统首先进行初始化，LED显示8.8.8.8.8，且7个指示灯全亮，初始化后变频器进入待机状态。

2.功能码查看及修改方法

深川SVF-G7系列变频器操作面板采用三级菜单结构进行参数设置等操作。

三级菜单分别为功能参数组（一级菜单）、功能码（二级菜单）、功能码设定值（三级菜单），具体操作流程见下图。

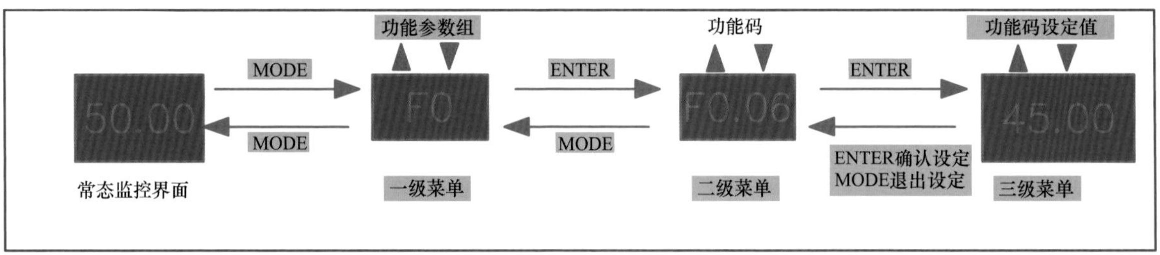

在三级菜单操作时，可按MODE或ENTER键可返回二级菜单，两者的区别是按ENTER键将设定参数保存后返回二级菜单，并自动转移到下一个功能码，而按MODE键则直接返回二级菜单，不保存参数，并返回到当前码。

举例：将功能码F3.14从10.00Hz更改设定为15.00Hz的示例。

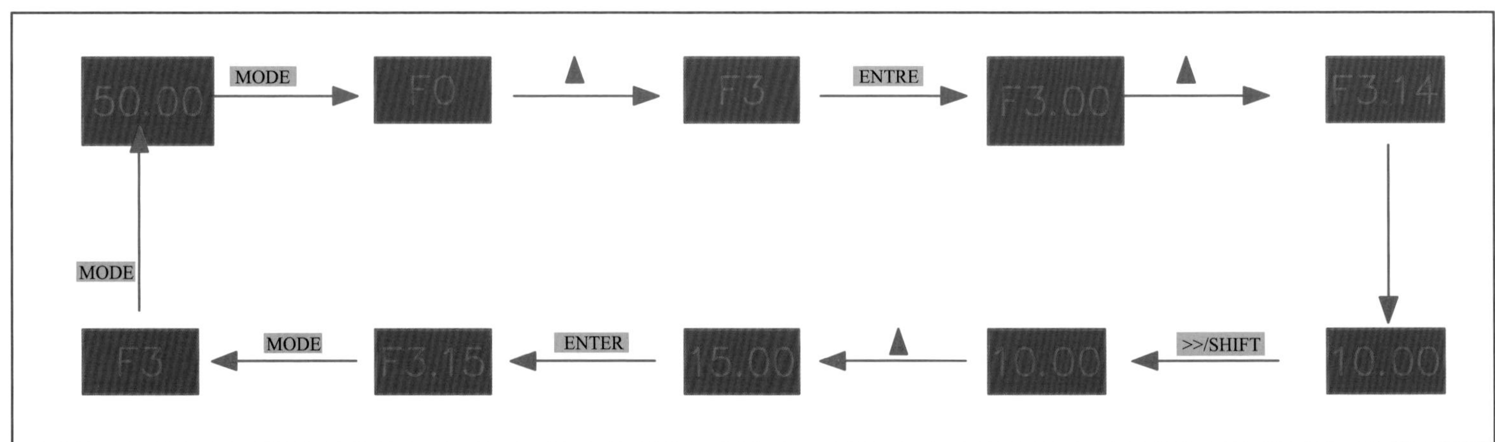

在三级菜单状态下，若参数没有闪烁位，表示该功能码不能修改，可能原因如下：

1）该功能码为不可修改的参数，如实际检测参数，运行记录参数等。

2）该功能码在运行状态下不可修改，需停机后才能进行修改。

通过操作面板可以对变频器进行参数设置、故障复位、电动机参数自学习、密码设置、运行状态显示等各种操作。

3　深川 SVF-G7 系列变频器矢量模式参数自学习（自调谐）电路

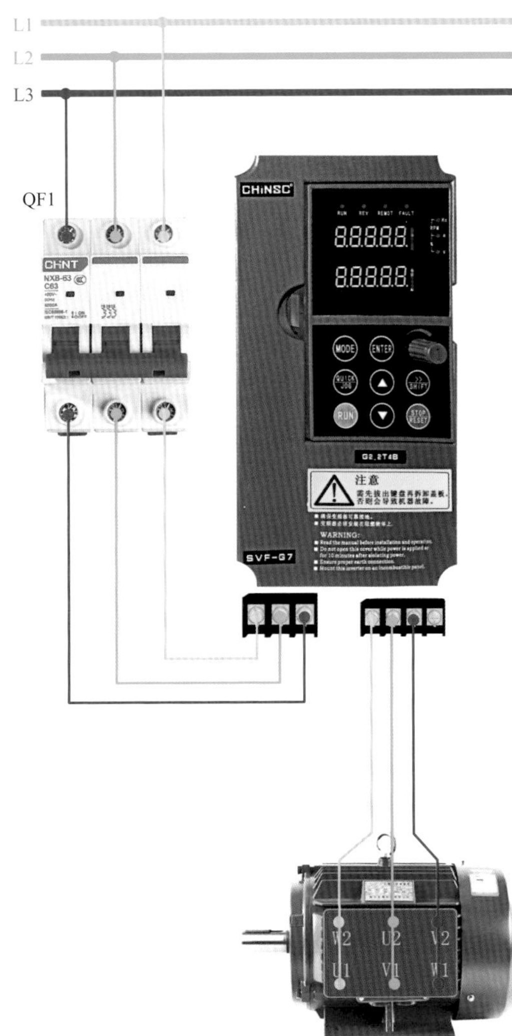

1.变频器为什么要自学习?

在变频器软件内部建立了一个交流异步电动机的数学模型，在电动机运行过程中实际测量的电动机电压、电流通过这个数学模型换算成一组转矩和磁通值，并通过这些关键参数来控制输出单元的开通与关断。变频器通过往电动机的绕组中注入一定频率、一定幅值的电压/电流信号，在线检测电动机当时所反映出来的一些电气信息，从而计算得出电动机的模型参数，以达到对电动机进行识别、辨识的目的。

2.如何自学习?

变频器进行自学习时，必须设置为矢量控制。变频器必须接电动机（电动机输出轴可以不连任何负载，也可以连接）。

变频器参数中输入电动机铭牌上的参数（额定电压、额定电流、频率、功率、额定转速、极对数等），然后变频器自动测量电动机的其他参数。这样变频器可准确测定电动机的各项参数，以便用于精确控制。

3.详细步骤

1) 将起动信号改为面板起动，F0.12=0。
2) 将控制模式设置为矢量控制，F0.14=0。
3) 设置电动机额定电压和额定频率，F0.16=电动机额定电压，F0.17=电动机额定频率。
4) 设置电动机额定功率，F3.00=电动机名牌额定功率。
5) 设置电动机额定电流，F3.01=电动机名牌额定电流。
6) 设置电动机额定转速，F3.02=电动机名牌额定转速。
7) 设置加速时间，F0.10=根据用户需求。
8) 设置减速时间，F0.11=根据用户需求。
9) 设置电动机参数自学习，F3.08=2（参数静态自学习），面板显示区会出现“-RUN-”。
10) 开始自学习，按下面板上的【RUN】键，变频器开始静态自学习，自学习过程中面板显示区会出现[TUN-0]。
11) 自学习结束，面板显示区出现“-END-”时，表示电动机静态自学习结束。如果出现[E020]故障代码，说明自学习发生错误，请确认输入的电动机参数无误后，重新按此步骤操作。

电动机自学习成功后，变频器自动输入以下参数，用户无需调整			
功能码	名称	设定范围	出厂值
F3.03	电动机定子电阻	0.001~65.535Ω	机型确定
F3.04	电动机转子电阻	0.001~65.535Ω	机型确定
F3.05	电动机定子和转子漏感	0.1~6553.5mH	机型确定
F3.06	电动机定子和转子互感	0.1~6553.5mH	机型确定
F3.07	电动机空载电流	0.1~6553.5A	机型确定

三相异步电动机			
型号 Y132M-4	编号 XXXXXXXX		
功率 7.5 kW	额定电流 15.0A		
额定电压 380V	额定转速 1440 r/min	噪声级 LW 87dB	
接法▲	防护等级 IP44	额定频率 50Hz	质量70kg
工作制 S1	绝缘等级 B	出厂日期	2002.5.1
中国XXXX电机厂			

4 深川SVF-G7系列变频器两线制模式1控制电动机正反转与电位器调速电路

1.原理图

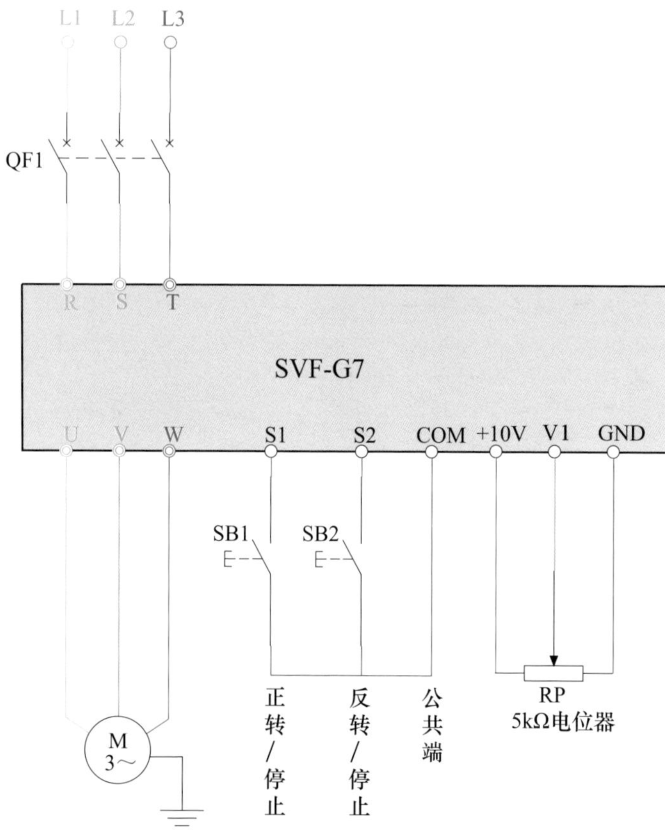

2.元器件明细表

文字符号	名称	型号与选型	电气元件在电路中起的作用
SVF-G7	变频器	SVF-G7-G2.2T4B	改变电路中的频率，实现无级调速
QF1	3P10A断路器	NXB-63-3P-D10	电源总开关，在主电路中起控制兼保护作用
M	2.2kW电动机	YE2-90L-2/2.2kW	将电能转换为机械能
RP	电位器	0~5kΩ	控制变频器频率
SB1	按钮	绿色LA38(置位型)	正转起停
SB2	按钮	红色LA38(置位型)	反转起停

3.变频器基本运行参数和电动机参数

功能	参数码	设定值	含义说明	注意事项
恢复出厂设置	F0.27	1	参数恢复出厂设置	
加速时间	F0.10	10	根据电动机和工程要求，适当即可	加速过快容易出现过电流
减速时间	F0.11	10	根据电动机和工程要求，适当即可	减速过快，直流母线易出现过电压
电动机额定功率	F3.00	2.2	根据电动机型号确定	当变频器大于电动机容量或采用矢量控制时，此参数必须设置
电动机额定电流	F3.01	4.18	根据电动机型号确定	
电动机额定转速	F3.02	2800	根据电动机型号确定	

4.变频器端子及参数含义说明

端子	功能	参数码	设定值	含义说明
V1	主频率指令	F0.0	1	主频率由模拟量V1控制
	频率组合方式	F0.4	0	仅主频率设定
	运行通道选择	F0.12	1	端子起停（指示灯REMOT闪烁）
	端子控制运行模式	F0.13	0	两线制模式1
S1	多功能输入端子	F4.00	1	正转起停
S2	多功能输入端子	F4.01	2	反转起停

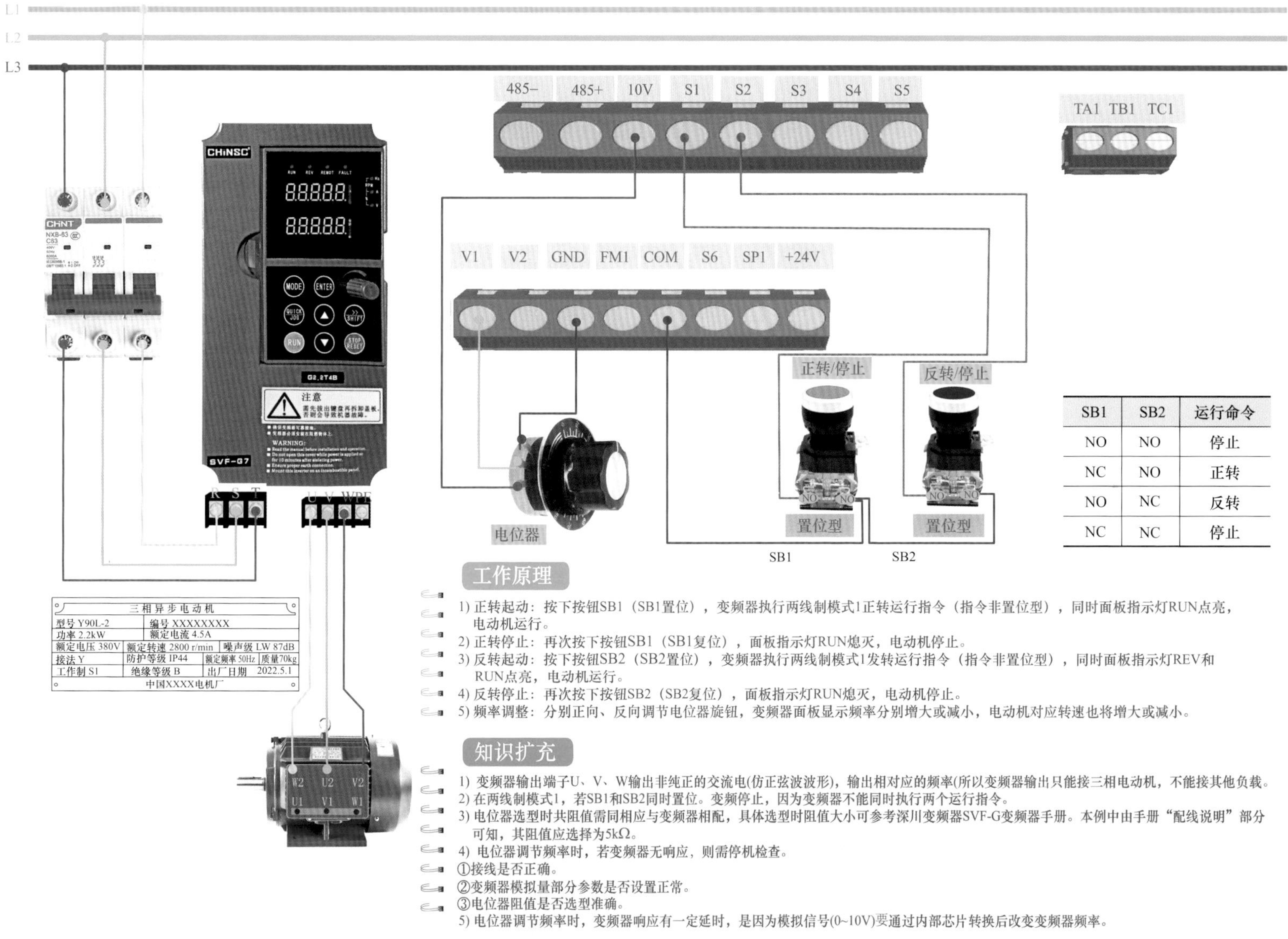

SB1	SB2	运行命令
NO	NO	停止
NC	NO	正转
NO	NC	反转
NC	NC	停止

三相异步电动机			
型号 Y90L-2	编号 XXXXXXXX		
功率 2.2kW	额定电流 4.5A		
额定电压 380V	额定转速 2800 r/min	噪声级 LW 87dB	
接法 Y	防护等级 IP44	额定频率 50Hz	质量70kg
工作制 S1	绝缘等级 B	出厂日期	2022.5.1
中国XXXX电机厂			

工作原理

1) 正转起动：按下按钮SB1（SB1置位），变频器执行两线制模式1正转运行指令（指令非置位型），同时面板指示灯RUN点亮，电动机运行。
2) 正转停止：再次按下按钮SB1（SB1复位），面板指示灯RUN熄灭，电动机停止。
3) 反转起动：按下按钮SB2（SB2置位），变频器执行两线制模式1发转运行指令（指令非置位型），同时面板指示灯REV和RUN点亮，电动机运行。
4) 反转停止：再次按下按钮SB2（SB2复位），面板指示灯RUN熄灭，电动机停止。
5) 频率调整：分别正向、反向调节电位器旋钮，变频器面板显示频率分别增大或减小，电动机对应转速也将增大或减小。

知识扩充

1) 变频器输出端子U、V、W输出非纯正的交流电(仿正弦波波形)，输出相对应的频率(所以变频器输出只能接三相电动机，不能接其他负载。
2) 在两线制模式1，若SB1和SB2同时置位。变频停止，因为变频器不能同时执行两个运行指令。
3) 电位器选型时共阻值需同相应与变频器相配，具体选型时阻值大小可参考深川变频器SVF-G变频器手册。本例中由手册“配线说明”部分可知，其阻值应选择为5kΩ。
4) 电位器调节频率时，若变频器无响应，则需停机检查。
①接线是否正确。
②变频器模拟量部分参数是否设置正常。
③电位器阻值是否选型准确。
5) 电位器调节频率时，变频器响应有一定延时，是因为模拟信号(0~10V)要通过内部芯片转换后改变变频器频率。

深川 SVF-G7 系列变频器两线制模式 1 控制电动机正反转与电位器调速电路实物接线图

5 深川 SVF- G7 系列变频器两线制模式 2 控制电动机正反转与电位器调速电路

1.原理图

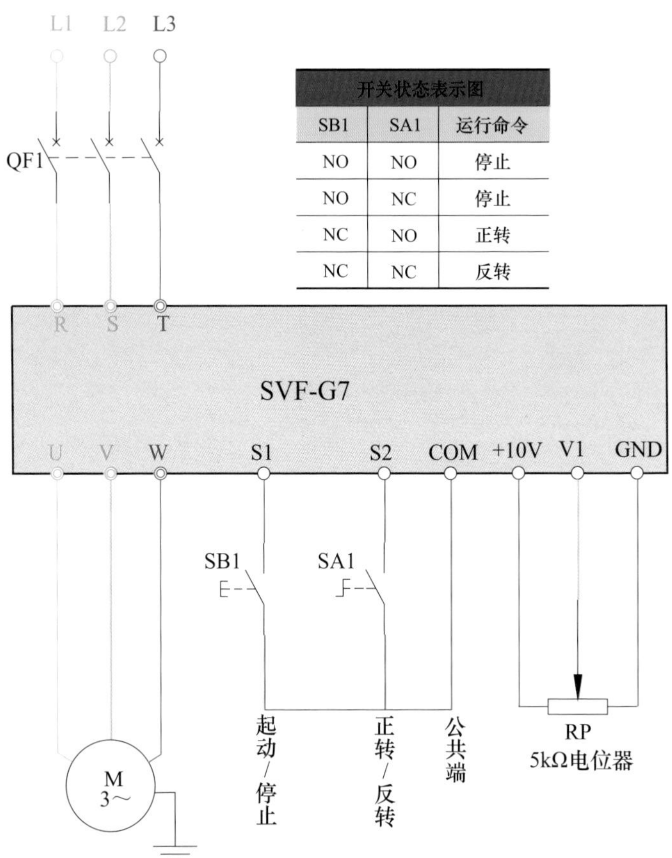

开关状态表示图

SB1	SA1	运行命令
NO	NO	停止
NO	NC	停止
NC	NO	正转
NC	NC	反转

2.元器件明细表

文字符号	名称	型号与选型	电气元件在电路中起的作用
SVF-G7	变频器	SVF-G7-G2.2T4B	改变电路中的频率，实现无级调速
QF1	3P10A断路器	NXB-63-3P-D10	电源总开关，在主电路中起控制兼保护作用
M	2.2kW电动机	YE2-90L-2/2.2kW	将电能转换为机械能
RP	电位器	5kΩ	控制变频器频率
SB1	绿色按钮	LA38(置位型)	起动/停止
SA1	两档旋转开关	LA38(置位型)	正转/反转

3.变频器基本运行参数和电动机参数

功能	参数码	设定值	含义说明	注意事项
恢复出厂设置	F0.27	1	参数恢复出厂设置	
加速时间	F0.10	10	根据电动机和工程要求，适当即可	加速过快容易出现过电流
减速时间	F0.11	10	根据电动机和工程要求，适当即可	减速过快，直流母线易出现过电压
电动机额定功率	F3.00	2.2	根据电动机机型确定	当变频器大于电动机容量或采用矢量控制时，此参数必须设置
电动机额定电流	F3.01	4.18	根据电动机机型确定	
电动机额定转速	F3.02	2800	根据电动机机型确定	

4.变频器端子及参数含义说明

端子	功能	参数码	设定值	含义说明
V1	主频率指令	F0.0	1	主频率由模拟量V1控制
	频率组合方式	F0.4	0	仅主频率设定
	运行通道选择	F0.12	1	端子起停（指示灯REMOT闪烁）
	端子控制运行模式	F0.13	1	两线制模式2
S1	多功能输入端子	F4.00	1	正转运行(两线制模式2实现起停控制)
S2	多功能输入端子	F4.01	2	反转运行(两线制模式2实现正反转控制)

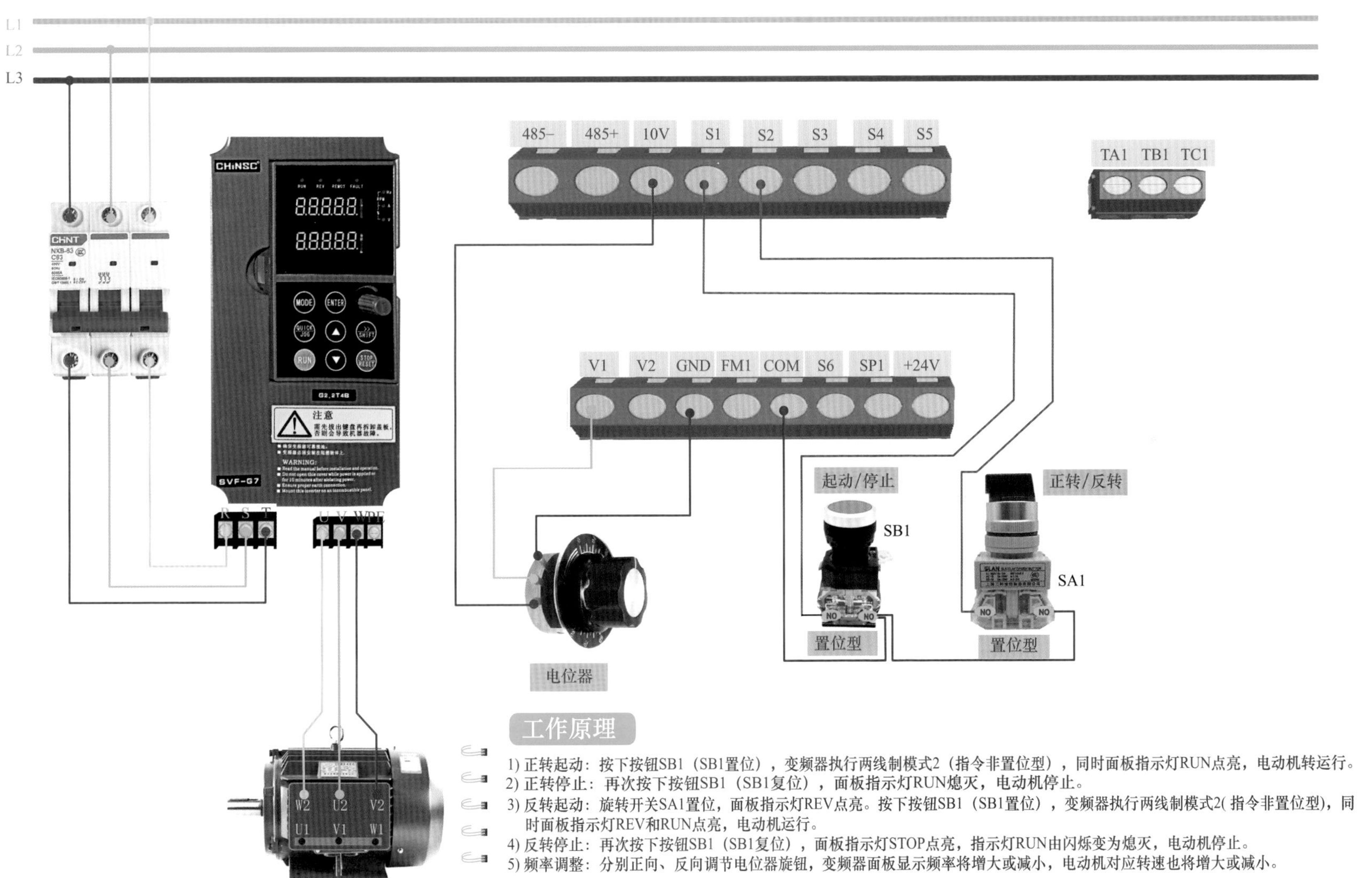

工作原理

1) 正转起动：按下按钮SB1（SB1置位），变频器执行两线制模式2（指令非置位型），同时面板指示灯RUN点亮，电动机转运行。
2) 正转停止：再次按下按钮SB1（SB1复位），面板指示灯RUN熄灭，电动机停止。
3) 反转起动：旋转开关SA1置位，面板指示灯REV点亮。按下按钮SB1（SB1置位），变频器执行两线制模式2(指令非置位型)，同时面板指示灯REV和RUN点亮，电动机运行。
4) 反转停止：再次按下按钮SB1（SB1复位），面板指示灯STOP点亮，指示灯RUN由闪烁变为熄灭，电动机停止。
5) 频率调整：分别正向、反向调节电位器旋钮，变频器面板显示频率将增大或减小，电动机对应转速也将增大或减小。

深川 **SVF-G7** 系列变频器两线制模式 **2** 控制电机正反转与电位器调速电路实物接线图

深川 SVF-G7 系列变频器三线制模式 1 控制电动机正反转与电位器调速电路

1.原理图

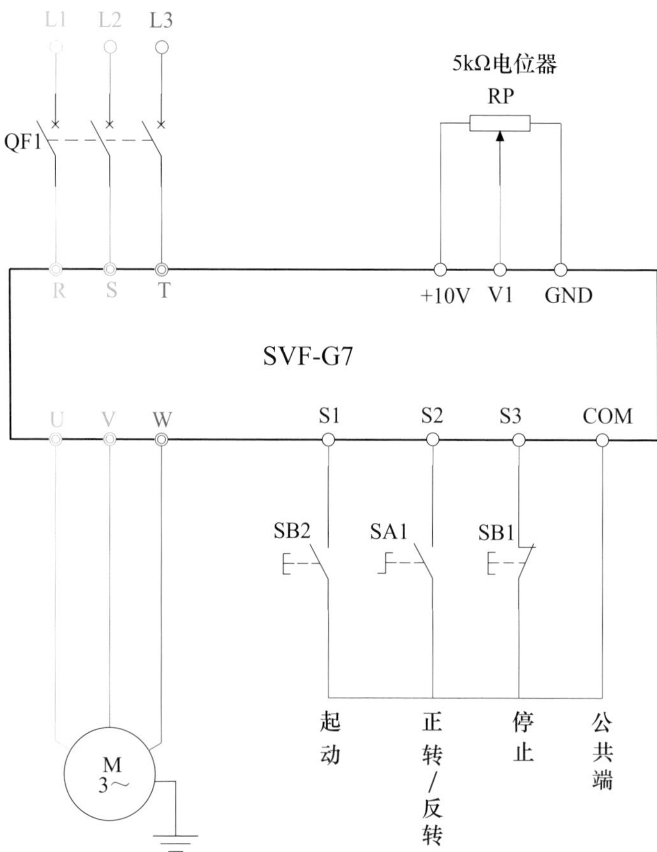

2.元器件明细表

文字符号	名称	型号与选型	电气元件在电路中起的作用
SVF-G7	变频器	SVF-G7-G2.2T4B	改变电路中的频率，实现无级调速
QF1	3P10A断路器	NXB-63-3P-D10	电源总开关，在主电路中起控制兼保护作用
M	2.2kW电动机	YE2-90L-2/2.2kW	将电能转换为机械能
RP	电位器	5kΩ	控制变频器频率
SB1	红色按钮	LA38(自复位型)	停止按钮
SB2	绿色按钮	LA38(自复位型)	起动按钮
SA1	旋转开关	LA38(两档置位型)	正转/反转

3.变频器基本运行参数和电动机参数

功能	参数码	设定值	含义说明	注意事项
恢复出厂设置	F0.27	1	参数恢复出厂设置	
加速时间	F0.10	10	根据电动机和工程要求，适当即可	加速过快容易出现过电流
减速时间	F0.11	10	根据电动机和工程要求，适当即可	减速过快，直流母线易出现过电压
电动机额定功率	F3.00	2.2	根据电动机机型确定	当变频器大于电动机容量或采用矢量控制时，此参数必须设置
电动机额定电流	F3.01	4.18	根据电动机机型确定	
电动机额定转速	F3.02	2800	根据电动机机型确定	

4.变频器端子及参数含义说明

端子	功能	参数码	设定值	含义说明
V1	主频率指令	F0.0	1	主频率由模拟量V1控制
	频率组合方式	F0.4	0	仅主频率设定
	运行通道选择	F0.12	1	端子起停（指示灯REMOT闪烁）
	端子控制运行模式	F0.13	2	三线制模式1
S1	多功能输入端子	F4.00	1	正转运行(在三线模式1实现起动控制)
S2	多功能输入端子	F4.01	2	反转运行(在三线模式1实现正反转控制)
S3	多功能输入端子	F4.02	3	三线模式(在三线模式实现停止控制)

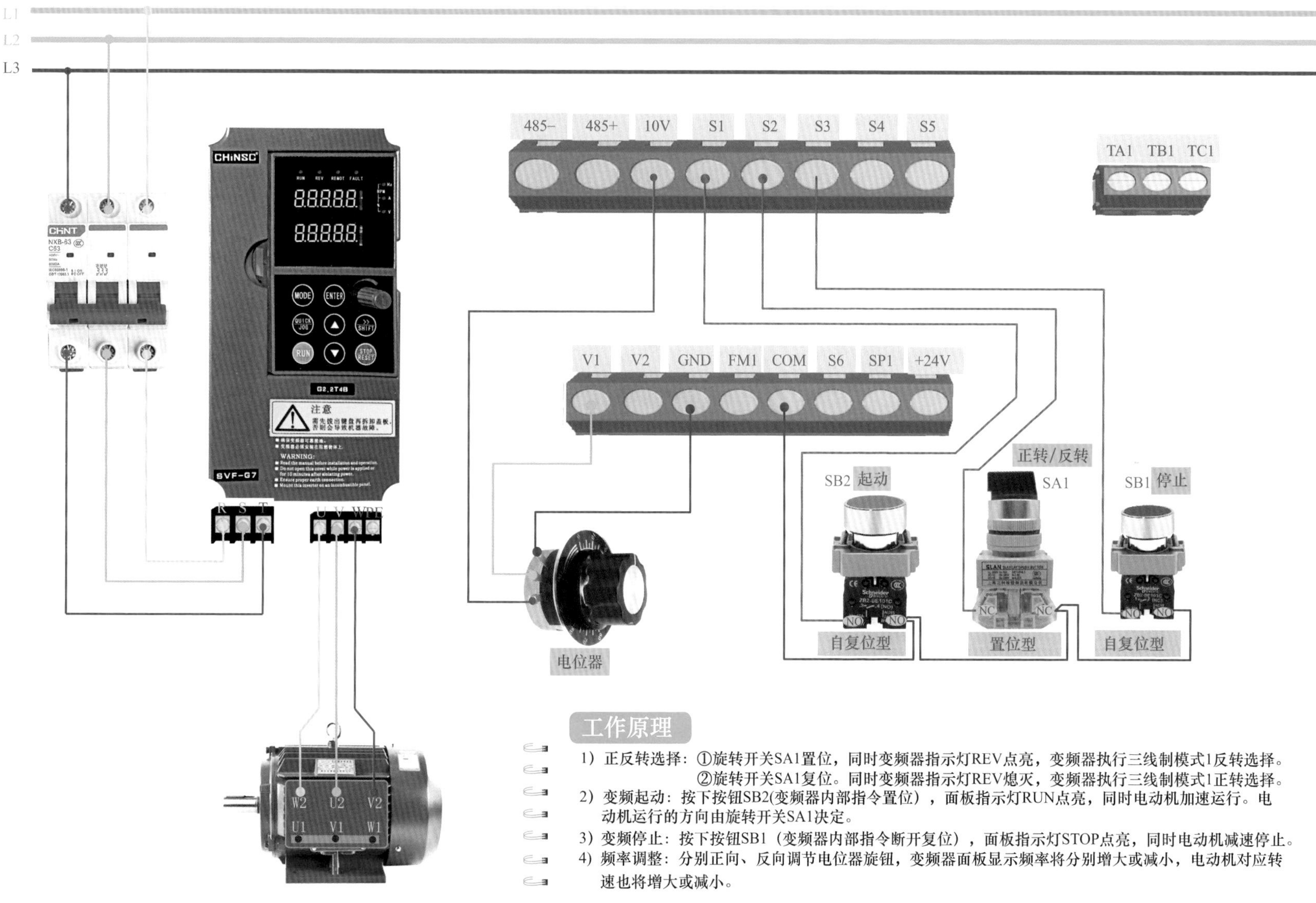

工作原理

1）正反转选择：①旋转开关SA1置位，同时变频器指示灯REV点亮，变频器执行三线制模式1反转选择。
②旋转开关SA1复位。同时变频器指示灯REV熄灭，变频器执行三线制模式1正转选择。

2）变频起动：按下按钮SB2(变频器内部指令置位），面板指示灯RUN点亮，同时电动机加速运行。电动机运行的方向由旋转开关SA1决定。

3）变频停止：按下按钮SB1（变频器内部指令断开复位），面板指示灯STOP点亮，同时电动机减速停止。

4）频率调整：分别正向、反向调节电位器旋钮，变频器面板显示频率将分别增大或减小，电动机对应转速也将增大或减小。

深川 **SVF-G7** 系列变频器三线制模式 **1** 控制电机正反转与电位器调速电路实物接线图

深川 SVF-G7 系列变频器三线制模式 2 控制电动机正反转与电位器调速电路

1.原理图

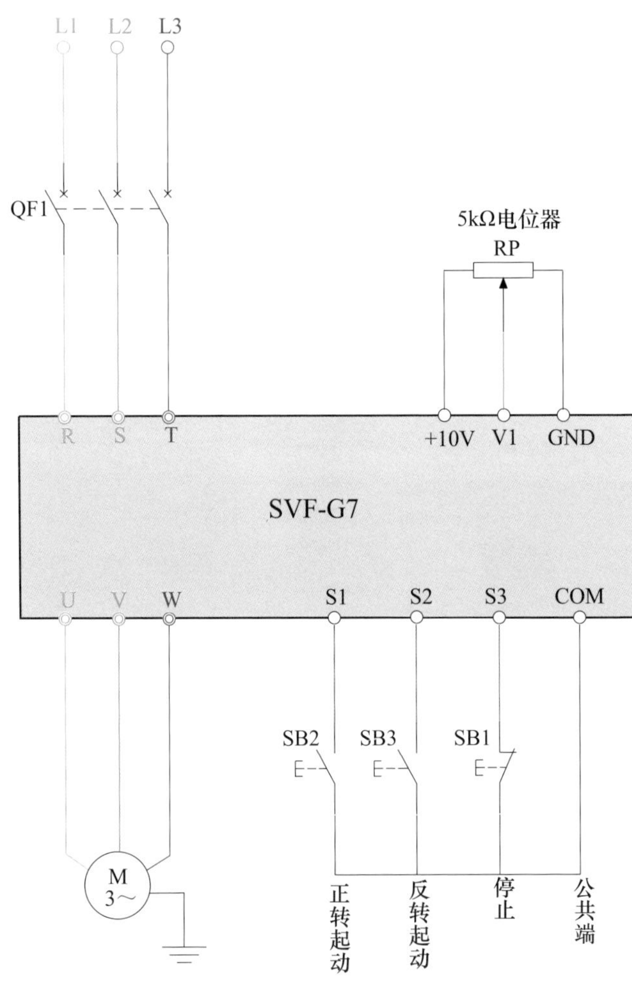

2.元器件明细表

文字符号	名称	型号与选型	电气元件在电路中起的作用
SVF-G7	变频器	SVF-G7-G2.2T4B	改变电路中的频率，实现无级调速
QF1	3P10A断路器	NXB-63-3P-D10	电源总开关，在主电路中起控制兼保护作用
M	2.2kW电动机	YE2-90L-2/2.2kW	将电能转换为机械能
RP	电位器	5kΩ	控制变频器频率
SB1	红色按钮	LA38-11NB(自复位型)	停止按钮
SB2	绿色按钮	LA38-11NB(自复位型)	正转起动按钮
SB3	蓝色按钮	LA38-11NB(自复位型)	反转起动按钮

3.变频器基本运行参数和电动机参数

功能	参数码	设定值	含义说明	注意事项
恢复出厂设置	F0.27	1	参数恢复出厂设置	
加速时间	F0.10	10	根据电动机和工程要求，适当即可	加速过快容易出现过电流
减速时间	F0.11	10	根据电动机和工程要求，适当即可	减速过快，直流母线易出现过电压
电动机额定功率	F3.00	2.2	根据电动机机型确定	当变频器大于电动机容量或采用矢量控制时，此参数必须设置
电动机额定电流	F3.01	4.18	根据电动机机型确定	
电动机额定转速	F3.02	2800	根据电动机机型确定	

4.变频器端子及参数含义说明

端子	功能	参数码	设定值	含义说明
V1	主频率指令	F0.0	1	主频率由模拟量V1控制
	频率组合方式	F0.4	0	仅主频率设定
	运行通道选择	F0.12	1	端子起停（指示灯REMOT闪烁）
	端子控制运行模式	F0.13	3	三线制模式2
S1	多功能输入端子	F4.00	1	正转运行
S2	多功能输入端子	F4.01	2	反转运行
S3	多功能输入端子	F4.02	3	三线模式(在三线模式为停止)

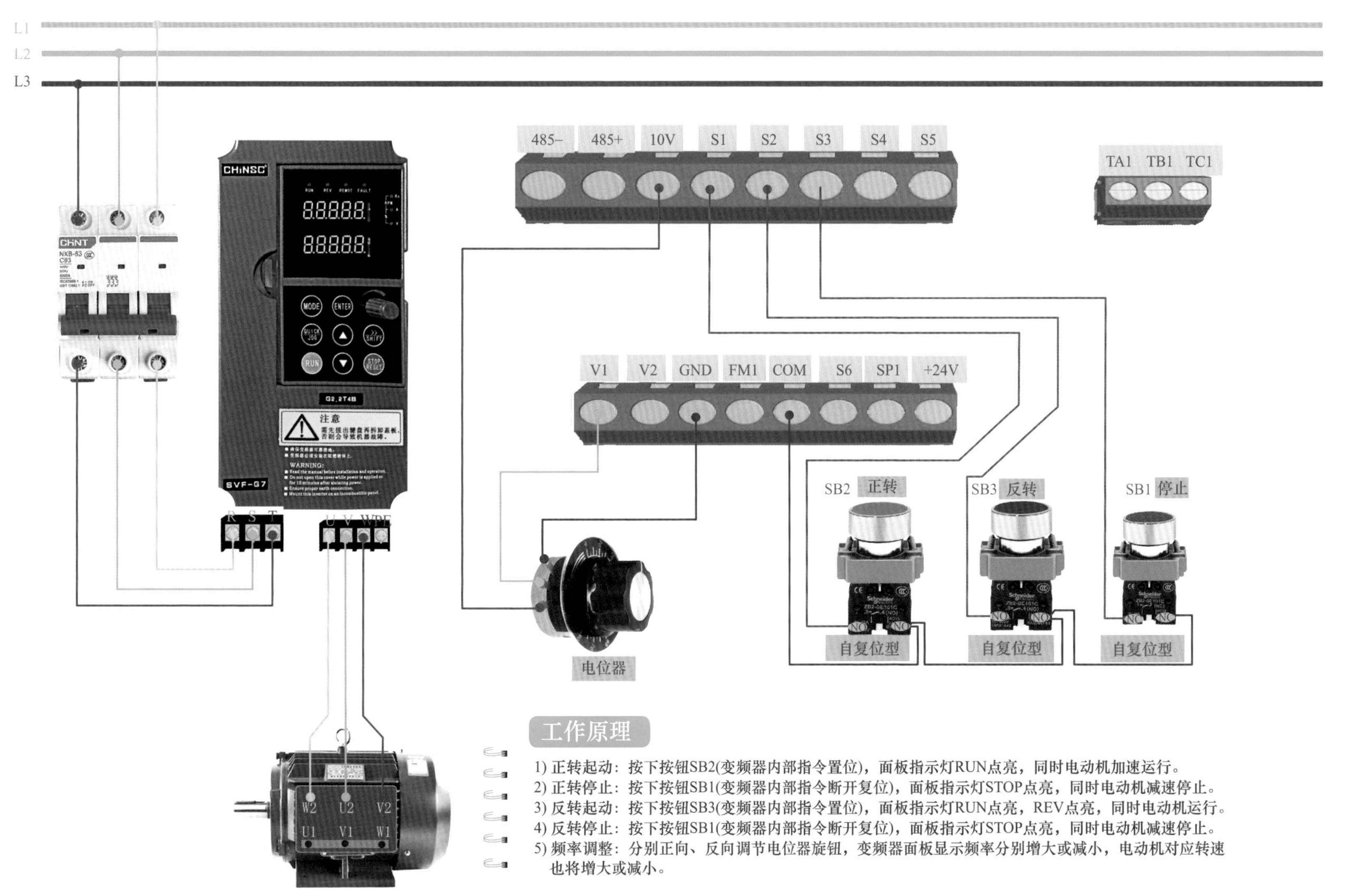

工作原理

1) 正转起动：按下按钮SB2(变频器内部指令置位)，面板指示灯RUN点亮，同时电动机加速运行。
2) 正转停止：按下按钮SB1(变频器内部指令断开复位)，面板指示灯STOP点亮，同时电动机减速停止。
3) 反转起动：按下按钮SB3(变频器内部指令置位)，面板指示灯RUN点亮，REV点亮，同时电动机运行。
4) 反转停止：按下按钮SB1(变频器内部指令断开复位)，面板指示灯STOP点亮，同时电动机减速停止。
5) 频率调整：分别正向、反向调节电位器旋钮，变频器面板显示频率分别增大或减小，电动机对应转速也将增大或减小。

深川 **SVF-G7** 系列变频器三线制模式 **2** 控制电动机正反转与电位器调速电路实物接线图

8 深川 SVF-G7 系列变频器三线制模式 3 控制电动机正反转与电位器调速电路

1.原理图

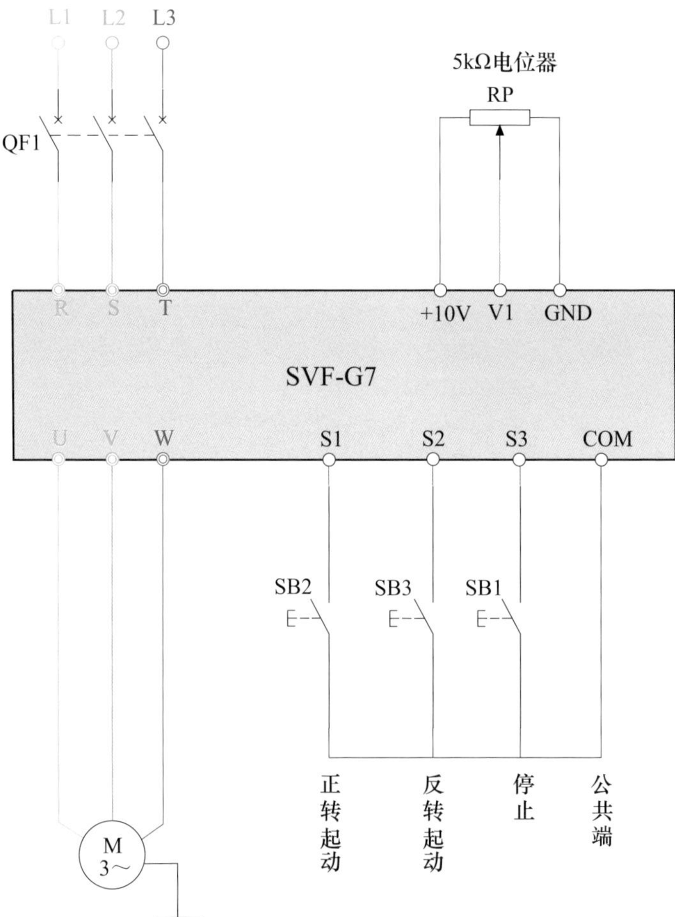

2.元器件明细表

文字符号	名称	型号与选型	电气元件在电路中起的作用
SVF-G7	变频器	SVF-G7-G2.2T4B	改变电路中的频率，实现无级调速
QF1	3P10A断路器	NXB-63-3P-D10	电源总开关，在主电路中起控制兼保护作用
M	2.2kW电动机	YE2-90L-2/2.2kW	将电能转换为机械能
RP	电位器	5kΩ	控制变频器频率
SB1	红色按钮	LA38-11NB(自复位型)	停止按钮
SB2	绿色按钮	LA38-11NB(自复位型)	正转起动按钮
SB3	蓝色按钮	LA38-11X/21(自复位型)	反转起动按钮

3.变频器基本运行参数和电动机参数

功能	参数码	设定值	含义说明	注意事项
恢复出厂设置	F0.27	1	参数恢复出厂设置	
加速时间	F0.10	10	根据电动机和工程要求，适当即可	加速过快容易出现过电流
减速时间	F0.11	10	根据电动机和工程要求，适当即可	减速过快，直流母线易出现过电压
电动机额定功率	F3.00	2.2	根据电动机机型确定	当变频器大于电动机容量或采用矢量控制时，此参数必须设置
电动机额定电流	F3.01	4.18	根据电动机机型确定	
电动机额定转速	F3.02	2800	根据电动机机型确定	

4.变频器端子及参数含义说明

端子	功能	参数码	设定值	含义说明
V1	主频率指令	F0.0	1	主频率由模拟量V1控制
	频率组合方式	F0.4	0	仅主频率设定
	运行通道选择	F0.12	1	端子起停（指示灯REMOT闪烁）
	端子控制运行模式	F0.13	4	三线制模式3
S1	多功能输入端子	F4.00	1	正转运行(在三线模式3)
S2	多功能输入端子	F4.01	2	反转运行(在三线模式3)
S3	多功能输入端子	F4.02	3	三线模式(在三线模式3为停止)

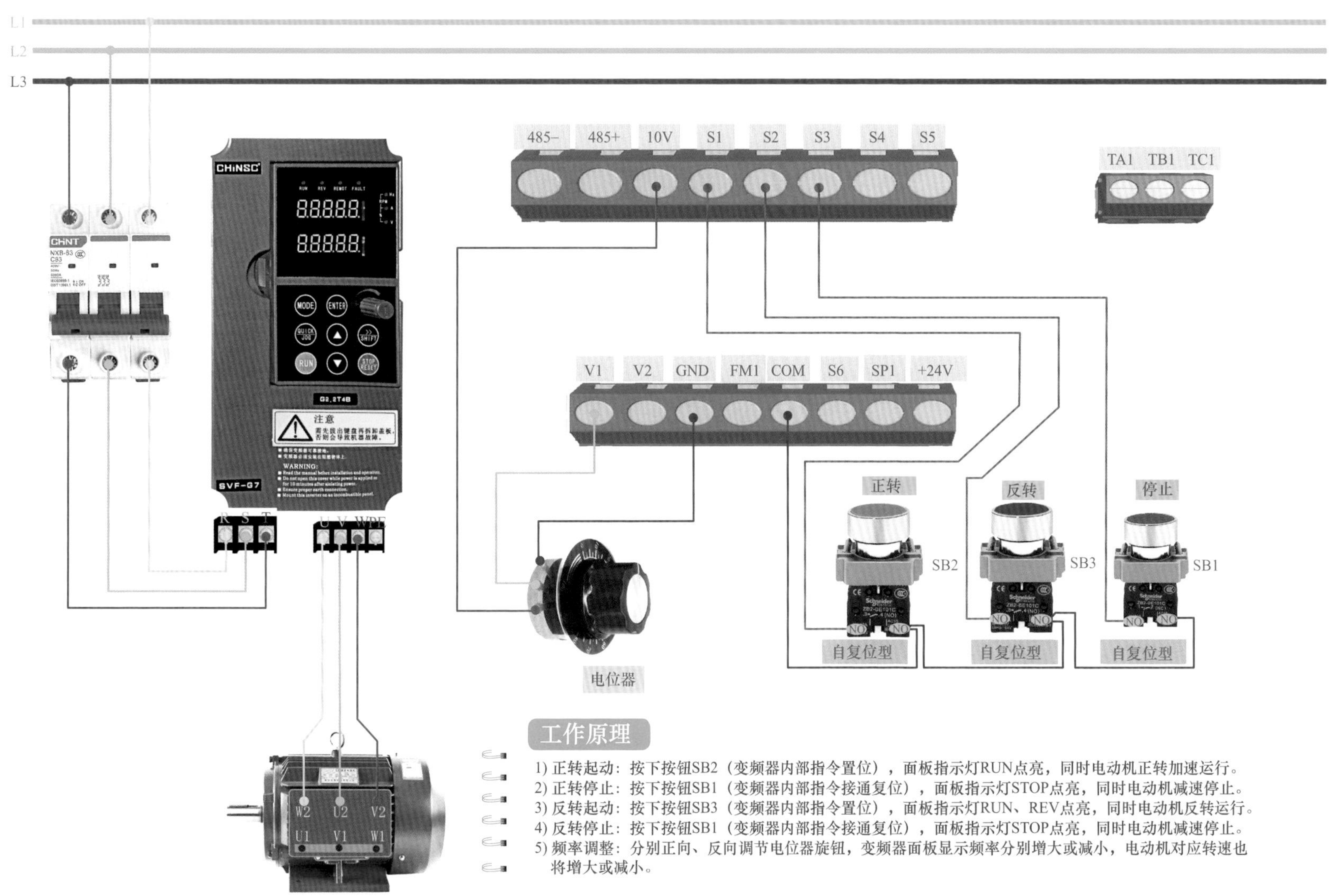

工作原理

1) 正转起动：按下按钮SB2（变频器内部指令置位），面板指示灯RUN点亮，同时电动机正转加速运行。
2) 正转停止：按下按钮SB1（变频器内部指令接通复位），面板指示灯STOP点亮，同时电动机减速停止。
3) 反转起动：按下按钮SB3（变频器内部指令置位），面板指示灯RUN、REV点亮，同时电动机反转运行。
4) 反转停止：按下按钮SB1（变频器内部指令接通复位），面板指示灯STOP点亮，同时电动机减速停止。
5) 频率调整：分别正向、反向调节电位器旋钮，变频器面板显示频率分别增大或减小，电动机对应转速也将增大或减小。

深川 **SVF-G7** 系列变频器三线制模式 **3** 控制电动机正反转与电位器调速电路实物接线图

9 深圳SVF-G7系列变频器三线制模式2与主辅频率切换电路

1.原理图

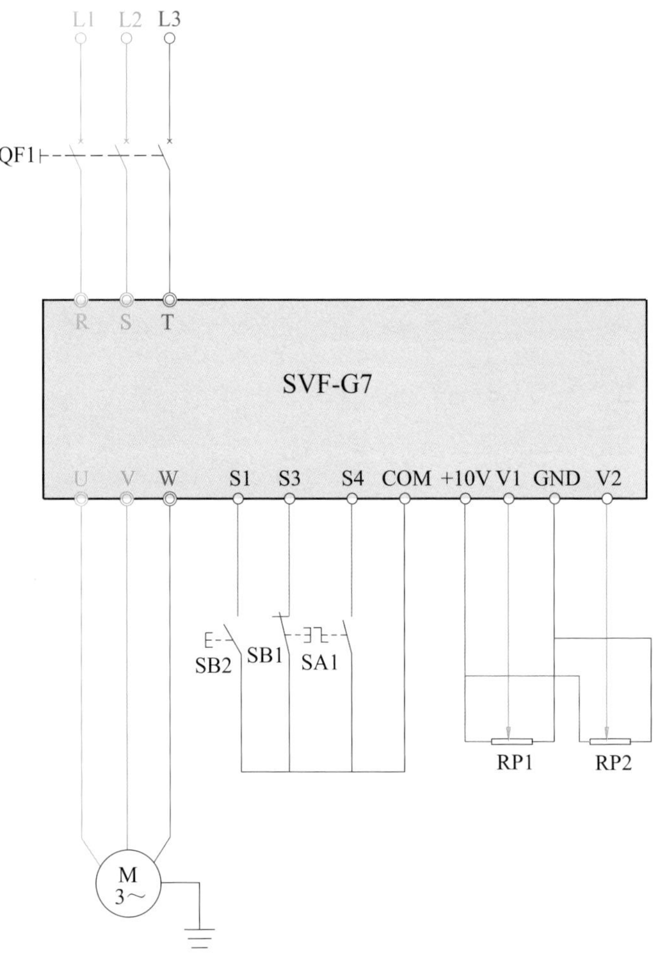

2.元器件明细表

文字符号	名称	型号与选型	电气元件在电路中起的作用
SVF-G7	变频器	SVF-G7-G2.2T4B	改变电路中的频率，实现无级调速
QF1	3P10A断路器	NXB-63-3P-D10	电源总开关，在主电路中起控制兼保护作用
M	2.2kW电动机	YE2-90L-2/2.2kW	将电能转换为机械能
RP1	电位器1	5kΩ	控制变频器主频率
RP2	电位器2	5kΩ	控制变频器主频率
SB1	红色按钮	LA38-11NB(自复位型)	停止按钮
SB2	绿色按钮	LA38-11NB(自复位型)	起动按钮
SA1	旋转开关	LA38-11X/21(置位型)	频率源选择

3.变频器基本运行参数和电动机参数

功能	参数码	设定值	含义说明	注意事项
恢复出厂设置	F0.27	1	参数恢复出厂设置	
加速时间	F0.10	10	根据电动机和工程要求，适当即可	加速过快容易出现过电流
减速时间	F0.11	10	根据电动机和工程要求，适当即可	减速过快，直流母线易出现过电压
电动机额定功率	F3.00	2.2	根据电动机机型确定	当变频器大于电动机容量或采用矢量控制时，此参数必须设置
电动机额定电流	F3.01	4.18	根据电动机机型确定	
电动机额定转速	F3.02	2800	根据电动机机型确定	

4.变频器端子及参数含义说明

端子	功能	参数码	设定值	含义说明
V1	主频率选择	F0.0	1	主频率由模拟量V1控制
V2	辅助频率选择	F0.01	2	辅助频率由模拟量V2控制
	主辅频率组合方式	F0.04	2	由QUICK/JOG或端子切换选择
S4	多功能端子	F4.03	24	频率源选择
	运行通道选择	F0.12	1	端子起停（指示灯REMOT闪烁）
	端子控制运行模式	F0.13	3	三线制模式2
S1	多功能输入端子	F4.00	1	起动运行(三线模式实现起动控制)
S3	多功能输入端子	F4.02	3	三线模式(在三线模式实现停止控制)

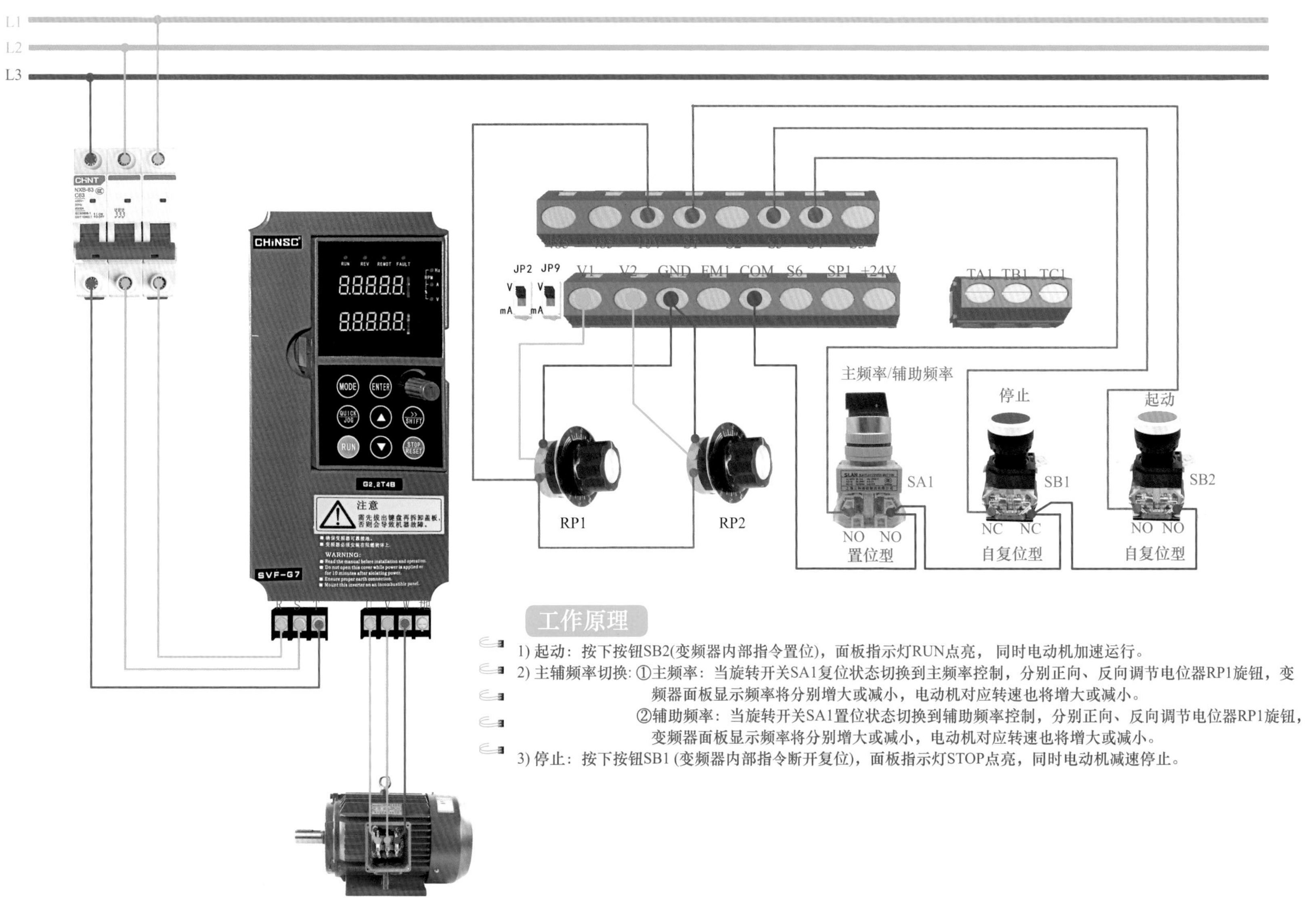

工作原理

1) 起动：按下按钮SB2(变频器内部指令置位)，面板指示灯RUN点亮，同时电动机加速运行。

2) 主辅频率切换：①主频率：当旋转开关SA1复位状态切换到主频率控制，分别正向、反向调节电位器RP1旋钮，变频器面板显示频率将分别增大或减小，电动机对应转速也将增大或减小。

②辅助频率：当旋转开关SA1置位状态切换到辅助频率控制，分别正向、反向调节电位器RP1旋钮，变频器面板显示频率将分别增大或减小，电动机对应转速也将增大或减小。

3) 停止：按下按钮SB1 (变频器内部指令断开复位)，面板指示灯STOP点亮，同时电动机减速停止。

深川 **SVF-G7** 系列变频器三线制模式 **2** 与主辅频率切换电路实物接线图

深川 SVF-G7 系列变频器多段速控制电路

1.原理图

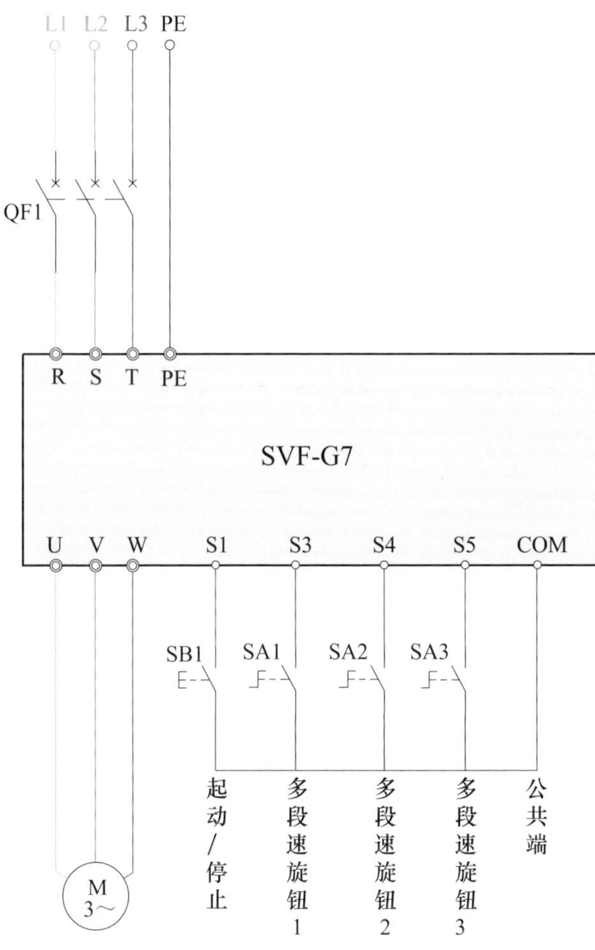

2.元器件明细表

文字符号	名称	型号与选型	电气元件在电路中起的作用
SVF-G7	深川变频器	SVF-G7-G2.2T4B	改变电路中的频率，实现无级调速
QF1	3P10A断路器	NXB-63-3P-D10	电源总开关，在主电路中起控制兼保护作用
M	2.2kW电动机	YE2-90L-2/2.2kW	将电能转换为机械能
SB1	绿色按钮	LA38-11NB(置位型)	起动/停止
SA1	两档旋转开关	LA38-11X/21(置位型)	多段速频率组合使用
SA2	两档旋转开关	LA38-11X/21(置位型)	
SA3	两档旋转开关	LA38-11X/21(置位型)	

3.变频器端子及参数含义说明

端子	功能	参数码	设定值	含义说明
	基本参数参数	请参考本书深川变频器其他案例基本参数和电动机参数		
	主频率选择	F0.0	4	多段速运行设定
	运行通道选择	F0.12	1	端子起停（指示灯REMOT闪烁）
	端子控制运行模式	F0.13	0	两线制模式1
S1	多功能端子	F4.00	1	正转运行
S2	多功能端子	F4.01	2	反转运行(S2反转未用，忽略)
S3	多功能输入端子	F4.02	12	多段速端子1
S4	多功能输入端子	F4.03	13	多段速端子2
S5	多功能输入端子	F4.04	14	多段速端子3
	多段速频率设定一	F6.00	10	多段速频率设定单位是百分数。可以是正数也可以是负数，其区别是正数表示正转，负数表示反转
	多段速频率设定二	F6.01	15	
	多段速频率设定三	F6.02	20	
	多段速频率设定四	F6.03	30	
	多段速频率设定五	F6.04	35	
	多段速频率设定六	F6.05	40	
	多段速频率设定七	F6.06	50	

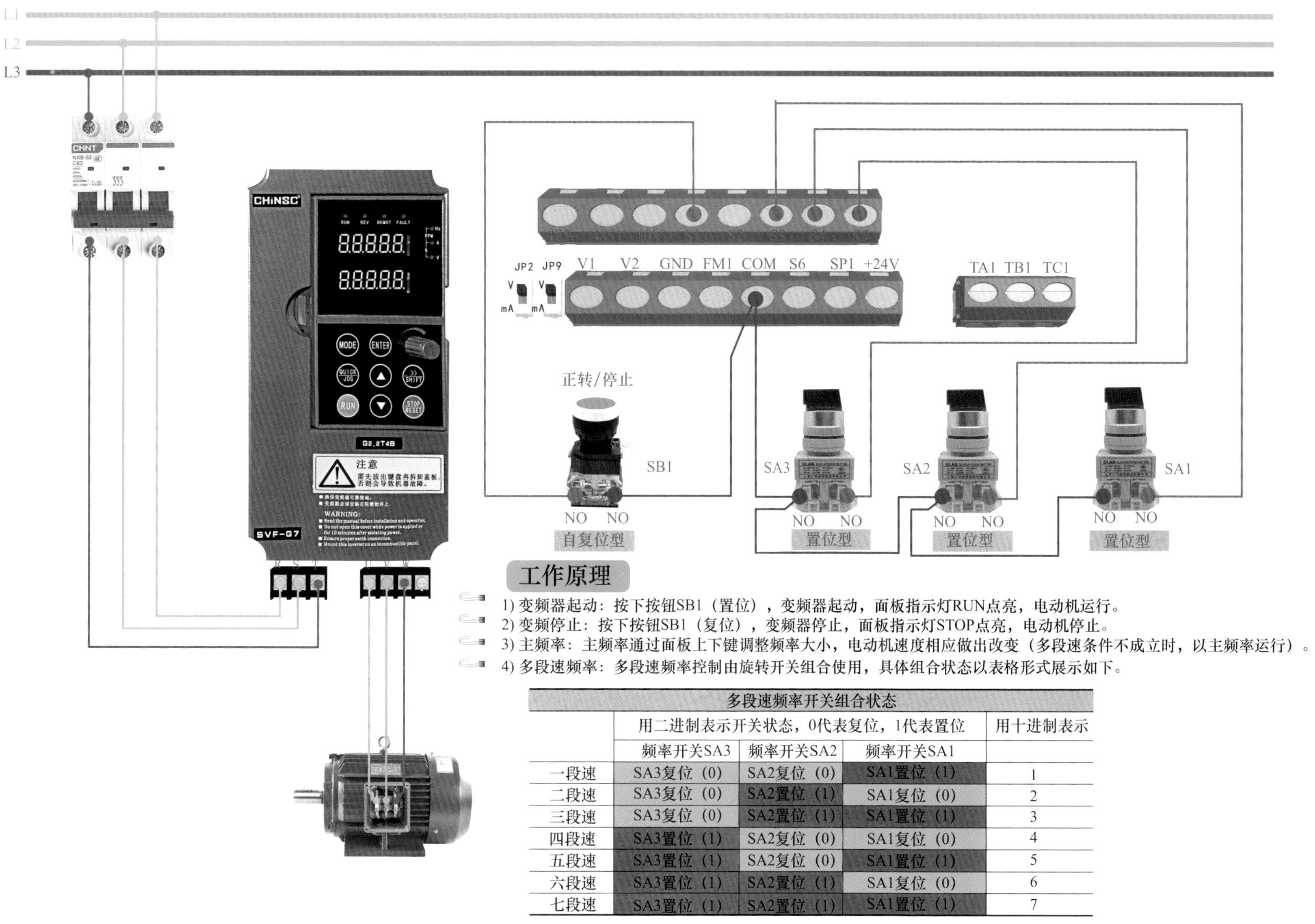

工作原理

1) 变频器起动：按下按钮SB1（置位），变频器起动，面板指示灯RUN点亮，电动机运行。
2) 变频停止：按下按钮SB1（复位），变频器停止，面板指示灯STOP点亮，电动机停止。
3) 主频率：主频率通过面板上下键调整频率大小，电动机速度相应做出改变（多段速条件不成立时，以主频率运行）。
4) 多段速频率：多段速频率控制由旋转开关组合使用，具体组合状态以表格形式展示如下。

多段速频率开关组合状态				
	用二进制表示开关状态，0代表复位，1代表置位			用十进制表示
	频率开关SA3	频率开关SA2	频率开关SA1	
一段速	SA3复位（0）	SA2复位（0）	SA1置位（1）	1
二段速	SA3复位（0）	SA2置位（1）	SA1复位（0）	2
三段速	SA3复位（0）	SA2置位（1）	SA1置位（1）	3
四段速	SA3置位（1）	SA2复位（0）	SA1复位（0）	4
五段速	SA3置位（1）	SA2复位（0）	SA1置位（1）	5
六段速	SA3置位（1）	SA2置位（1）	SA1复位（0）	6
七段速	SA3置位（1）	SA2置位（1）	SA1置位（1）	7

深川 **SVF-G7** 系列变频器多段速控制电路实物接线图

→11 深川 SVF-G7 系列变频器控制变频电动机与散热风机电路

1.原理图

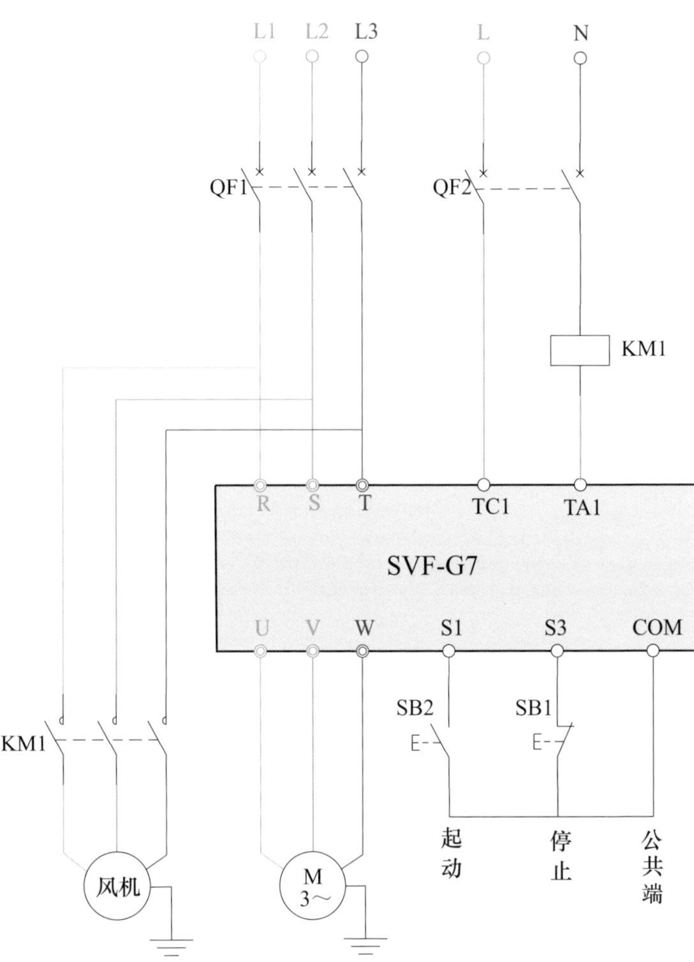

2.元器件明细表

文字符号	名称	型号与选型	电气元件在电路中起的作用
SVF-G7	变频器	SVF-G7-G2.2T4B	改变电路中的频率，实现无级调速
QF1	3P10A断路器	NXB-63-3P-D10	电源总开关，在主电路中起控制兼保护作用
QF2	2P10A断路器	NXB-63-2P-C10	控制电路断路器
M	2.2kW电动机	YVP90L-2	将电能转换为机械能
KM1	接触器	CJX2-1210	控制变频电频电动机散热扇
SB1	红色按钮	LA38-11NB(自复位型)	停止按钮
SB2	绿色按钮	LA38-11NB(自复位型)	起动按钮

3.变频器基本运行参数和电动机参数

功能	参数码	设定值	含义说明	注意事项
恢复出厂设置	F0.27	1	参数恢复出厂设置	
加速时间	F0.10	10	根据电动机和工程要求，适当即可	加速过快容易出现过电流
减速时间	F0.11	10	根据电动机和工程要求，适当即可	减速过快，直流母线易出现过电压
电动机额定功率	F3.00	2.2	根据电动机机型确定	当变频器大于电动机容量或采用矢量控制时，此参数必须设置
电动机额定电流	F3.01	4.18	根据电动机机型确定	
电动机额定转速	F3.02	2800	根据电动机机型确定	

4.变频器端子及参数含义说明

端子	功能	参数码	设定值	含义说明
	主频率选择	F0.0	0	由面板上的按钮设定
	运行通道选择	F0.12	1	端子起停（指示灯REMOT闪烁）
	端子控制运行模式	F0.13	3	三线制模式2
S1	起动	F4.00	1	起动运行(在三线模1式为起动停止)
S3	停止	F4.02	3	三线模式(在三线模式为停止)
TA1、TC1	无源继电器1	F5.02	1	变频器运行时进行控制(运行时闭合，停止时断开)

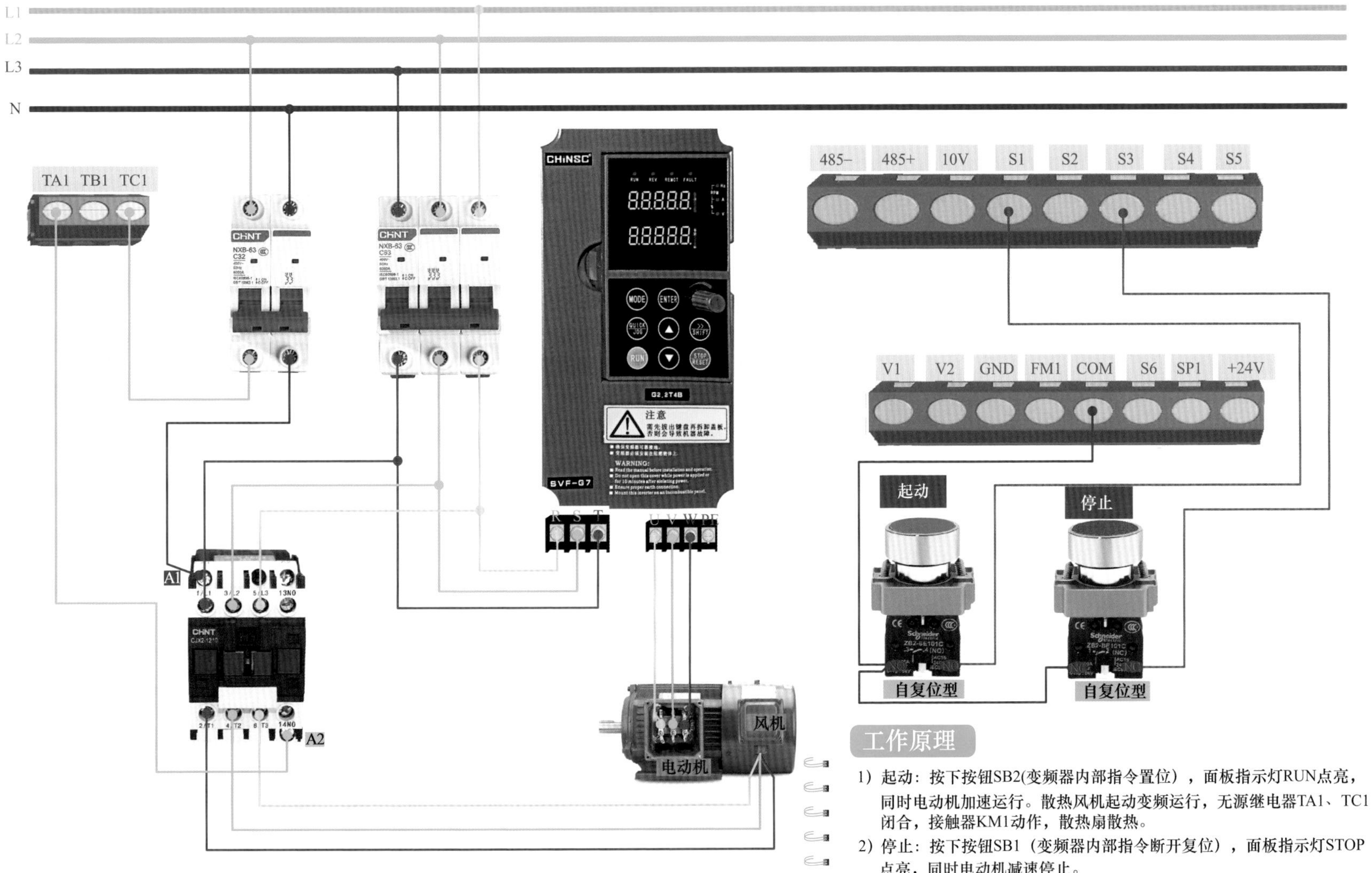

工作原理

1）起动：按下按钮SB2(变频器内部指令置位），面板指示灯RUN点亮，同时电动机加速运行。散热风机起动变频运行，无源继电器TA1、TC1闭合，接触器KM1动作，散热扇散热。

2）停止：按下按钮SB1（变频器内部指令断开复位），面板指示灯STOP点亮，同时电动机减速停止。

3）频率调整：频率大小通过面板上的上/下键调整。

深川 **SVF-G7** 系列变频器控制变频电动机与散热风机电路实物接线图

→12 深川 SVF-G7 系列变频器两线制模式 1 控制电动机正反转与继电器调速电路

1.原理图

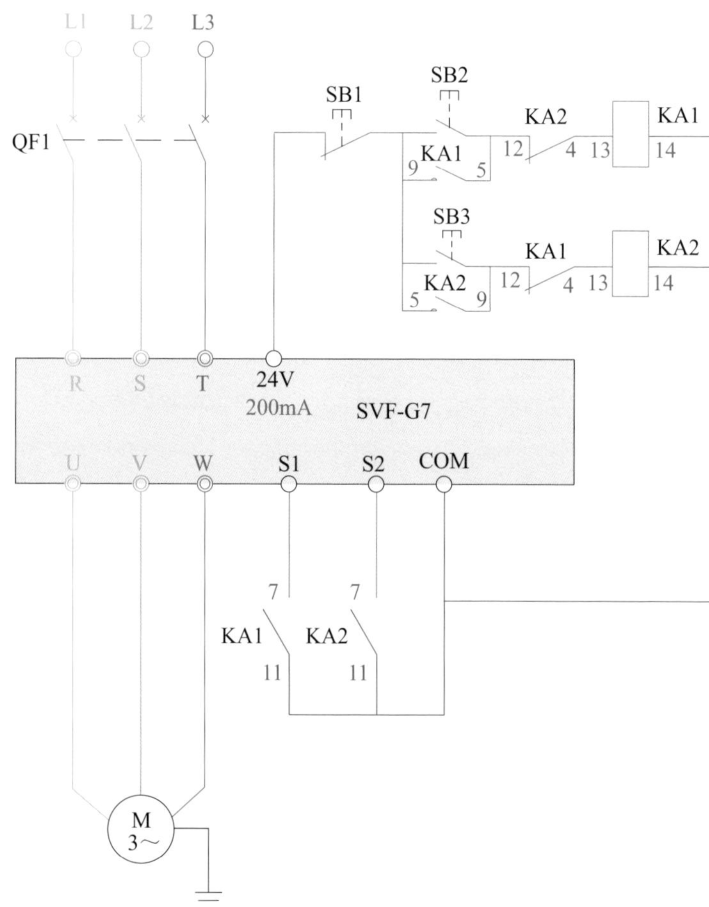

2.元器件明细表

文字符号	名称	型号与选型	电气元件在电路中起的作用
SVF-G7	变频器	SVF-G7-G2.2T4B	改变电路中的频率，实现无级调速
QF1	3P10A断路器	NXB-63-3P-D10	电源总开关，在主电路中起控制兼保护作用
M	2.2kW电动机	YE2-90L-2/2.2kW	将电能转换为机械能
RP	电位器	5kΩ	控制变频器频率
SB1	按钮	红色LA38(置位型)	停止
SB2	按钮	绿色LA38(置位型)	正转
SB3	按钮	蓝色LA38(置位型)	反转

3.变频器基本运行参数和电动机参数

功能	参数码	设定值	含义说明	注意事项
恢复出厂设置	F0.27	1	参数恢复出厂设置	
加速时间	F0.10	10	根据电动机和工程要求，适当即可	加速过快容易出现过电流
减速时间	F0.11	10	根据电动机和工程要求，适当即可	减速过快，直流母线易出现过电压
电动机额定功率	F3.00	2.2	根据电动机机型确定	当变频器大于电动机容量或采用矢量控制时，此参数必须设置
电动机额定电流	F3.01	4.18	根据电动机机型确定	
电动机额定转速	F3.02	2800	根据电动机机型确定	

4.变频器端子及参数含义说明

端子	功能	参数码	设定值	含义说明
	主频率指令	F0.00	0	主频率由面板上的按键控制
	频率组合方式	F0.04	0	仅主频率设定
	运行通道选择	F0.12	1	端子起停（指示灯REMOT闪烁）
	端子控制运行模式	F0.13	0	两线制模式1
S1	多功能输入端子	F4.00	1	正转运行
S2	多功能输入端子	F4.01	2	反转运行

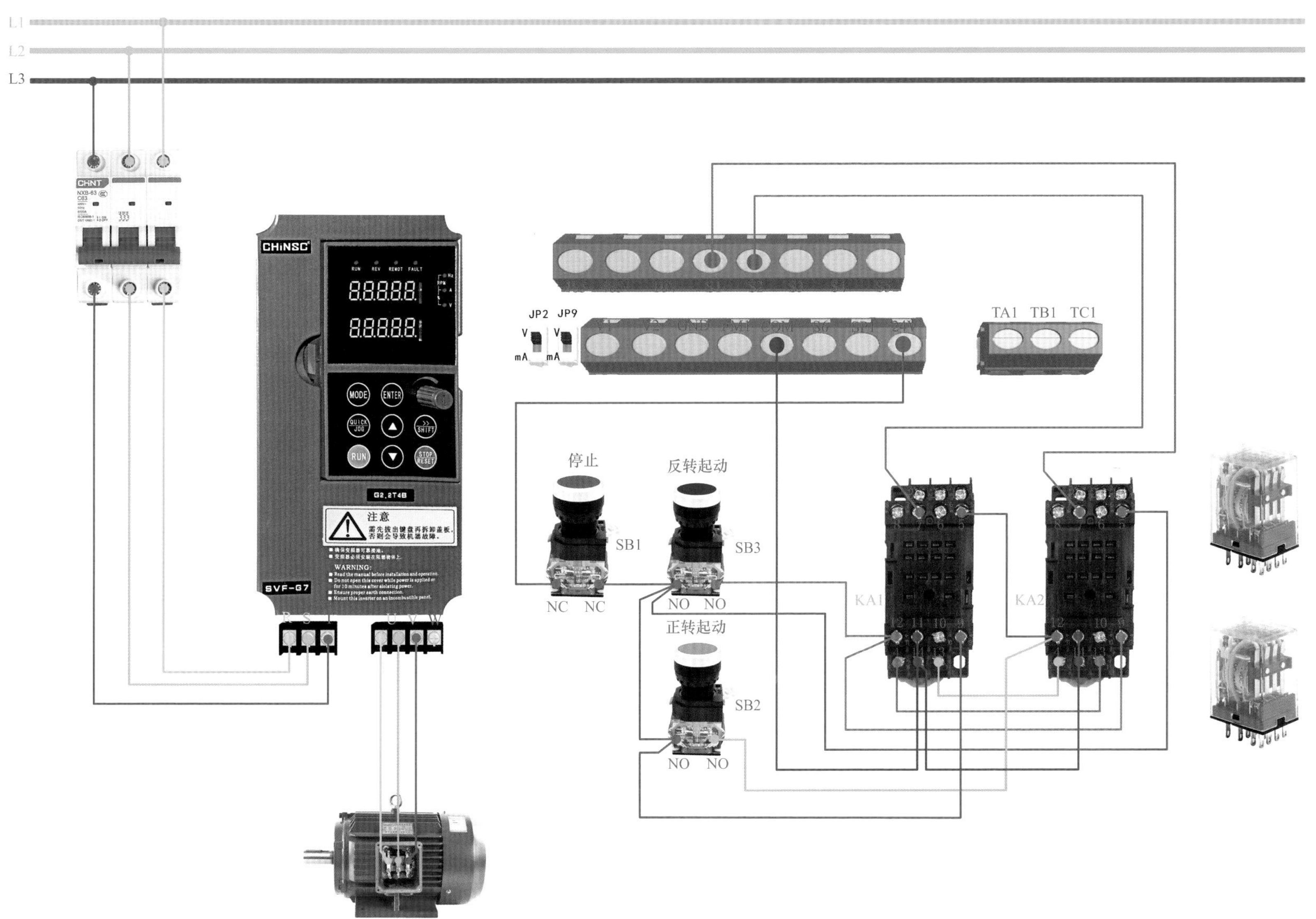

深圳 **SVF-G7** 系列变频器两线制模式 **1** 控制电动机正反转与继电器调速电路实物接线图

→13 深川 SVF-G7 系列变频器远传压力表恒压供水控制电路

1.原理图

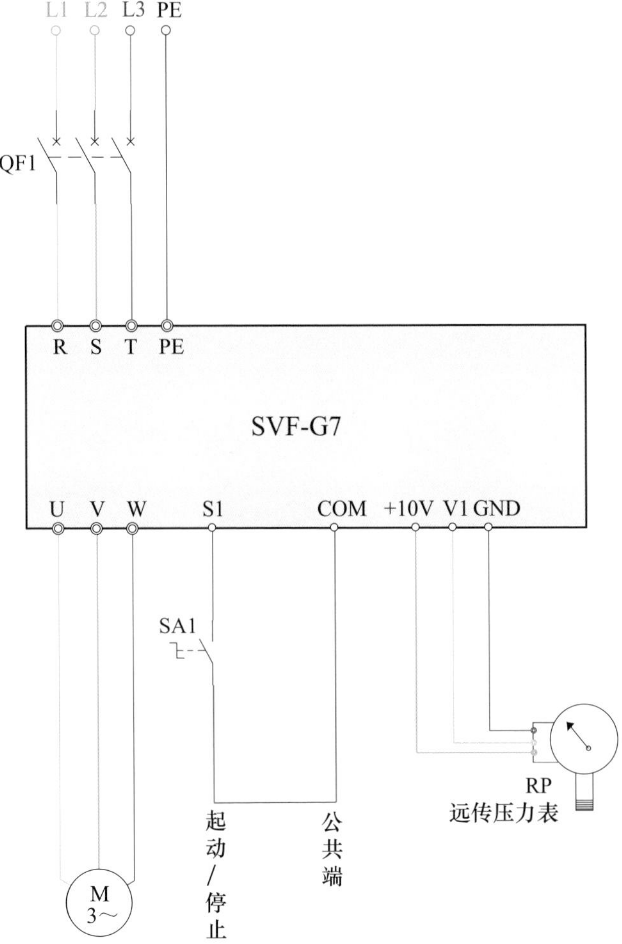

2.元器件明细表

文字符号	名称	型号与选型	电气元件在电路中起的作用
SVF-G7	变频器	SVF-G7-G2.2T4B	改变电路中的频率，实现无级调速
QF1	3P10A断路器	NXB-63-3P-D10	电源总开关，在主电路中起控制兼保护作用
M	2.2kW电动机	YE2-90L-2/2.2kW	将电能转换为机械能
RP	远传压力表	400Ω	反馈压力值
SA1	旋转开关	LA38(置位型)	起停控制

3.变频器端子及参数含义说明

端子	功能	参数码	设定值	含义说明
	清除参数恢复出厂	F0.27	1	恢复出厂设置
V1	主频率指令	F0.00	5	主频率由PID控制
	运行通道选择	F0.12	1	端子起停（指示灯REMOT闪烁）
	端子控制运行模式	F0.13	0	两线制模式1
	启动功能选择	F1.00	0.0.1.0	上电时端子运行有效
S1	多功能输入端子	F4.00	1	正转运行
	键盘数字PID给定	F7.02	40	0.0~100.0%代表
	比例增益	F7.03		根据现场实际情况调整
	积分时间	F7.04		根据现场实际情况调整

4.电路动作原理

电动机驱动水泵将水抽入管道，管道向外供水，经远传压力表将水压大小转换成相应的模拟电压信号，再将模拟电压信号反馈到变频器（内部比较器与目标值进行比较），得到偏差信号。通过PID算法对改变执行量。

若水压小于给定值，偏差信号经PID处理得到控制信号，控制变频器驱动回路，使输出频率上升，电动机转速加快，水泵抽水量增多，水压增大。

若水压大于给定值，偏差信号经PID处理得到控制信号，控制变频器驱动回路，使输出频率下降，电动机转速变慢，水泵抽水量减少，水压下降。

若水压等于给定值，偏差信号经PID处理得到控制信号，控制变频器驱动回路，使输出频率不变，电动机转速不变，水泵抽水量不变，水压不变。

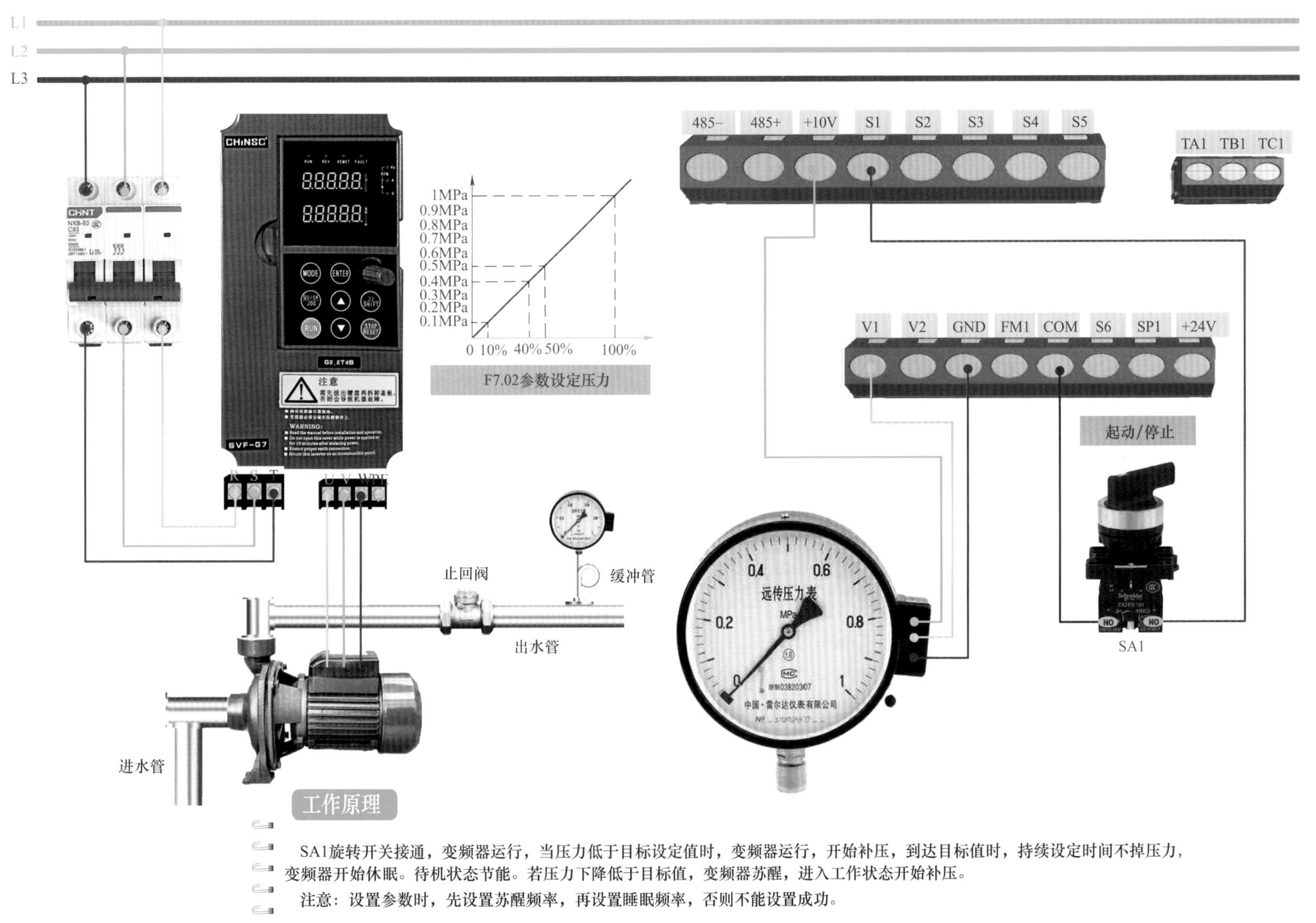

工作原理

SA1旋转开关接通，变频器运行，当压力低于目标设定值时，变频器运行，开始补压，到达目标值时，持续设定时间不掉压力，变频器开始休眠。待机状态节能。若压力下降低于目标值，变频器苏醒，进入工作状态开始补压。

注意：设置参数时，先设置苏醒频率，再设置睡眠频率，否则不能设置成功。

深川 **SVF-G7** 系列变频器远传压力表恒压供水控制电路实物接线图

→14 深川SVF-G7系列变频器远传压力变送器恒压供水控制电路

1.原理图

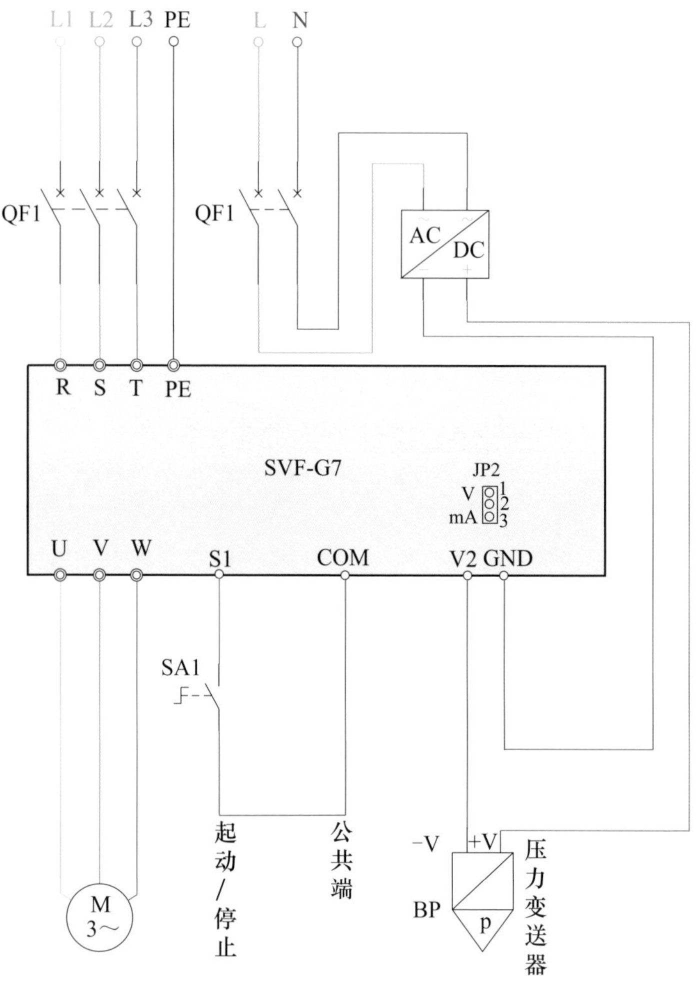

2.元器件明细表

文字符号	名称	型号与选型	电气元件在电路中起的作用
SVF-G7	变频器	SVF-G7-G2.2T4B	改变电路中的频率，实现无级调速
QF1	3P10A断路器	NXB-63-3P-D10	电源总开关，在主电路中起控制兼保护作用
M	2.2kW电动机	YE2-90L-2/2.2kW	将电能转换为机械能
BP	压力变送器	400Ω	反馈压力值
SA1	旋转开关	LA38(置位型)	起停
PWS	开关电源	220V转直流24V	给压力变送器供电

3.变频器端子及参数含义说明

端子	功能	参数码	设定值	含义说明
V2	主频率指令	F0.00	5	主频率由模拟量V2控制 (JP2拨码开关拨到电流模式)
	运行通道选择	F0.12	1	端子起停（指示灯REMOT闪烁）
	端子控制运行模式	F0.13	1	两线制模式1
	起动功能选择	F1.00	0.0.1.0	上电时端子运行有效
S1	多功能输入端子	F4.00	1	正转运行
	PID功能选择	F7.00	010	百位[输出特性选择]: 0（PID输出为正特性） 十位[PID反馈通道选择]: 1（模拟量V2反馈） 个位[PID给定通道选择}: 0（数字键盘设定）
	键盘数字PID给定	F7.02	40	0.0~100.0%代表
	比例增益	F7.03		根据现场实际调整
	积分时间	F7.04		根据现场实际调整

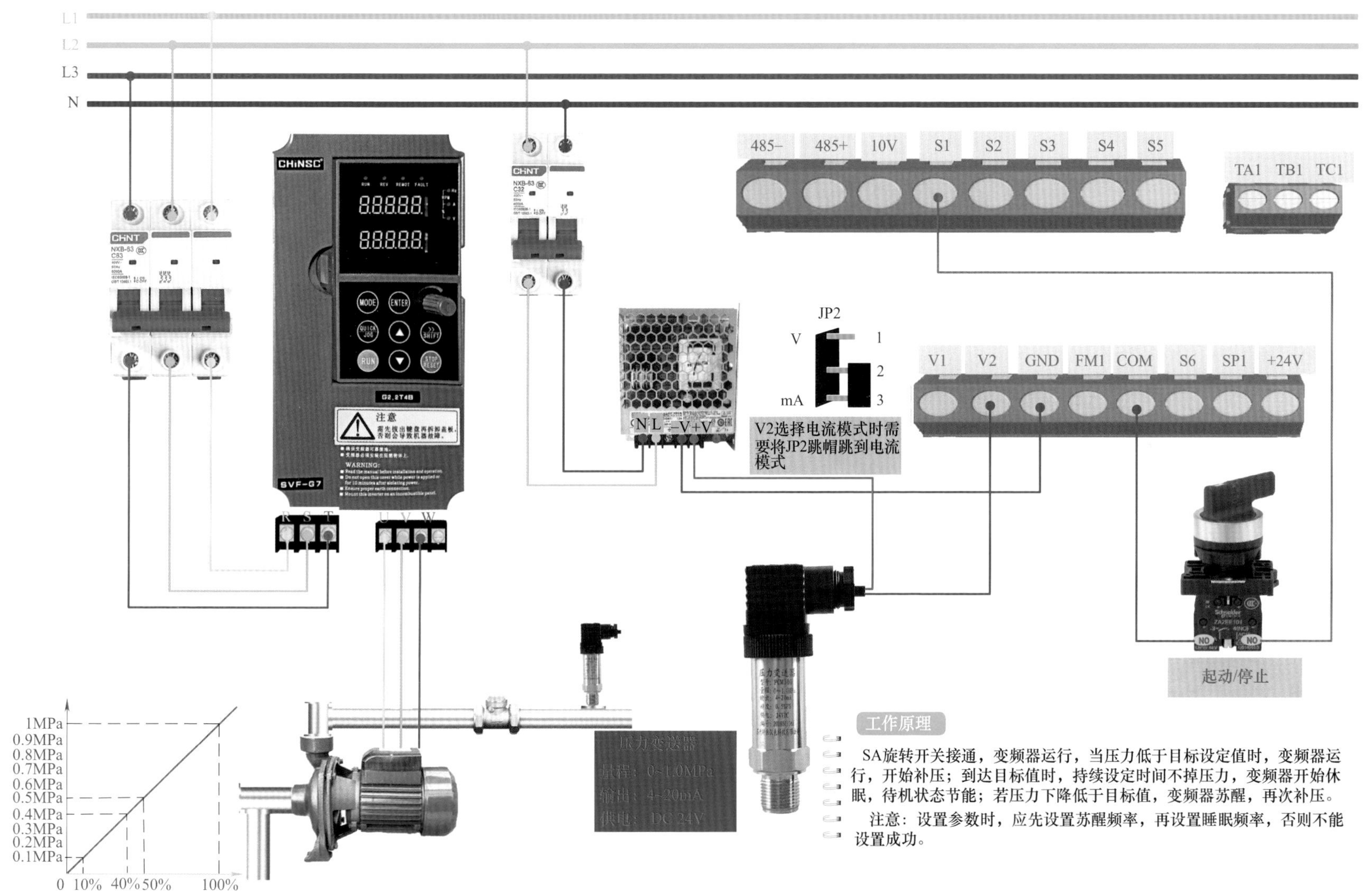
L1
L2
L3
N
485−
485+
10V
S1
S2
S3
S4
S5
TA1
TB1
TC1
JP2
V
1
2
mA
3
V2选择电流模式时需要将JP2跳帽跳到电流模式
V1
V2
GND
FM1
COM
S6
SP1
+24V
N L
−V +V
R S T
U V W
SVF-G7
起动/停止
压力变送器
量程：0~1.0MPa
输出：4~20mA
供电：DC 24V
1MPa
0.9MPa
0.8MPa
0.7MPa
0.6MPa
0.5MPa
0.4MPa
0.3MPa
0.2MPa
0.1MPa
0
10%
40%
50%
100%
工作原理
SA旋转开关接通，变频器运行，当压力低于目标设定值时，变频器运行，开始补压；到达目标值时，持续设定时间不掉压力，变频器开始休眠，待机状态节能；若压力下降低于目标值，变频器苏醒，再次补压。
注意：设置参数时，应先设置苏醒频率，再设置睡眠频率，否则不能设置成功。

深川 **SVF-G7** 系列变频器远传压力变送器恒压供水控制电路实物接线图

→15 英威腾 CHF100A 系列变频器两线制模式 1 控制电动机正反转与面板调速电路

1.原理图

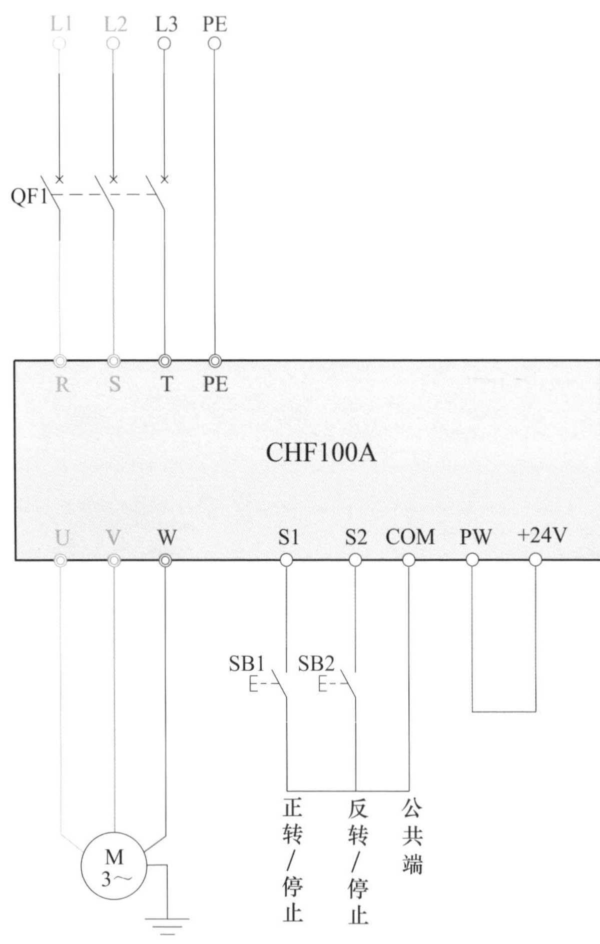

2.元器件明细表

文字符号	名称	型号与选型	电气元件在电路中起的作用
CHF100A	变频器	英威腾CHF100A-2R2G-4	改变电路中的频率，实现无级调速
QF1	3P10A断路器	NXB-63-3P-D10	电源总开关，在主电路中起控制兼保护作用
M	2.2kW电动机	YE2-90L-2/2.2kW	将电能转换为机械能
SB1	绿色按钮	LA38-11NB(置位型)	正转起停
SB2	蓝色按钮	LA38-11NB(置位型)	反转起停

3.变频器基本运行参数和电动机参数

功能	参数码	设定值	含义说明	注意事项
恢复出厂设置	P0.17	1	参数恢复出厂设置	
加速时间	P0.11	10	根据电动机和工程要求，适当即可	加速过快容易出现过电流
减速时间	P0.12	10	根据电动机和工程要求，适当即可	减速过快，直流母线易出现过电压
电动机额定功率	P2.01	2.2	根据电动机机型确定	当变频器大于电动机容量或采用矢量控制时，此参数必须设置
电动机额定电流	P2.05	4.18	根据电动机机型确定	
电动机额定转速	P2.03	2800	根据电动机机型确定	

4.变频器端子及参数含义说明

端子	功能	参数码	设定值	含义说明
	主频率指令	P0.07	0	主频率由面板上的按键设定
	运行通道选择	P0.01	1	端子指令通道（指示灯REMOT闪烁）
	端子控制运行模式	P5.10	0	两线制模式1
S1	多功能输入端子	P5.01	1	正转运行
S2	多功能输入端子	P5.02	2	反转运行

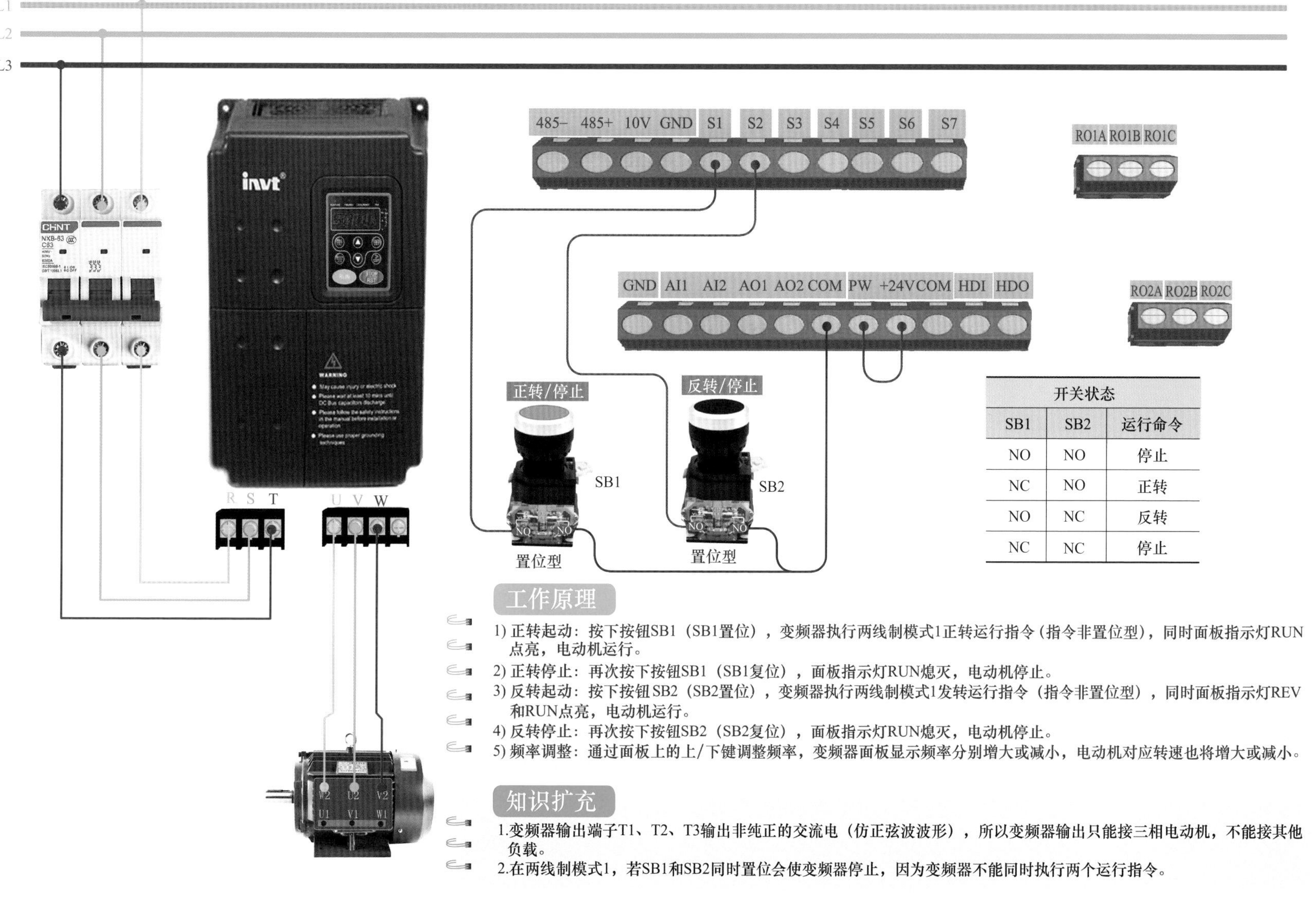

开关状态		
SB1	SB2	运行命令
NO	NO	停止
NC	NO	正转
NO	NC	反转
NC	NC	停止

工作原理

1) 正转起动：按下按钮SB1（SB1置位），变频器执行两线制模式1正转运行指令（指令非置位型），同时面板指示灯RUN点亮，电动机运行。

2) 正转停止：再次按下按钮SB1（SB1复位），面板指示灯RUN熄灭，电动机停止。

3) 反转起动：按下按钮SB2（SB2置位），变频器执行两线制模式1发转运行指令（指令非置位型），同时面板指示灯REV和RUN点亮，电动机运行。

4) 反转停止：再次按下按钮SB2（SB2复位），面板指示灯RUN熄灭，电动机停止。

5) 频率调整：通过面板上的上/下键调整频率，变频器面板显示频率分别增大或减小，电动机对应转速也将增大或减小。

知识扩充

1.变频器输出端子T1、T2、T3输出非纯正的交流电（仿正弦波波形），所以变频器输出只能接三相电动机，不能接其他负载。

2.在两线制模式1，若SB1和SB2同时置位会使变频器停止，因为变频器不能同时执行两个运行指令。

英威腾 CHF100A 系列变频器两线制模式 1 控制电动机正反转与面板调速电路实物接线图

→16 英威腾 CHF100A 系列变频器两线制模式 2 控制电动机正反转与面板调速电路

1.原理图

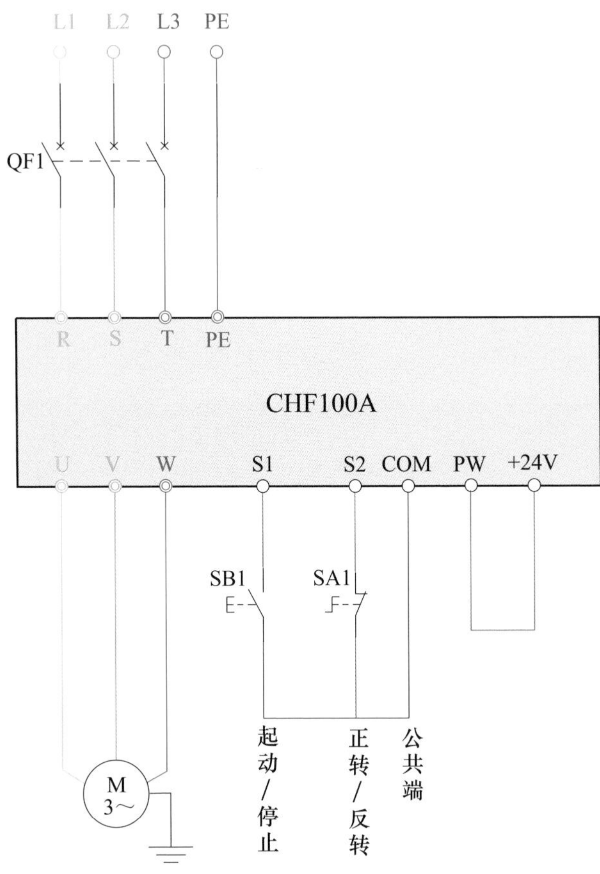

2.元器件明细表

文字符号	名称	型号与选型	电气元件在电路中起的作用
CHF100A	变频器	英威腾CHF100A-2R2G-4	改变电路中的频率，实现无级调速
QF1	3P10A断路器	NXB-63-3P-D10	电源总开关，在主电路中起控制兼保护作用
M	2.2kW电动机	YE2-90L-2/2.2kW	将电能转换为机械能
SB1	绿色按钮	LA38-11NB(置位型)	起停控制
SA1	旋转开关	LA38-11NB(置位型)	正反转

3.变频器基本运行参数和电动机参数

功能	参数码	设定值	含义说明	注意事项
恢复出厂设置	P0.17	1	参数恢复出厂设置	
加速时间	P0.11	10	根据电动机和工程要求，适当即可	加速过快容易出现过电流
减速时间	P0.12	10	根据电动机和工程要求，适当即可	减速过快，直流母线易出现过电压
电动机额定功率	P2.01	2.2	根据电动机机型确定	当变频器大于电动机容量或采用矢量控制时，此参数必须设置
电动机额定电流	P2.05	4.18	根据电动机机型确定	
电动机额定转速	P2.03	2800	根据电动机机型确定	

4.变频器端子及参数含义说明

端子	功能	参数码	设定值	含义说明
	主频率指令	P0.07	0	主频率由面板上的按键设定
	运行通道选择	P0.01	1	端子指令通道（指示灯REMOT闪烁）
	端子控制运行模式	P5.10	1	两线制模式2
S1	多功能输入端子	P5.01	1	起动、停止
S2	多功能输入端子	P5.02	2	正反转切换

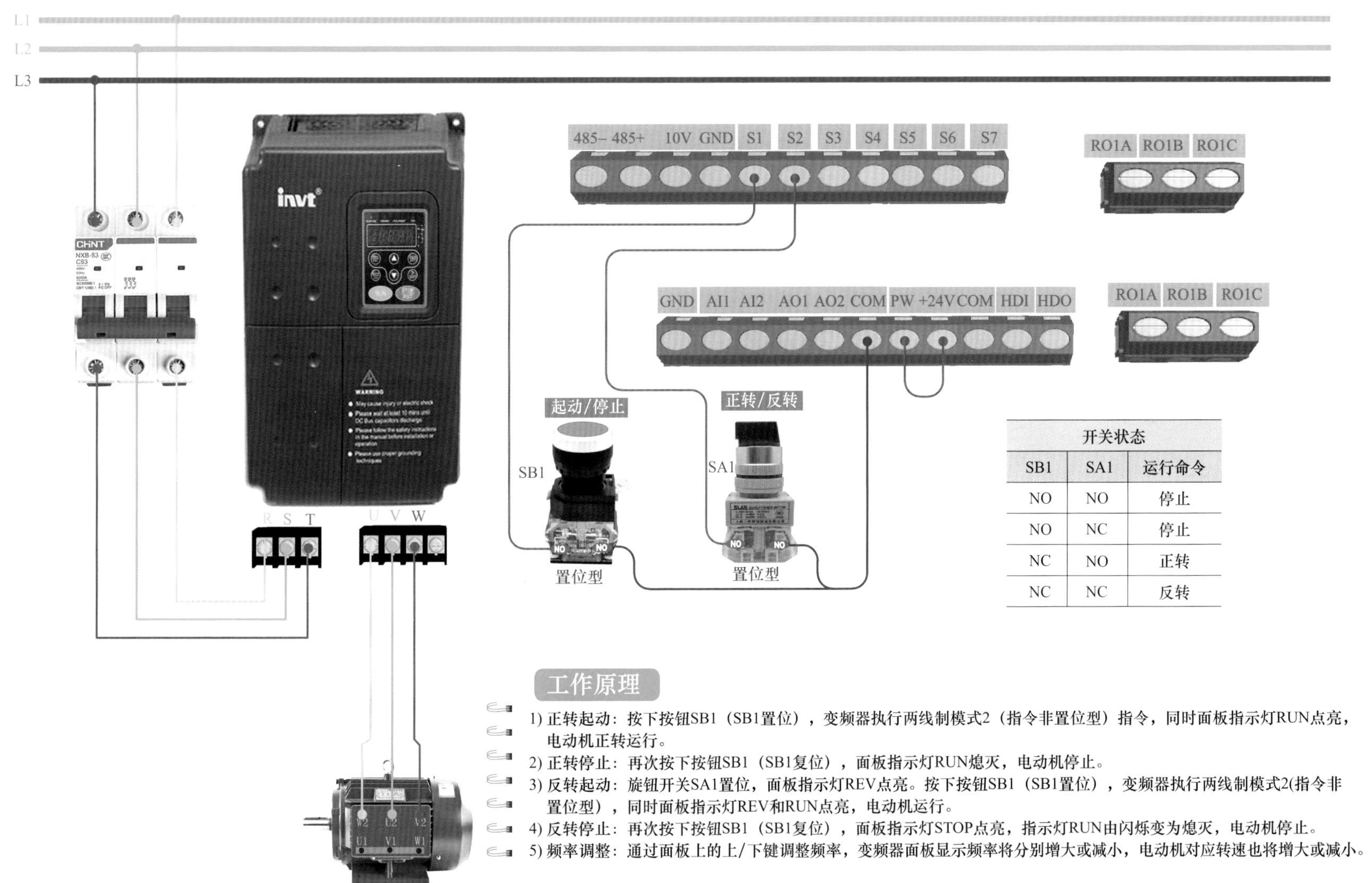

开关状态		
SB1	SA1	运行命令
NO	NO	停止
NO	NC	停止
NC	NO	正转
NC	NC	反转

工作原理

1) 正转起动：按下按钮SB1（SB1置位），变频器执行两线制模式2（指令非置位型）指令，同时面板指示灯RUN点亮，电动机正转运行。

2) 正转停止：再次按下按钮SB1（SB1复位），面板指示灯RUN熄灭，电动机停止。

3) 反转起动：旋钮开关SA1置位，面板指示灯REV点亮。按下按钮SB1（SB1置位），变频器执行两线制模式2(指令非置位型），同时面板指示灯REV和RUN点亮，电动机运行。

4) 反转停止：再次按下按钮SB1（SB1复位），面板指示灯STOP点亮，指示灯RUN由闪烁变为熄灭，电动机停止。

5) 频率调整：通过面板上的上/下键调整频率，变频器面板显示频率将分别增大或减小，电动机对应转速也将增大或减小。

英威腾 **CHF100A** 系列变频器两线制模式 **2** 控制电动机正反转与面板调速调试电路实物接线图

→17 英威腾 CHF100A 系列变频器三线制模式 1 控制电动机正反转与面板调速电路

1.原理图

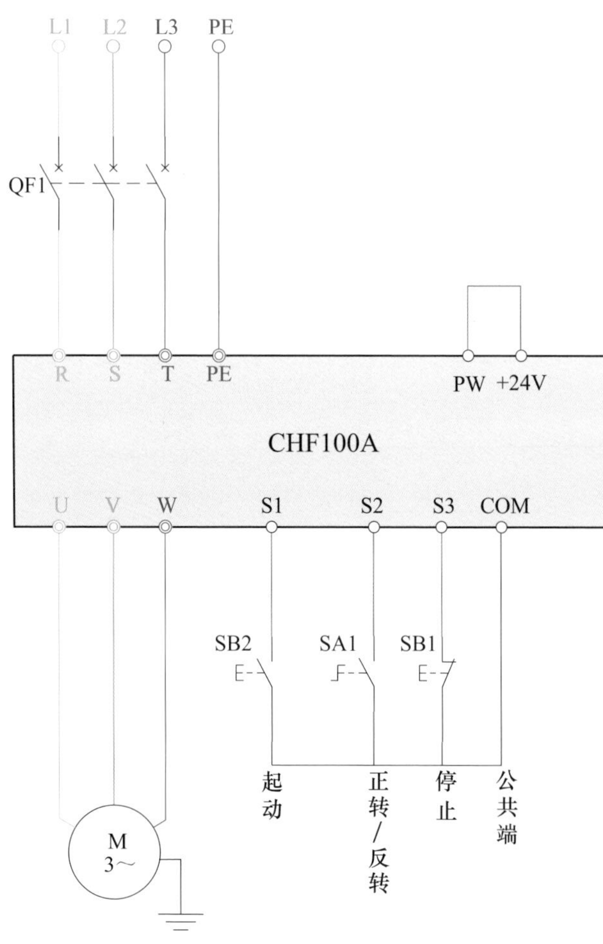

2.元器件明细表

文字符号	名称	型号与选型	电气元件在电路中起的作用
CHF100A	变频器	英威腾CHF100A-2R2G-4	改变电路中的频率，实现无级调速
QF1	3P10A断路器	NXB-63-3P-D10	电源总开关，在主电路中起控制兼保护作用
M	2.2kW电动机	YE2-90L-2/2.2kW	将电能转换为机械能
SB1	红色按钮	LA38-11NB(自复位型)	停止按钮
SB2	绿色按钮	LA38-11NB(自复位型)	起动按钮
SA1	旋转开关	LA38-11X/21(置位型)	正转/反转

3.变频器基本运行参数和电动机参数

功能	参数码	设定值	含义说明	注意事项
恢复出厂设置	P0.17	1	参数恢复出厂设置	
加速时间	P0.11	10	根据电动机和工程要求，适当即可	加速过快容易出现过电流
减速时间	P0.12	10	根据电动机和工程要求，适当即可	减速过快，直流母线易出现过电压
电动机额定功率	P2.01	2.2	根据电动机机型确定	当变频器大于电动机容量或采用矢量控制时，此参数必须设置
电动机额定电流	P2.05	4.18	根据电动机机型确定	
电动机额定转速	P2.03	2800	根据电动机机型确定	

4.变频器端子及参数含义说明

端子	功能	参数码	设定值	含义说明
	主频率指令	P0.07	0	主频率由面板上的按键设定
	运行通道选择	P0.01	1	端子指令通道（指示灯REMOT闪烁）
	端子控制运行模式	P5.10	2	三线制模式1
S1	多功能输入端子	P5.01	1	正转运行(三线制模式1时为起动控制)
S2	多功能输入端子	P5.02	2	反转运行(三线制模式1时为正反转控制)
S3	多功能输入端子	P5.03	3	三线模式(在三线模式为停止控制)

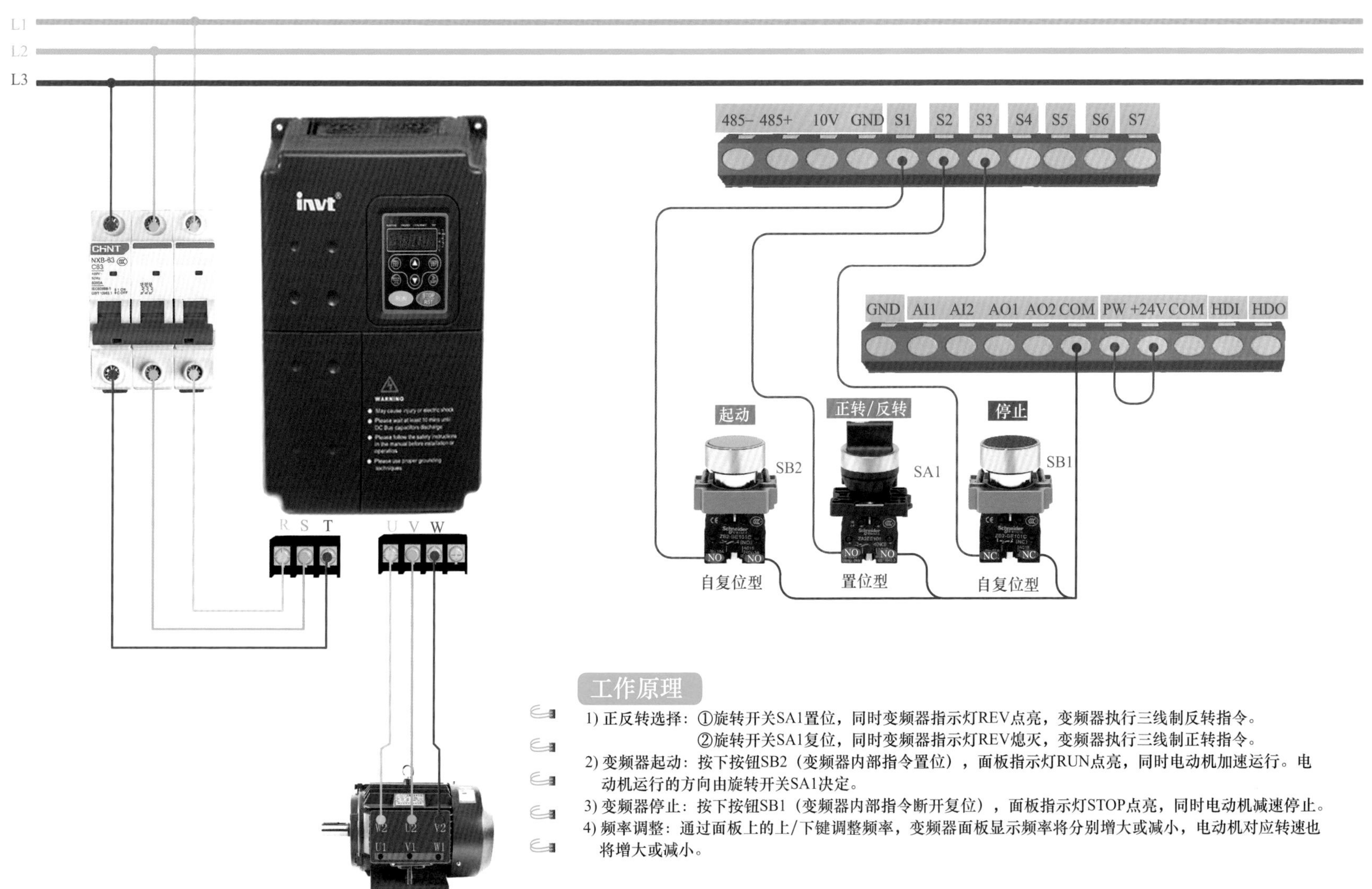

工作原理

1) 正反转选择：①旋转开关SA1置位，同时变频器指示灯REV点亮，变频器执行三线制反转指令。
②旋转开关SA1复位，同时变频器指示灯REV熄灭，变频器执行三线制正转指令。

2) 变频器起动：按下按钮SB2（变频器内部指令置位），面板指示灯RUN点亮，同时电动机加速运行。电动机运行的方向由旋转开关SA1决定。

3) 变频器停止：按下按钮SB1（变频器内部指令断开复位），面板指示灯STOP点亮，同时电动机减速停止。

4) 频率调整：通过面板上的上/下键调整频率，变频器面板显示频率将分别增大或减小，电动机对应转速也将增大或减小。

英威腾 **CHF100A** 系列变频器三线制模式 **1** 控制电机正反转与面板调速电路实物接线图

→18 英威腾 CHF100A 系列变频器三线制模式 2 控制电动机正反转与面板调速电路

1.原理图

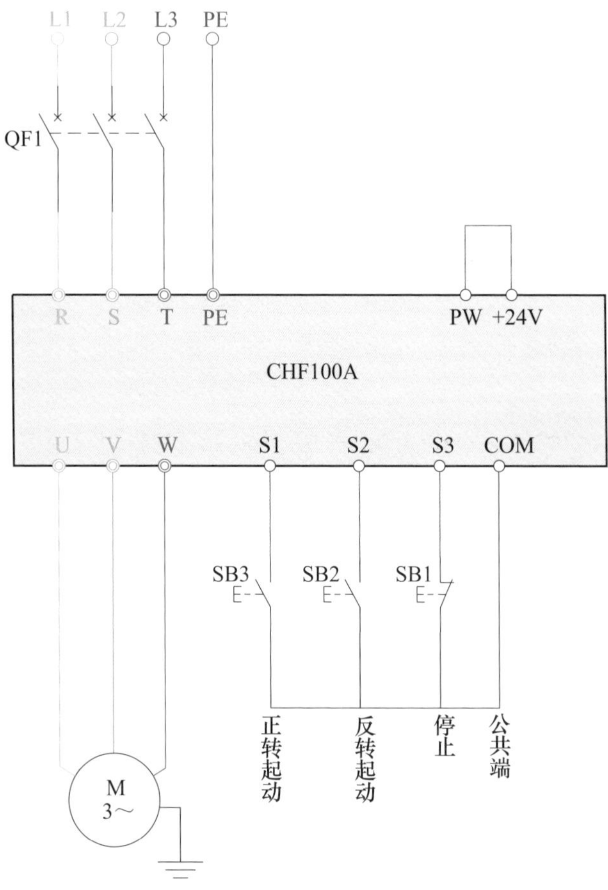

2.元器件明细表

文字符号	名称	型号与选型	电气元件在电路中起的作用
CHF100A	变频器	英威腾CHF100A-2R2G-4	改变电路中的频率，实现无级调速
QF1	3P10A断路器	NXB-63-3P-D10	电源总开关，在主电路中起控制兼保护作用
M	2.2kW电动机	YE2-90L-2/2.2kW	将电能转换为机械能
SB1	红色按钮	LA38-11NB(自复位型)	停止按钮
SB2	蓝色按钮	LA38-11NB(自复位型)	反转起动按钮
SB3	绿色按钮	LA38-11NB(自复位型)	正转起动按钮

3.变频器基本运行参数和电动机参数

功能	参数码	设定值	含义说明	注意事项
恢复出厂设置	P0.17	1	参数恢复出厂设置	
加速时间	P0.11	10	根据电动机和工程要求，适当即可	加速过快容易出现过电流
减速时间	P0.12	10	根据电动机和工程要求，适当即可	减速过快，直流母线易出现过电压
电动机额定功率	P2.01	2.2	根据电动机机型确定	当变频器大于电动机容量或采用矢量控制时，此参数必须设置
电动机额定电流	P2.05	4.18	根据电动机机型确定	
电动机额定转速	P2.03	2800	根据电动机机型确定	

4.变频器端子及参数含义说明

端子	功能	参数码	设定值	含义说明
	主频率指令	P0.07	0	主频率由面板上的按键设定
	运行通道选择	P0.01	1	端子指令通道（指示灯REMOT闪烁）
	端子控制运行模式	P5.10	3	三线制模式2
S1	多功能输入端子	P5.01	1	正转运行
S2	多功能输入端子	P5.02	2	反转运行
S3	多功能输入端子	P5.03	3	三线模式(在三线模式为停止)

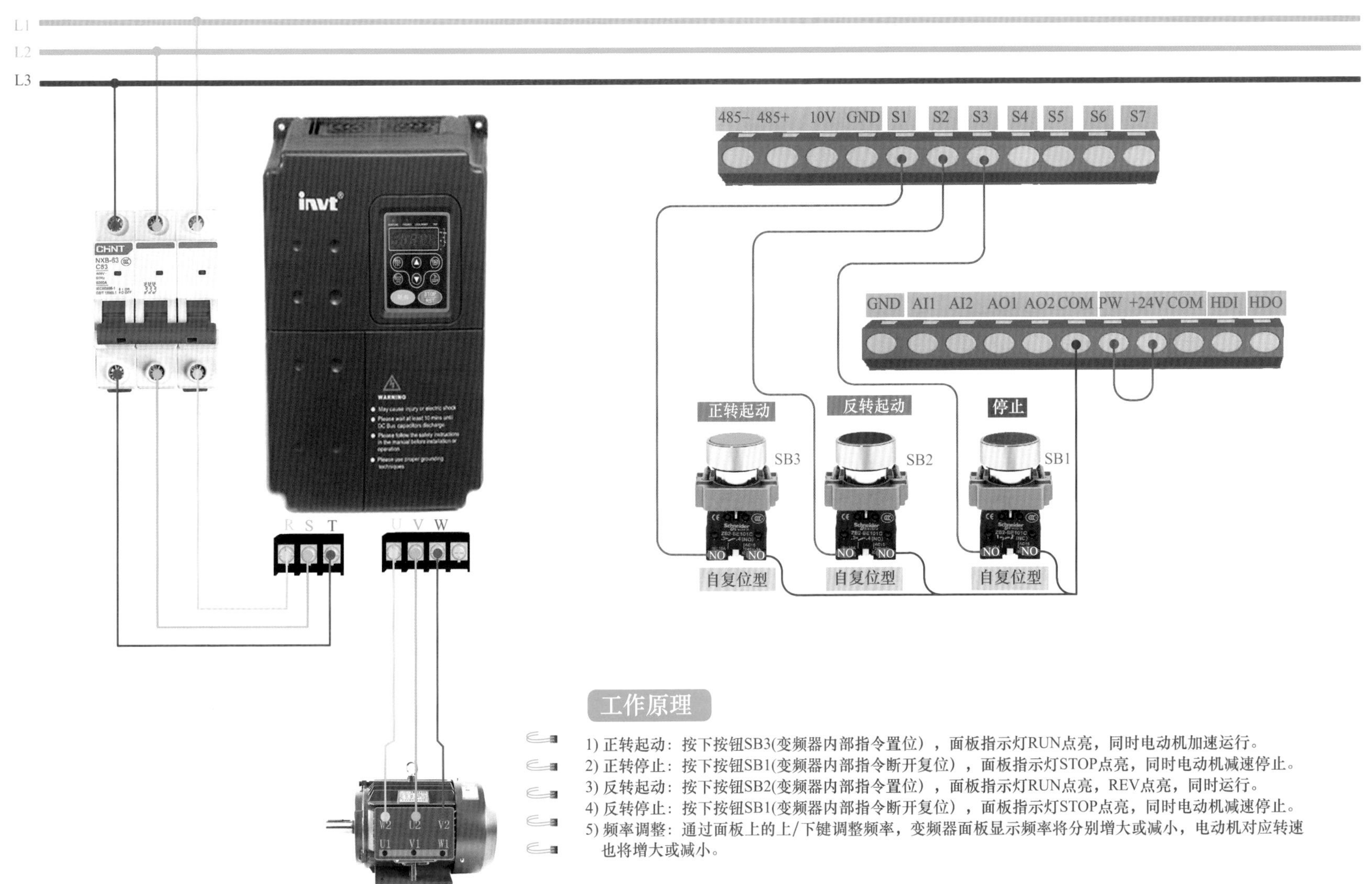

工作原理

1) 正转起动：按下按钮SB3(变频器内部指令置位），面板指示灯RUN点亮，同时电动机加速运行。
2) 正转停止：按下按钮SB1(变频器内部指令断开复位），面板指示灯STOP点亮，同时电动机减速停止。
3) 反转起动：按下按钮SB2(变频器内部指令置位），面板指示灯RUN点亮，REV点亮，同时运行。
4) 反转停止：按下按钮SB1(变频器内部指令断开复位），面板指示灯STOP点亮，同时电动机减速停止。
5) 频率调整：通过面板上的上/下键调整频率，变频器面板显示频率将分别增大或减小，电动机对应转速也将增大或减小。

英威腾 **CHF100A** 系列变频器三线制模式 **2** 控制电动机正反转与面板调速电路实物接线图

→19 英威腾 CHF100A 系列变频器电位器调速，外部端子起停控制电路

1.原理图

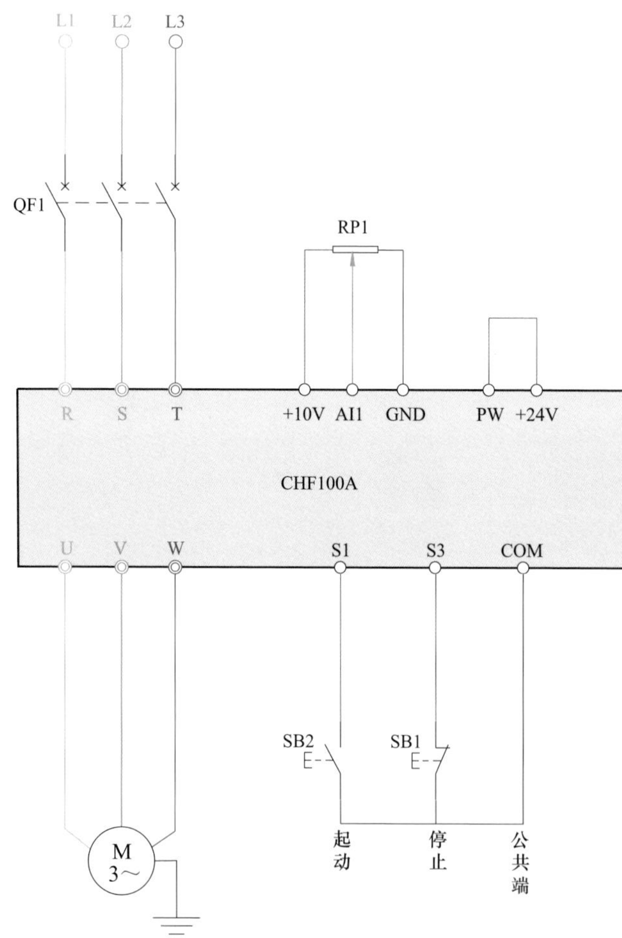

2.元器件明细表

文字符号	名称	型号与选型	电气元件在电路中起的作用
CHF100A	变频器	英威腾CHF100A-2R2G-4	改变电路中的频率，实现无级调速
QF1	3P10A断路器	NXB-63-3P-D10	电源总开关，在主电路中起控制兼保护作用
M	2.2kW电动机	YE2-90L-2/2.2kW	将电能转换为机械能
RP1	电位器	5kΩ	调整频率大小
SB1	红色按钮	LA38-11NB(自复位型)	停止按钮
SB2	绿色按钮	LA38-11NB(自复位型)	起动按钮

3.变频器基本运行参数和电动机参数

功能	参数码	设定值	含义说明	注意事项
恢复出厂设置	P0.17	1	参数恢复出厂设置	
加速时间	P0.11	10	根据电动机和工程要求，适当即可	加速过快容易出现过电流
减速时间	P0.12	10	根据电动机和工程要求，适当即可	减速过快，直流母线易出现过电压
电动机额定功率	P2.01	2.2	根据电动机机型确定	当变频器大于电动机容量或采用矢量控制时，此参数必须设置
电动机额定电流	P2.05	4.18	根据电动机机型确定	
电动机额定转速	P2.03	2800	根据电动机机型确定	

4.变频器端子及参数含义说明

端子	功能	参数码	设定值	含义说明
AI1	主频率指令	P0.07	1	主频率由模拟量AI1设定
	运行通道选择	P0.01	1	端子指令通道（指示灯REMOT闪烁）
	端子控制运行模式	P5.10	3	三线制模式2
S1	多功能输入端子	P5.01	1	正转运行
S3	多功能输入端子	P5.03	3	三线模式(在三线模式为停止)

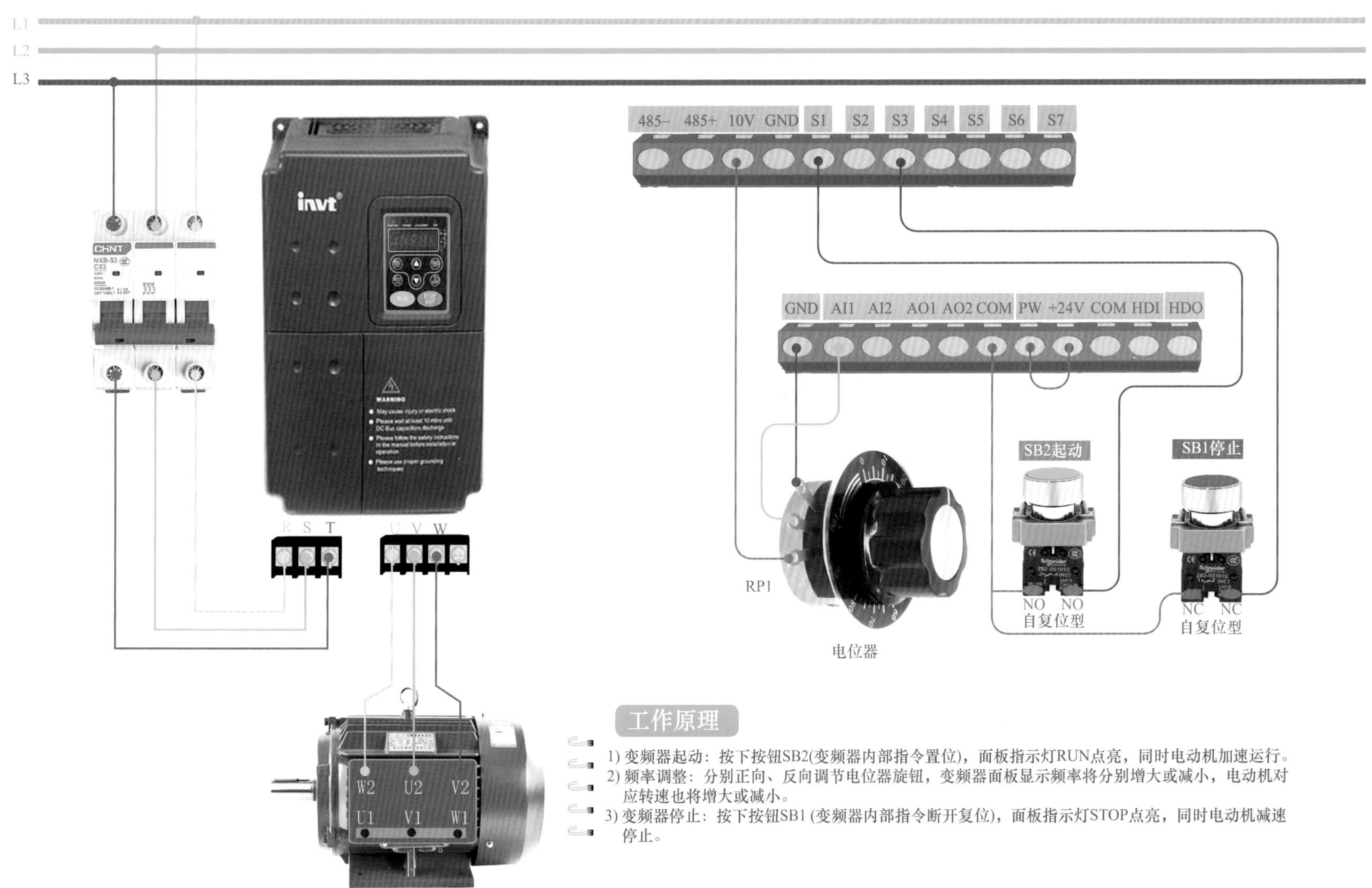

工作原理

1) 变频器起动：按下按钮SB2(变频器内部指令置位)，面板指示灯RUN点亮，同时电动机加速运行。

2) 频率调整：分别正向、反向调节电位器旋钮，变频器面板显示频率将分别增大或减小，电动机对应转速也将增大或减小。

3) 变频器停止：按下按钮SB1 (变频器内部指令断开复位)，面板指示灯STOP点亮，同时电动机减速停止。

英威腾 **CHF100A** 系列变频器电位器调速，外部端子起停控制电路实物接线图

20 英威腾 CHF100A 系列变频器双电位器调速，外部端子正反转控制电路

1.原理图

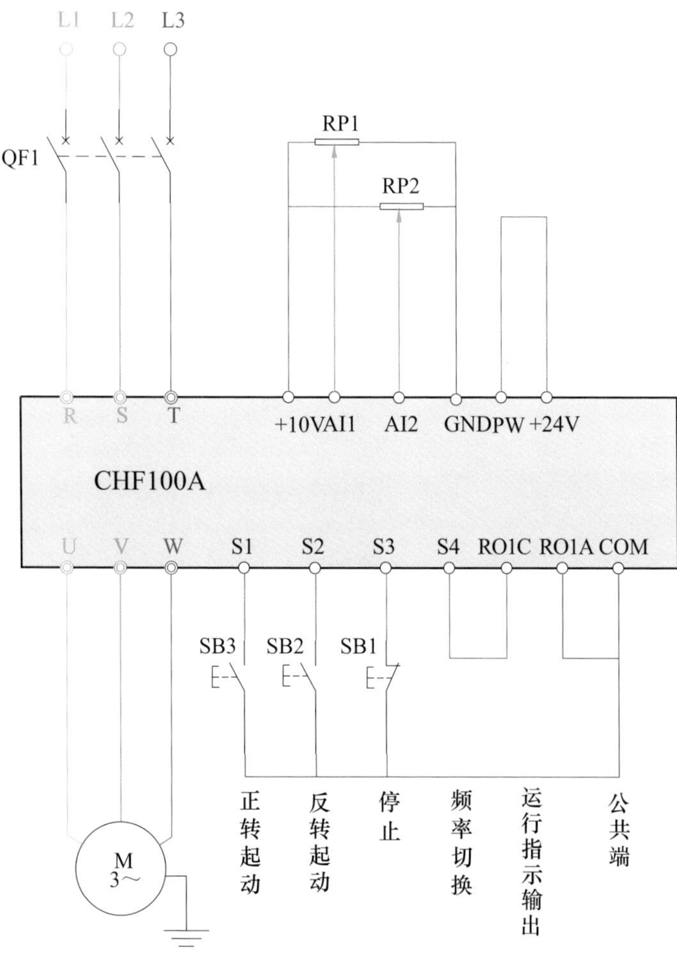

2.元器件明细表

文字符号	名称	型号与选型	电气元件在电路中起的作用
CHF100A	变频器	英威腾CHF100A-2R2G-4	改变电路中的频率，实现无级调速
QF1	3P10A断路器	NXB-63-3P-D10	电源总开关，在主电路中起控制兼保护作用
M	2.2kW电动机	YE2-90L-2/2.2kW	将电能转换为机械能
RP1	电位器	5kΩ	调整正转频率大小
RP2	电位器	5kΩ	调整反转频率大小
SB1	红色按钮	LA38(自复位型)	停止按钮
SB2	蓝色按钮	LA38(自复位型)	反转按钮
SB3	绿色按钮	LA38(自复位型)	正转按钮

3.变频器端子及参数含义说明

端子	功能	参数码	设定值	含义说明
AI1	主频率(A)指令	P0.07	1	主频率由模拟量AI1设定
AI2	辅助频率(B)指令	P0.08	0	辅助频率有模拟量AI2设定
	运行通道选择	P0.01	1	端子指令通道（指示灯REMOT闪烁）
	端子控制运行模式	P5.10	3	三线制模式2
S1	多功能输入端子	P5.01	1	正转运行
S2	多功能输入端子	P5.02	2	反转运行
S3	多功能输入端子	F5.03	3	三线模式(在三线模式为停止)
S4	多功能输入端子	P5.04	13	A设定与B设定切换
ROA1、ROC1	多功能输出端子	P6.01	3	反转运行时无源继电器动作

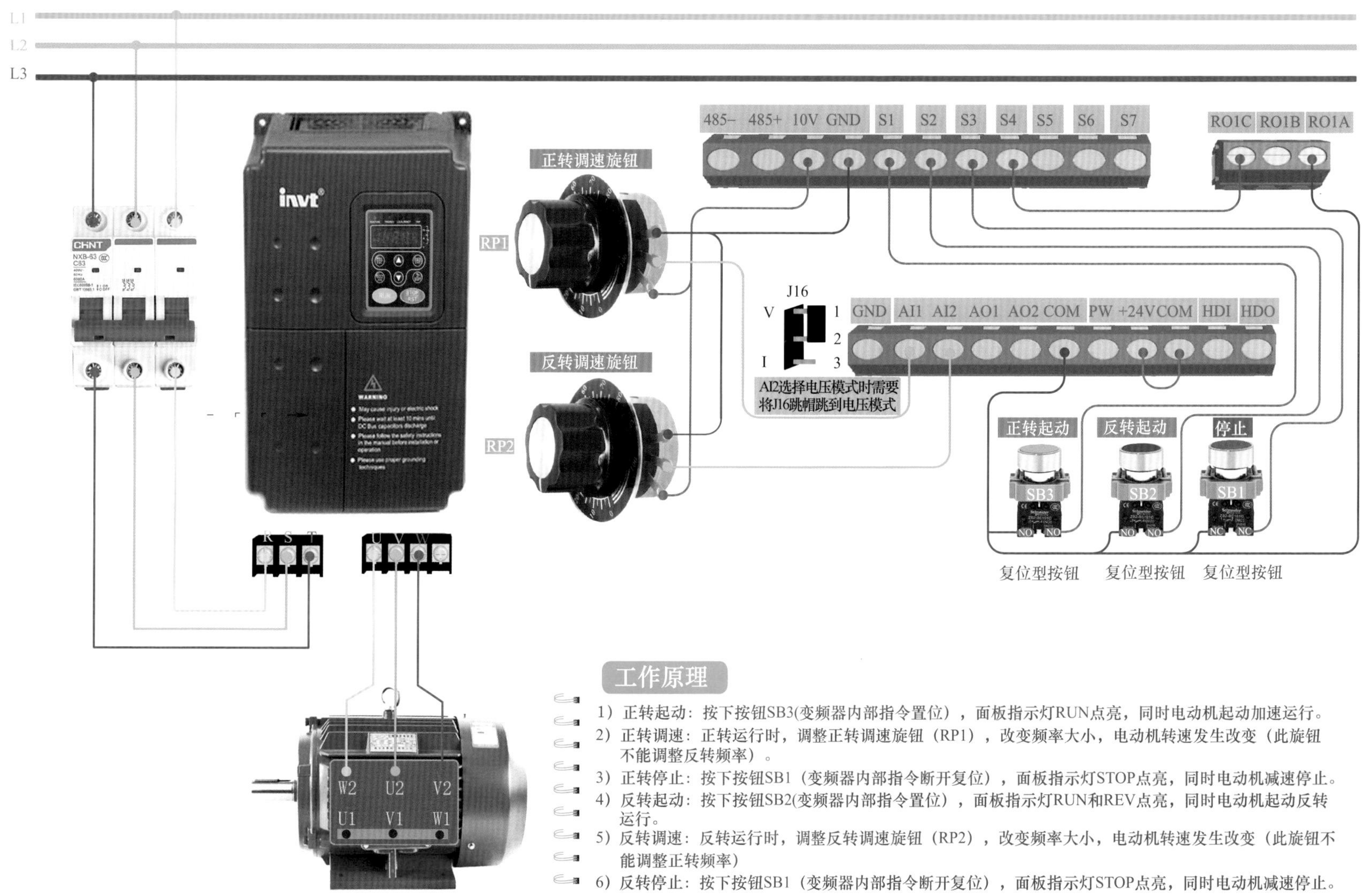

工作原理

1）正转起动：按下按钮SB3(变频器内部指令置位），面板指示灯RUN点亮，同时电动机起动加速运行。

2）正转调速：正转运行时，调整正转调速旋钮（RP1），改变频率大小，电动机转速发生改变（此旋钮不能调整反转频率）。

3）正转停止：按下按钮SB1（变频器内部指令断开复位），面板指示灯STOP点亮，同时电动机减速停止。

4）反转起动：按下按钮SB2(变频器内部指令置位），面板指示灯RUN和REV点亮，同时电动机起动反转运行。

5）反转调速：反转运行时，调整反转调速旋钮（RP2），改变频率大小，电动机转速发生改变（此旋钮不能调整正转频率）

6）反转停止：按下按钮SB1（变频器内部指令断开复位），面板指示灯STOP点亮，同时电动机减速停止。

英威腾 **CHF100A** 系列变频器双电位器调速，外部端子正反转控制电路实物接线图

→21 英威腾 CHF100A 系列变频器多段速控制电路

1.原理图

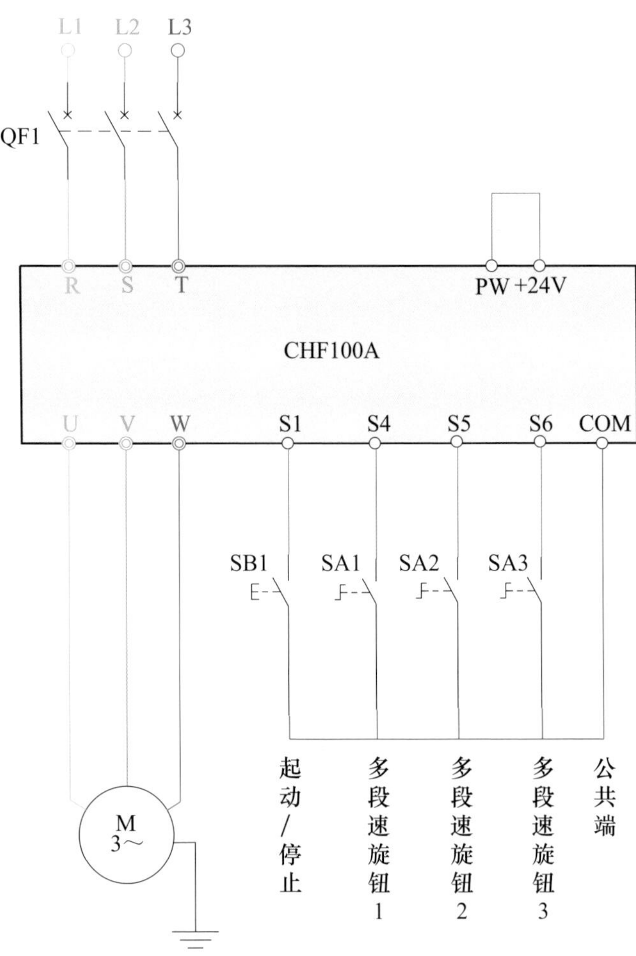

2.元器件明细表

文字符号	名称	型号与选型	电气元件在电路中起的作用
CHF100A	变频器	英威腾CHF100A-2R2G-4	改变电路中的频率，实现无级调速
QF1	3P10A断路器	NXB-63-3P-D10	电源总开关，在主电路中起控制兼保护作用
M	2.2kW电动机	YE2-90L-2/2.2kW	将电能转换为机械能
SB1	绿色按钮	LA38-11NB(置位型)	起动/停止
SA1	两档旋转开关	LA38-11X/21(置位型)	多段速频率组合使用
SA2	两档旋转开关	LA38-11X/21(置位型)	
SA3	两档旋转开关	LA38-11X/21(置位型)	

3.变频器端子及参数含义说明

端子	功能	参数码	设定值	含义说明
	主频率选择	P0.7	5	多段速运行设定
	运行通道选择	P0.01	1	端子起停（指示灯REMOT闪烁）
	控制运行模式	P5.10	0	两线制模式1
S1	多功能输入端子	P5.01	1	正转运行
S2	多功能端子	P5.02	2	反转运行(S2反转未用，忽略)
S4	多功能输入端子	P5.04	16	多段速端子1 (组合使用)
S5	多功能输入端子	P5.05	17	多段速端子2 (组合使用)
S6	多功能输入端子	P5.06	18	多段速端子3 (组合使用)
	多段速频率设定一	PA.04	10	多段速频率设定单位是百分数。可以是正数也可以是负数，它们的区别是正数表示正转，负数表示反转
	多段速频率设定二	PA.06	20	
	多段速频率设定三	PA.08	30	
	多段速频率设定四	PA.10	50	
	多段速频率设定五	PA.12	60	
	多段速频率设定六	PA.14	80	
	多段速频率设定七	PA.16	100	

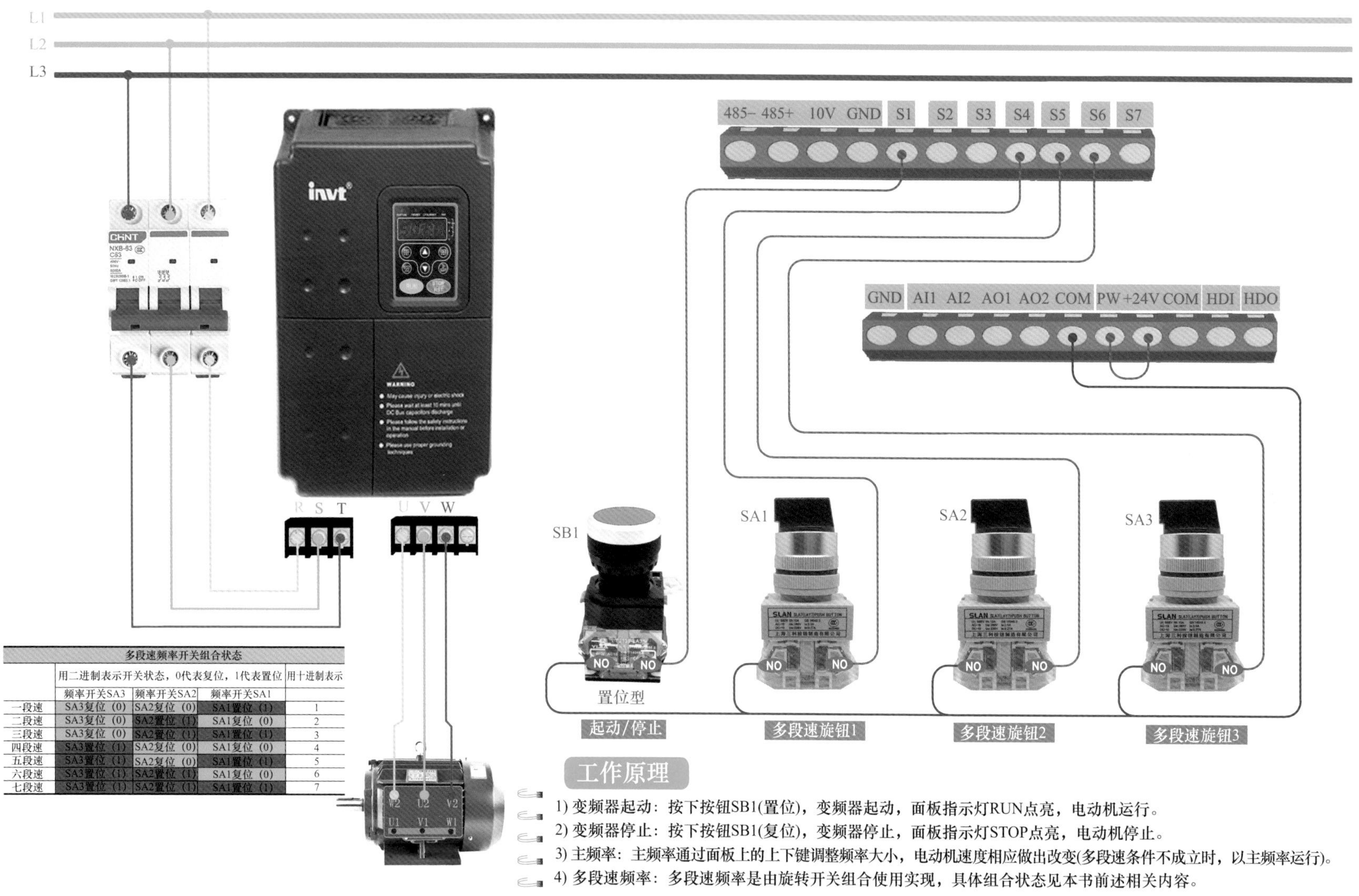

多段速频率开关组合状态				
	用二进制表示开关状态，0代表复位，1代表置位			用十进制表示
	频率开关SA3	频率开关SA2	频率开关SA1	
一段速	SA3复位（0）	SA2复位（0）	SA1置位（1）	1
二段速	SA3复位（0）	SA2置位（1）	SA1复位（0）	2
三段速	SA3复位（0）	SA2置位（1）	SA1置位（1）	3
四段速	SA3置位（1）	SA2复位（0）	SA1复位（0）	4
五段速	SA3置位（1）	SA2复位（0）	SA1置位（1）	5
六段速	SA3置位（1）	SA2置位（1）	SA1复位（0）	6
七段速	SA3置位（1）	SA2置位（1）	SA1置位（1）	7

工作原理

1) 变频器起动：按下按钮SB1(置位)，变频器起动，面板指示灯RUN点亮，电动机运行。
2) 变频器停止：按下按钮SB1(复位)，变频器停止，面板指示灯STOP点亮，电动机停止。
3) 主频率：主频率通过面板上的上下键调整频率大小，电动机速度相应做出改变(多段速条件不成立时，以主频率运行)。
4) 多段速频率：多段速频率是由旋转开关组合使用实现，具体组合状态见本书前述相关内容。

英威腾 **CHE100A** 系列变频器多段速控制电路实物接线图

22 利用NPN型光电开关和英威腾CHF100A系列变频器控制电动机起动电路

1.原理图

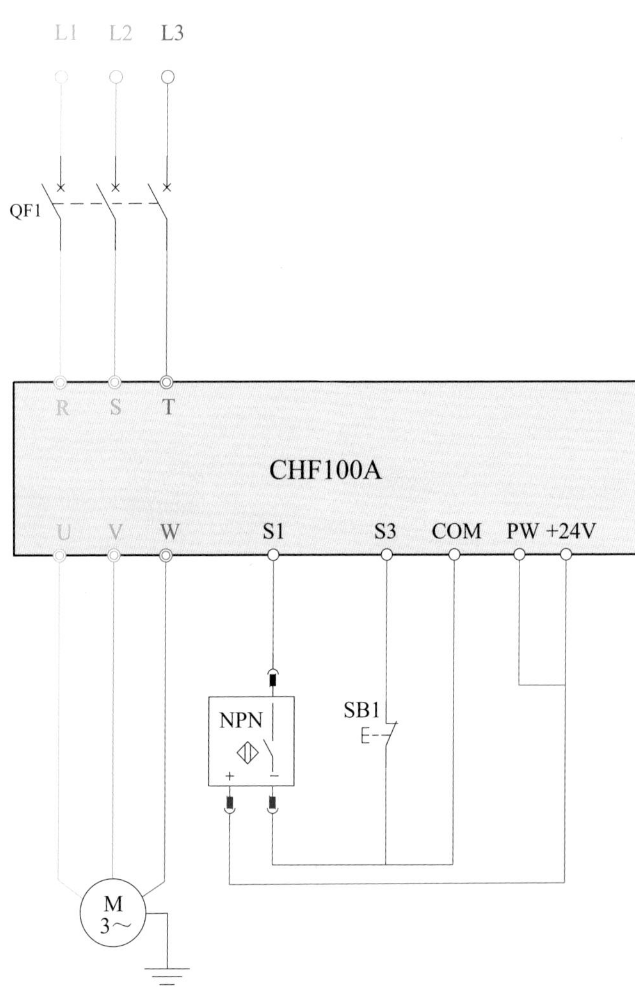

2.元器件明细表

文字符号	名称	型号与选型	电气元件在电路中起的作用
CHF100A	变频器	英威腾CHF100A-2R2G-4	改变电路中的频率，实现无级调速
QF1	3P10A断路器	NXB-63-3P-D10	电源总开关，在主电路中起控制兼保护作用
M	2.2kW电动机	YE2-90L-2/2.2kW	将电能转换为机械能
SB1	红色按钮	LA38-11NB(自复位型)	停止按钮
SP1	光电开关	DC 24V NPN型常开	起动开关

3.变频器基本运行参数和电动机参数

功能	参数码	设定值	含义说明	注意事项
恢复出厂设置	P0.17	1	参数恢复出厂设置	
加速时间	P0.11	10	根据电动机和工程要求，适当即可	加速过快容易出现过电流
减速时间	P0.12	10	根据电动机和工程要求，适当即可	减速过快，直流母线易出现过电压
电动机额定功率	P2.01	2.2	根据电动机机型确定	当变频器大于电动机容量或采用矢量控制时，此参数必须设置
电动机额定电流	P2.05	4.18	根据电动机机型确定	
电动机额定转速	P2.03	2800	根据电动机机型确定	

4.变频器端子及参数含义说明

端子	功能	参数码	设定值	含义说明
	主频率指令	P0.07	0	主频率由键盘上的按键设定
	运行通道选择	P0.01	1	端子指令通道（指示灯REMOT闪烁）
	端子控制运行模式	P5.10	2	三线制模式1
S1	多功能输入端子	P5.01	1	起动运行(三线制模式1时为起动)
S3	多功能输入端子	P5.03	3	三线模式(在三线模式为停止)

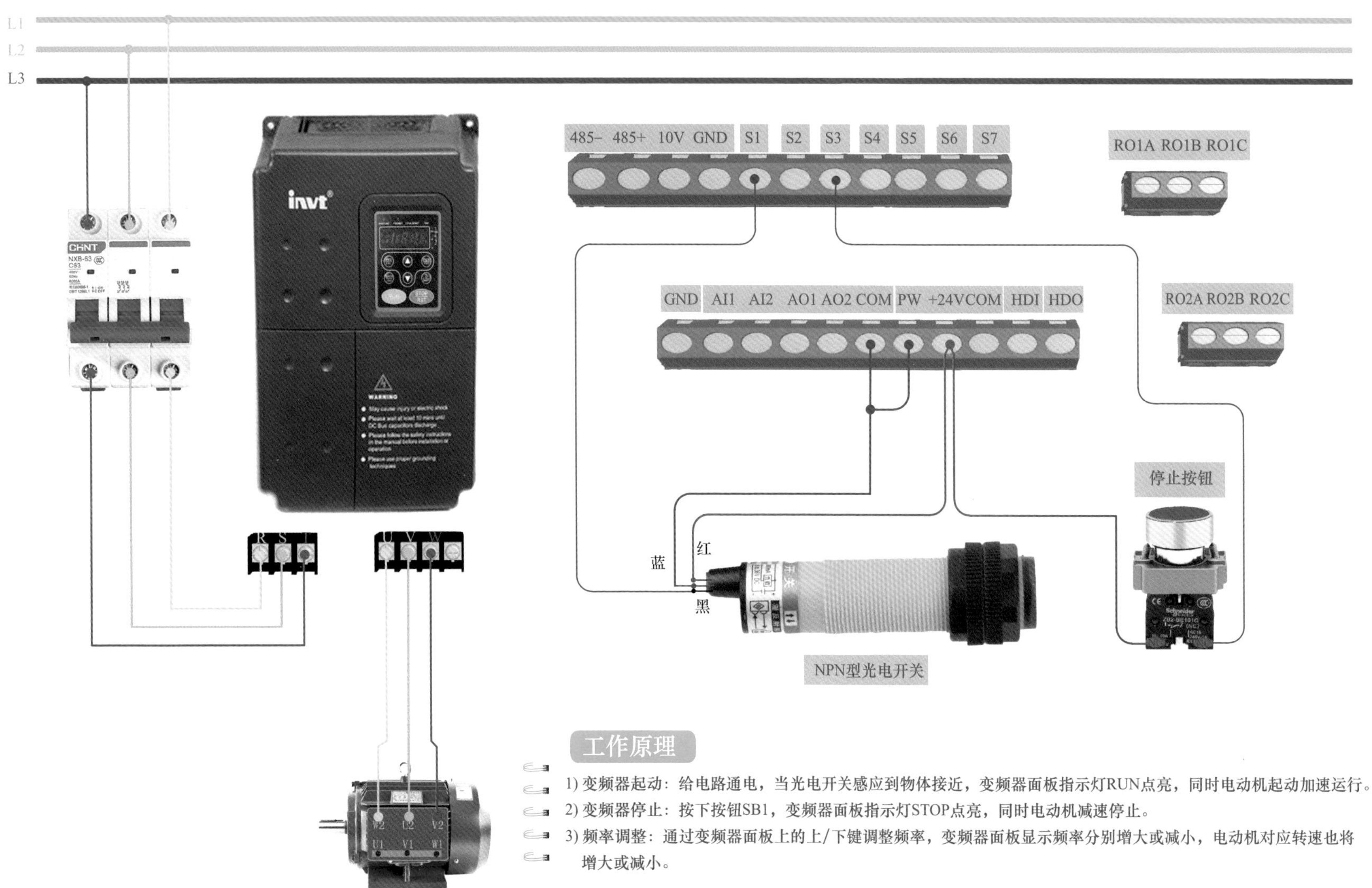

工作原理

1) 变频器起动：给电路通电，当光电开关感应到物体接近，变频器面板指示灯RUN点亮，同时电动机起动加速运行。
2) 变频器停止：按下按钮SB1，变频器面板指示灯STOP点亮，同时电动机减速停止。
3) 频率调整：通过变频器面板上的上/下键调整频率，变频器面板显示频率分别增大或减小，电动机对应转速也将增大或减小。

利用 NPN 型光电开关和英威腾 CHF100A 系列变频器控制电动机起动电路实物接线图

23 英威腾 CHF100A 系列变频器控制电动机正反转，并实现指示与故障报警功能电路

1.原理图

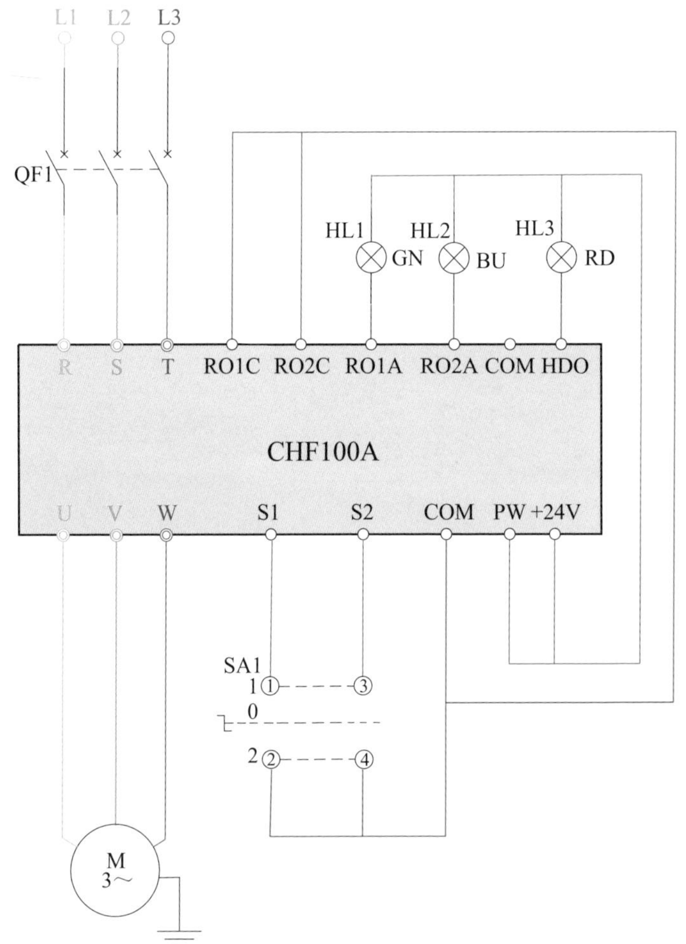

2.元器件明细表

文字符号	名称	型号与选型	电气元件在电路中起的作用
CHF100A	变频器	英威腾CHF100A-2R2G-4	改变电路中的频率，实现无级调速
QF1	3P10A断路器	NXB-63-3P-D10	电源总开关，在主电路中起控制兼保护作用
M	2.2kW电动机	YE2-90L-2/2.2kW	将电能转换为机械能
SA1	旋转开关	三档双开型	正转/停止/反转
HL1	绿色指示灯	DC 24V (小于或等于20mA)	正转运行指示
HL2	蓝色指示灯	DC 24V (小于或等于20mA)	反转运行指示
HL3	红色指示灯	DC 24V(小于或等于20mA)	故障报警指示

3.变频器端子及参数含义说明

端子	功能	参数码	设定值	含义说明
	主频率指令	P0.07	0	主频率由键盘上的控键设定
	运行通道选择	P0.01	1	端子指令通道（指示灯REMOT闪烁）
	端子控制运行模式	P5.10	0	两线制模式1
S1	多功能输入端子	P5.01	1	正转运行
S2	多功能输入端子	P5.02	2	反转运行
HDO、COM	开路集电极选择（光耦合器）	P6.01	4	故障输出
RO1A、RO1C	继电器1	P6.02	2	变频器正转运行
RO2A、RO2C	继电器2	P6.03	3	变频器反转运行

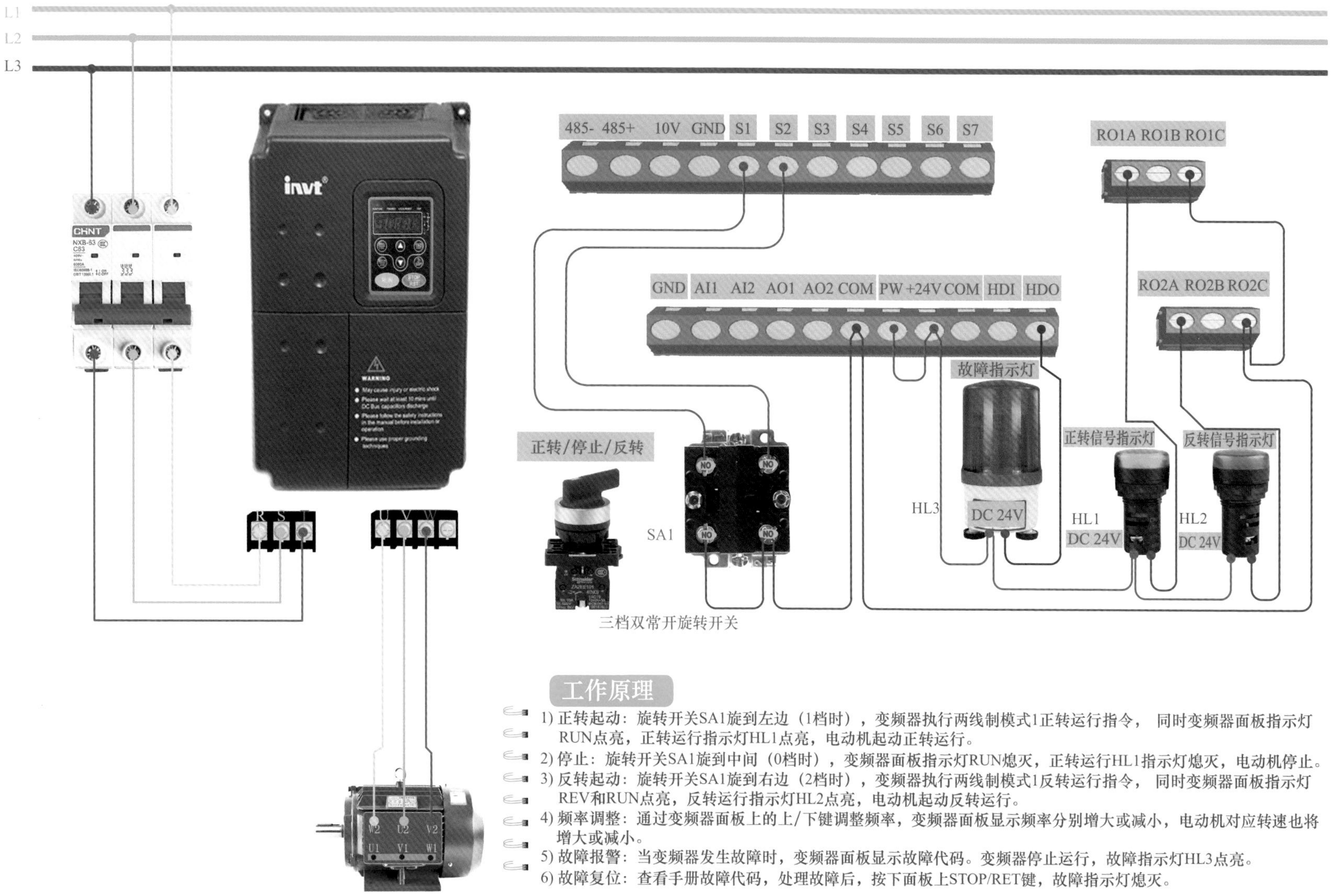

工作原理

1) 正转起动：旋转开关SA1旋到左边（1档时），变频器执行两线制模式1正转运行指令，同时变频器面板指示灯RUN点亮，正转运行指示灯HL1点亮，电动机起动正转运行。

2) 停止：旋转开关SA1旋到中间（0档时），变频器面板指示灯RUN熄灭，正转运行HL1指示灯熄灭，电动机停止。

3) 反转起动：旋转开关SA1旋到右边（2档时），变频器执行两线制模式1反转运行指令，同时变频器面板指示灯REV和RUN点亮，反转运行指示灯HL2点亮，电动机起动反转运行。

4) 频率调整：通过变频器面板上的上/下键调整频率，变频器面板显示频率分别增大或减小，电动机对应转速也将增大或减小。

5) 故障报警：当变频器发生故障时，变频器面板显示故障代码。变频器停止运行，故障指示灯HL3点亮。

6) 故障复位：查看手册故障代码，处理故障后，按下面板上STOP/RET键，故障指示灯熄灭。

英威腾 **CHF100A** 系列变频器控制电动机正反转，并实现指示与故障报警功能电路实物接线图

利用计米器和英威腾 CHF100A 系列变频器定长控制电动机切料电路

1.原理图

2.计米器端子含义

佳控仪表JK76计米器端子含义											
端子	1 2	4 5	6 7	3	10	14 13	12	11	10	9	8
功能	AL2常开	AL1常开	电源	AL2常闭	计米暂停	DC 12V	CP1	CP2	CP3	PAU	RST
说明	提前量（本案例用于提前减速）	设定值动作	AC 220V	未使用	未使用	给编码器供电	A相脉冲	B相脉冲	未用	暂停未使用	清零（和面板上的清零键功能一样

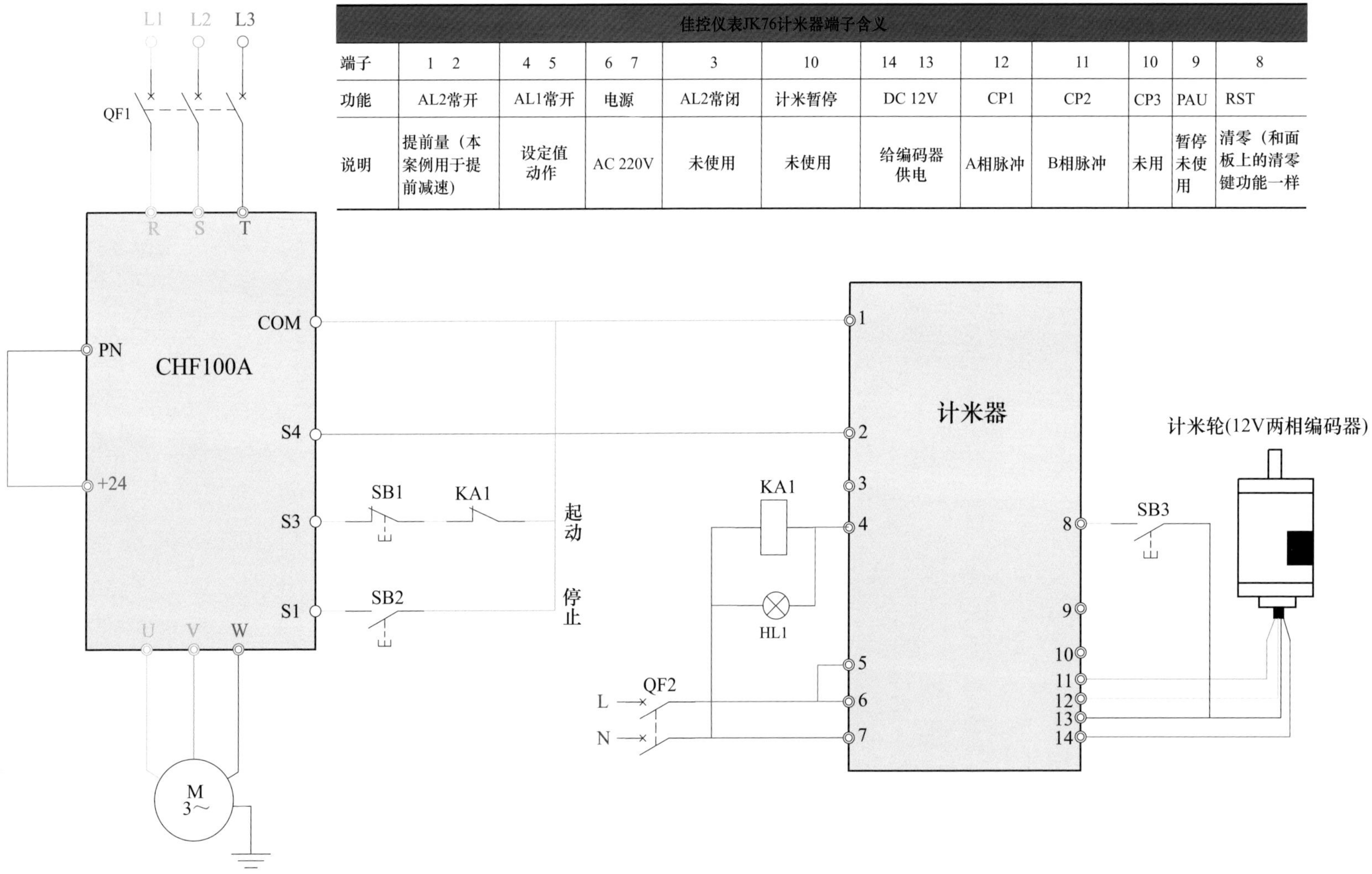

3.变频器基本运行参数和电动机参数

功能	参数码	设定值	含义说明	注意事项
恢复出厂设置	P0.17	1	参数恢复出厂设置	
加速时间	P0.11	10	根据电动机和工程要求，适当即可	加速过快容易出现过电流
减速时间	P0.12	1	根据电动机和工程要求，适当即可	减速过快，需添加制动电阻
电动机额定功率	P2.01	2.2	根据电动机机型确定	当变频器大于电动机容量或采用矢量控制时，此参数必须设置
电动机额定电流	P2.05	4.18	根据电动机机型确定	
电动机额定转速	P2.03	2800	根据电动机机型确定	

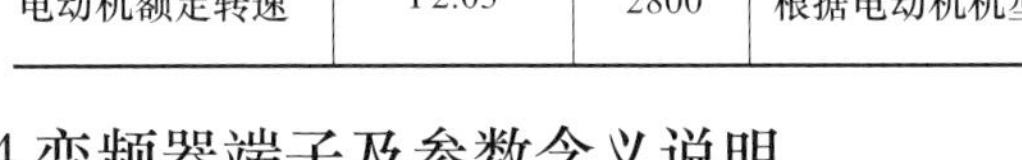

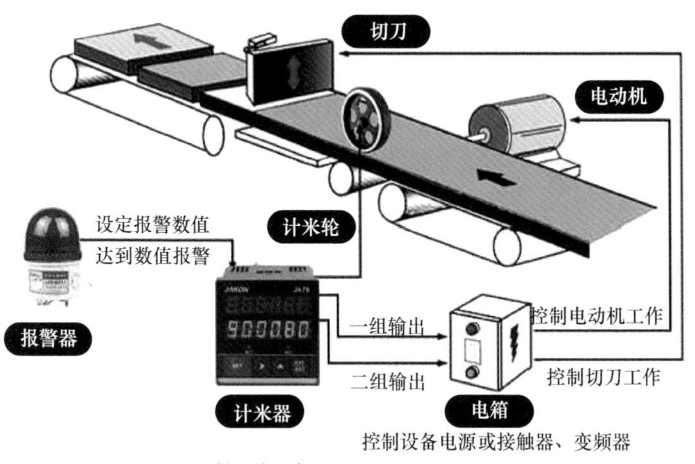

切料系统示意图

4.变频器端子及参数含义说明

端子	功能	参数码	设定值	含义说明
	主频率指令	P0.07	5	多段速运行设定
	运行通道选择	P0.01	1	端子指令通道（指示灯REMOT闪烁）
	端子控制运行模式	P5.10	2	三线制模式1
S1	多功能输入端子	P5.01	1	正转运行(三线制模式1时为起动)
S3	多功能输入端子	P5.03	3	三线模式(在三线模式为停止)
S4	多功能输入端子	P5.04	16	多段速功能
	多段速一	PA.04	30	最大输出频率的30%（50×30%）

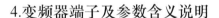

工作原理

1) 计米器清零：按下按钮清零按钮（SB3）或面板清零键，计米器当前值清零。
2) 起动：按下起动按钮（SB2）变频器运行，电动机起动运转。
3) 定长自动停机：当到达提前量（AL2），变频器运行多段速一（低速运行）；当到达设定量（AL1），变频器停止运行，电动机立即停止运行，并报警。
4) 设备停机：当按下停止按钮（SB1）变频器停止运行，电动机立即停止运行。
5) 频频设定：通过变频器面板调整频率大小。多段速频率一调整低速频率。
6) 定长设定：按计米器面板上的SET键，绿色数码管闪烁，可通过左右移和上下键调整设定长度。
7) 提前量设定：长按SET键，进入参数，找到AL2，设定提前量长度即可。

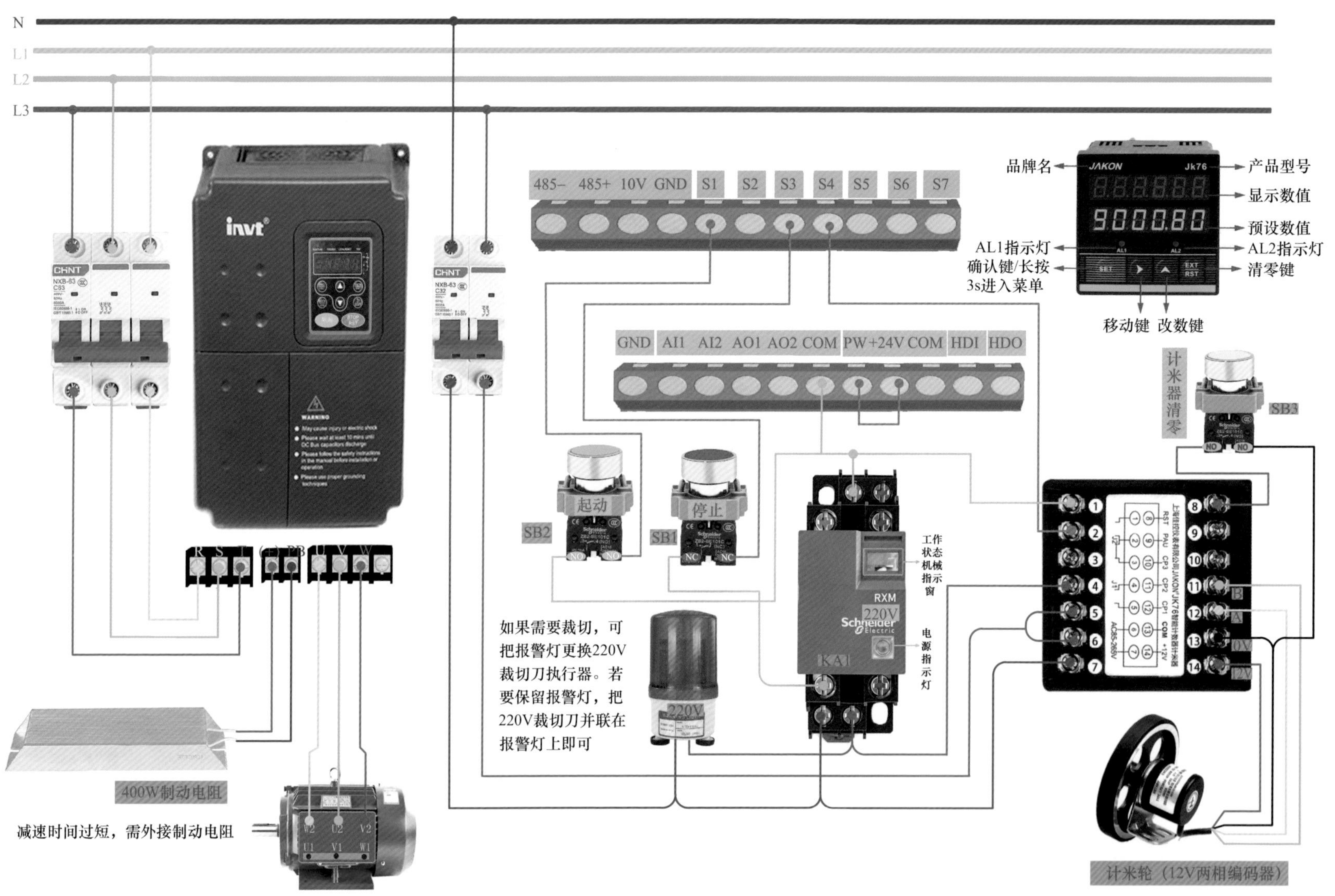

利用计米器和英威腾 CHF100A 系列变频器定长控制电动机切料电路实物接线图

→25 利用十字开关和英威腾 CHF100A 系列变频器控制电动机实现上下左右运动电路

1.原理图

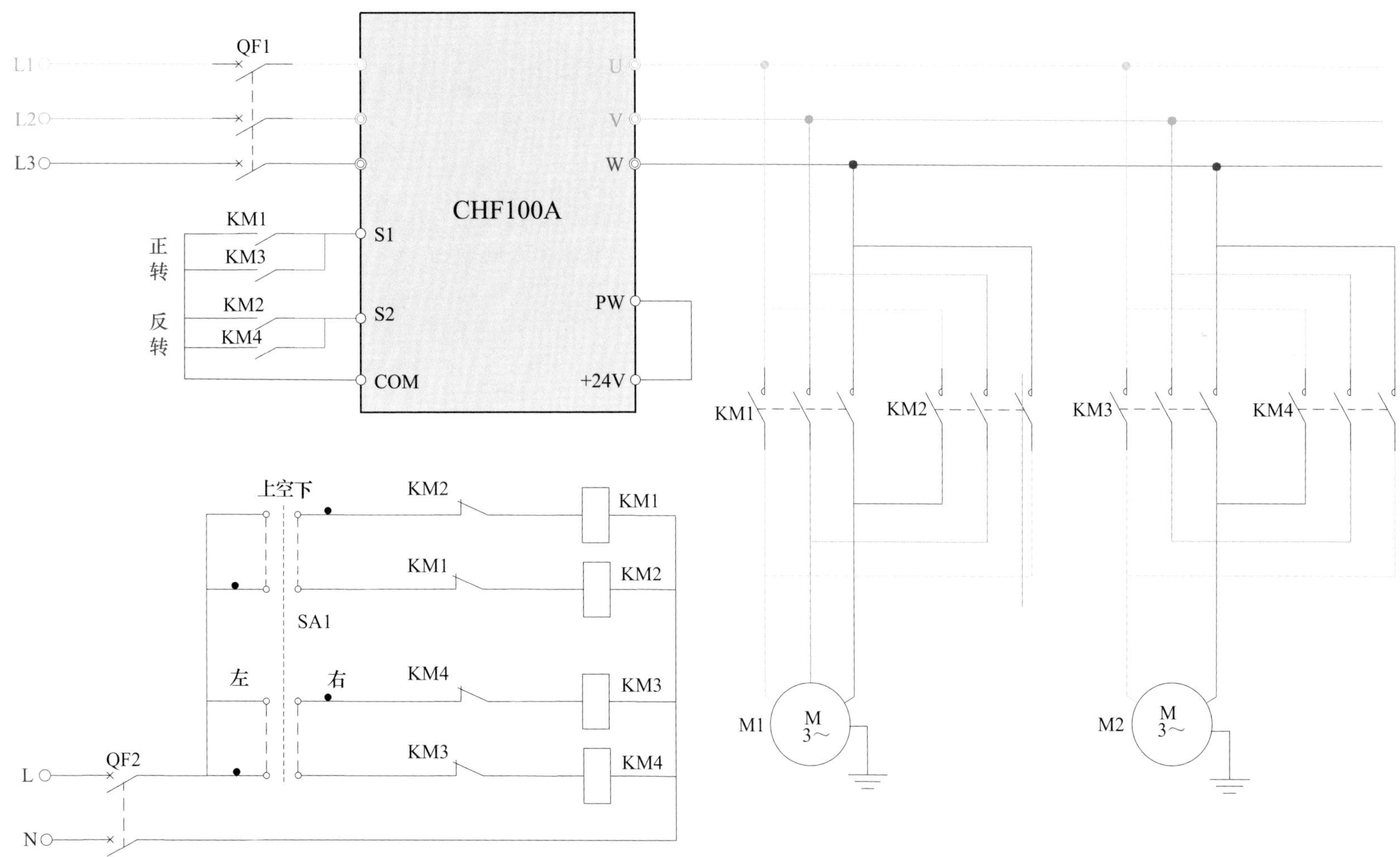

2.元器件明细表

文字符号	名称	型号与选型	电气元件在电路中起的作用
CHF100A	变频器	英威腾CHF100A-2R2G-4	改变电路中的频率，实现无级调速
QF1	3P10A断路器	NXB-63-3P-D10	电源总开关，在主电路中起控制兼保护作用
QF2	2P10A断路器	NXB-63-2P-C10	控制电路开关
M1	2.2kW电动机	YE2-90L-2/2.2kW	将电能转换为机械能
M1	2.2kW电动机	YE2-90L-2/2.2kW	将电能转换为机械能
SA1	十字开关	四向自复位型	上下左右运动控制
KM1	接触器	正泰CJX2-1210	电源合断
KM2	接触器	正泰CJX2-1210	电源合断
KM3	接触器	正泰CJX2-1210	电源合断
KM4	接触器	正泰CJX2-1210	电源合断

3.变频器基本运行参数和电动机参数

功能	参数码	设定值	含义说明	注意事项
恢复出厂设置	P0.17	1	参数恢复出厂设置	
加速时间	P0.11	10	根据电动机和工程要求，适当即可	加速过快容易出现过电流
减速时间	P0.12	10	根据电动机和工程要求，适当即可	减速过快，直流母线易出现过电压
电动机额定功率	P2.01	2.2	根据电动机机型确定	当变频器大于电动机容量或采用矢量控制时，此参数必须设置
电动机额定电流	P2.05	4.18	根据电动机机型确定	
电动机额定转速	P2.03	2800	根据电动机机型确定	

4.变频器端子及参数含义说明

端子	功能	参数码	设定值	含义说明
	主频率指令	P0.07	0	主频率由键盘上的按键设定
	运行通道选择	P0.01	1	端子指令通道（指示灯REMOT闪烁）
	端子控制运行模式	P5.10	0	两线制模式1
S1	多功能输入端子	P5.01	1	正转运行
S2	多功能输入端子	P5.02	2	反转运行

工作原理

1) 调速：通过变频器面板上的上/下键调整频率。

2) 上行走：十字开关向上搬动，上行接触器工作（KM1吸合），同时变频器起动，电动机M1正转运行，松开十字开关，接触器断电（KM1失放）变频器和电动机M1均停止运行。

3) 下行走：十字开关向下搬动，下行接触器工作（KM2吸合），同时变频器起动，电动机M1反转运行，松开十字开关，接触器断电（KM2失放）变频器和电动机M1均停止运行。

4) 左行走：十字开关向左搬动，左行接触器工作（KM3吸合），同时变频器起动，电动机M2正转运行，松开十字开关，接触器断电（KM3失放）变频器和电动机M1均停止运行。

5) 右行走：十字开关向右搬动，右行接触器工作（KM4吸合），同时变频器起动，电动机M2反转运行，松开十字开关，接触器断电（KM4失放）变频器和电动机M1均停止运行。

十字开关说明：

十字开关每次只能向一个方向工作，不可以多方向工作。

十字开关状态

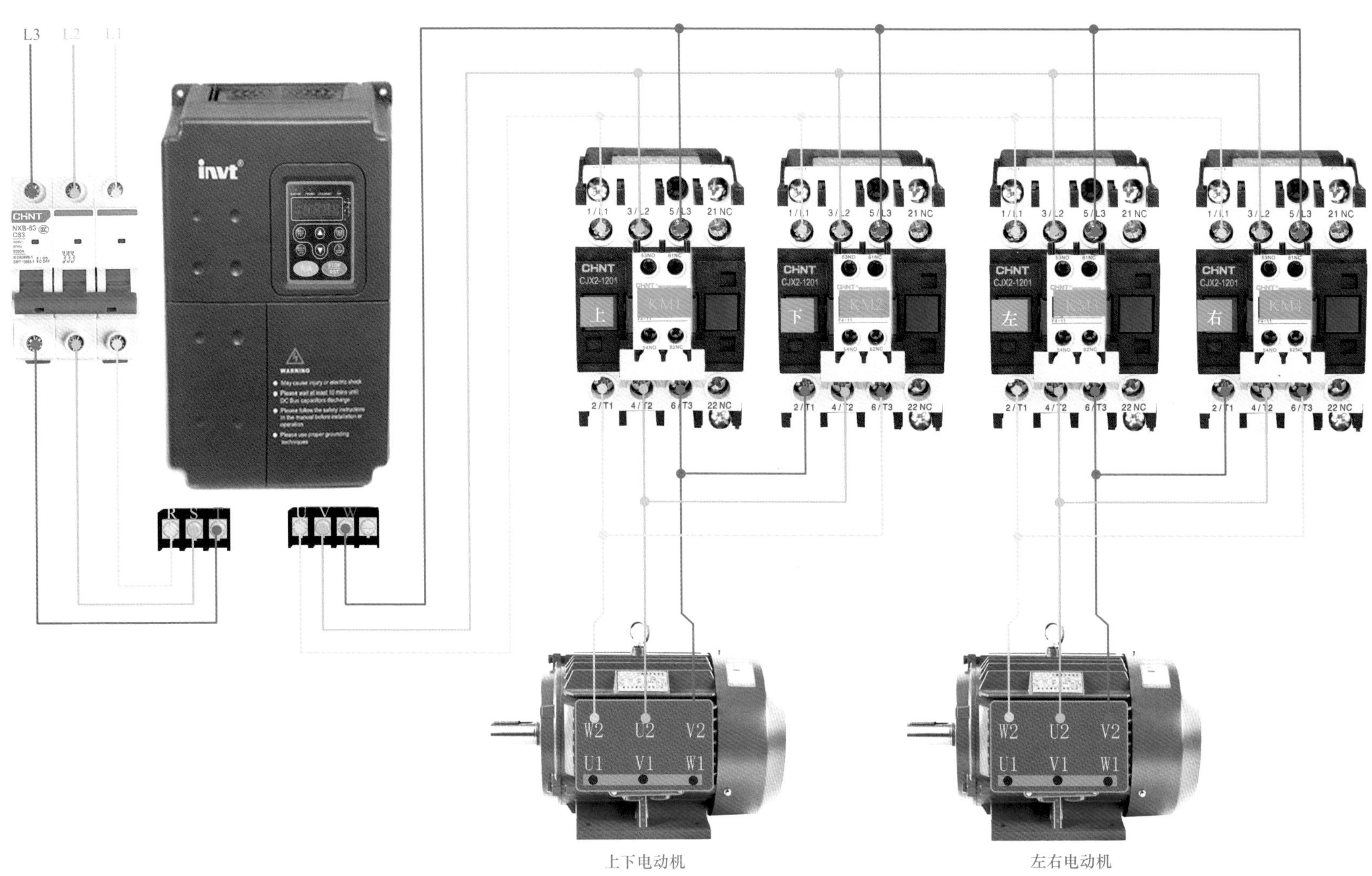

利用十字开关和英威腾 CHF100A 系列变频器控制电动机实现上下左右运动主电路实物接线图

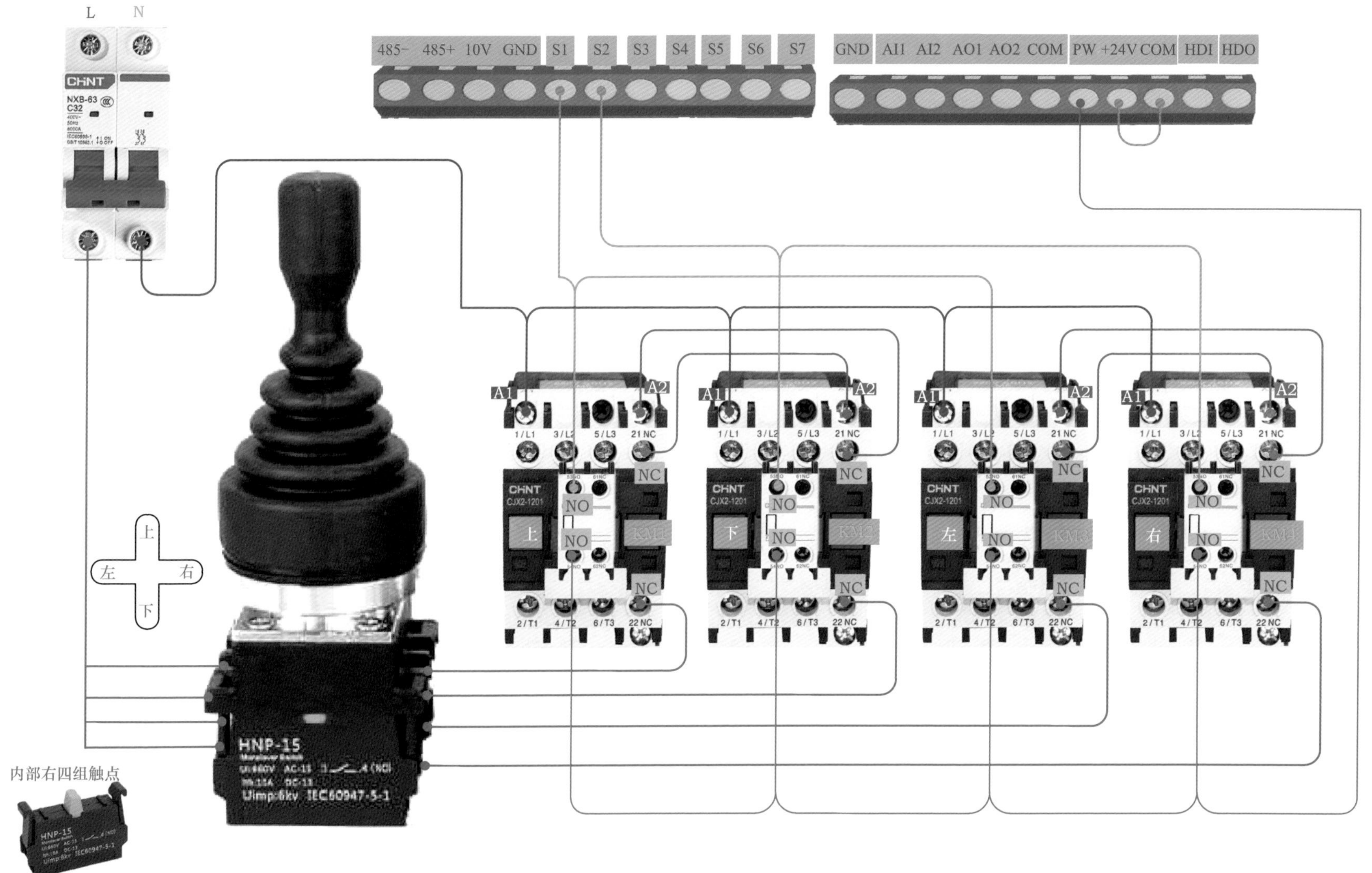

利用十字开关和英威腾 CHF100A 系列变频器控制电动机实现上下左右运动控制电路实物接线图

→26 利用恒压供水控制器和英威腾 CHF100A 系列变频器实现稳压、补压控制电路

1.原理图

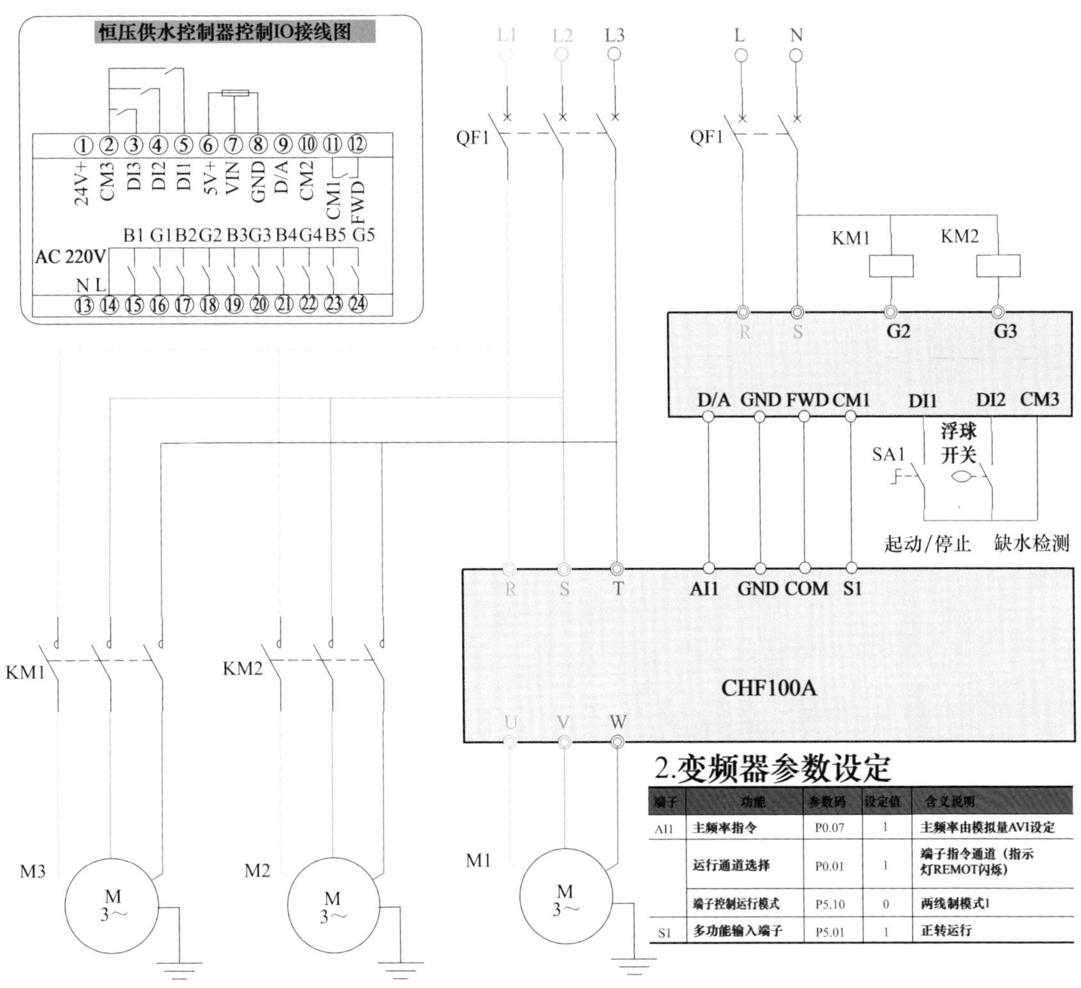

2.变频器参数设定

端子	功能	参数码	设定值	含义说明
AI1	主频率指令	P0.07	1	主频率由模拟量AVI设定
	运行通道选择	P0.01	1	端子指令通道（指示灯REMOT闪烁）
	端子控制运行模式	P5.10	0	两线制模式1
S1	多功能输入端子	P5.01	1	正转运行

3.RH9200恒压供水控制器端子介绍

端子名称		说明	端子名称		说明
1	24V+	24V电源输出	13	N	AC 220V 输入端
2	CM3	3-5端子的公共端	14	L	
3	DI3	变频器故障反馈接点	15	B1	1#变频运行触点，220V/5A
4	DI2	缺水/停机反馈接点	16	G1	1#工频运行触点，220V/5A
5	DI1	多功能接点(可参数选择动压或者手动自动)	17	B2	2#变频运行触点，220V/5A
6	5V+	远传压力表高端+5V	18	G2	2#工频运行触点，220V/5A
7	VIN	远传压力表电压信号输入（中）	19	B3	3#变频运行触点，220V/5A
8	GND	压力表信号地（低）	20	G3	3#工频运行触点，220V/5A
9	D/A	0~10V模拟量正输出	21	B4	4#变频运行触点，220V/5A
10	CM2	0~10V模拟量地	22	G4	4#工频运行触点，220V/5A
11	FWD	起动变频器运行的连接	23	B5	5#变频运行触点，220V/5A
12	CM1	点信号输出	24	G5	5#工频运行触点，220V/5A

4.恒压供水控制器参数设定

参数	功能	设定值	含义说明
	恢复出厂设置	断电状态下按住"S"键不松手，当面板出现"——"时松开	
P10	控制器工作模式	2	一拖多模式
P11	1#泵设置	1	当循环泵使用
P12	2#泵设置	1	当循环泵使用
P13	3#泵设置	1	2#泵设置
P16	最多运行泵数量	3	3台泵
P20	压力传感器类型	1	0~5V
P21	传感器量程设定	1	填入传感器量程(MPa)
P30	最低输出频率	20	用于控制水泵最低转速
P32	欠压加泵时间	15	多泵组合时，欠压15s后增加工频泵
P33	超压减泵时间	5	多泵组合时，超压5s后，减泵
P34	增速时的比例系数	20	数值越大响应速度越快（现场调整）
P35	增速时的比例积分	18	用于消除系统静态误差（现场调整）
P36	减速时的比例系数	40	数值越大响应速度越快（现场调整）
P37	减速时的比例积分	36	用于消除系统静态误差（现场调整）
P40	睡眠判断延时	30	当变频泵频率低于21Hz运行30s变频泵进入睡眠状态（变频器停止运行）
P41	主泵休眠频率	21	
P42	睡眠重起泵偏差	0.02	若当前压力小于设定压力0.02MPa,并且延续6s时，唤醒变频泵，进行稳压
P43	主泵唤醒延时	6	
P60	输出电压选择	1	0~10V模拟量输出

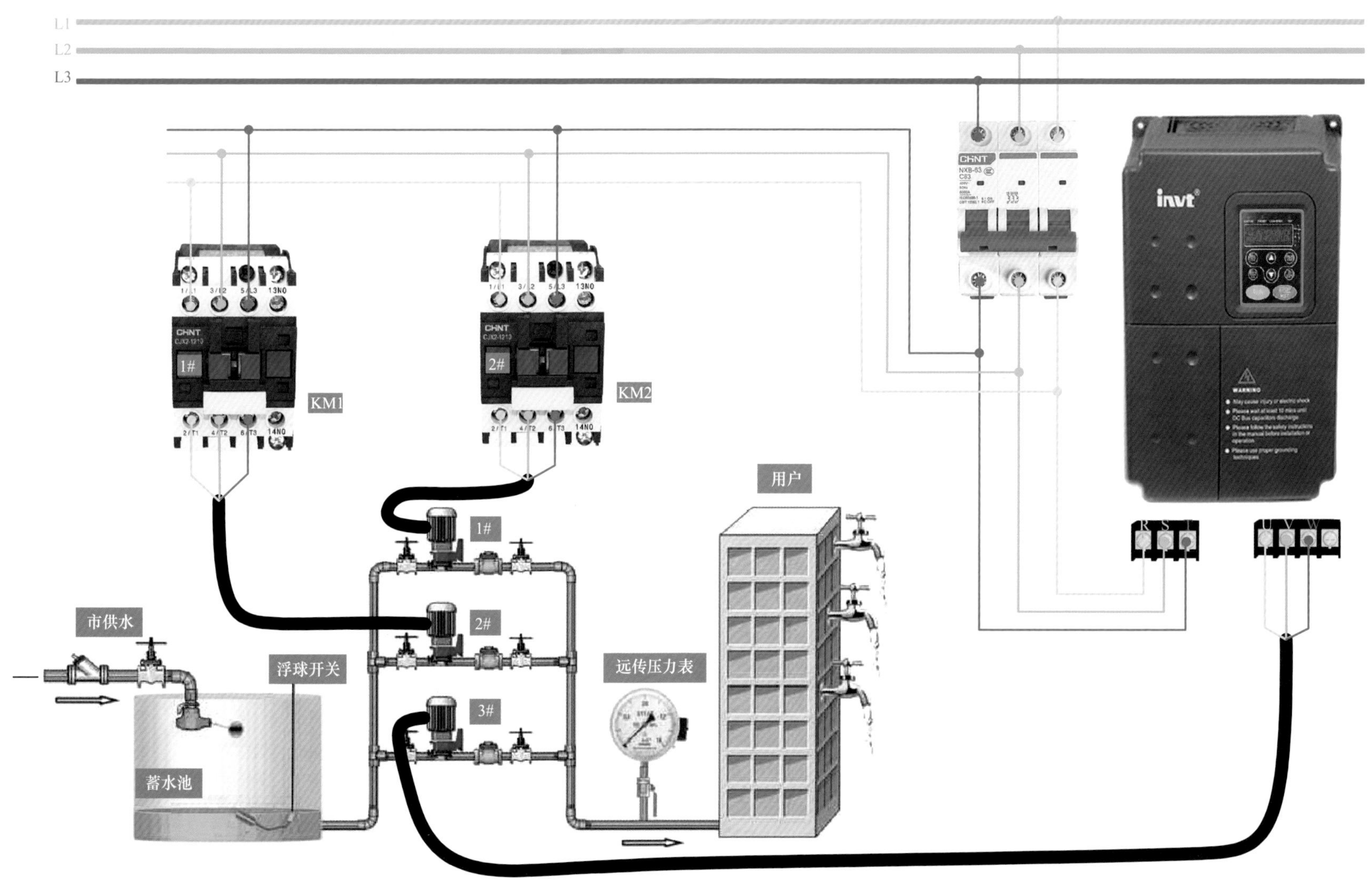

利用恒压供水控制器和英威腾 CHF100A 系列变频器实现稳压、补压控制主电路实物接线图

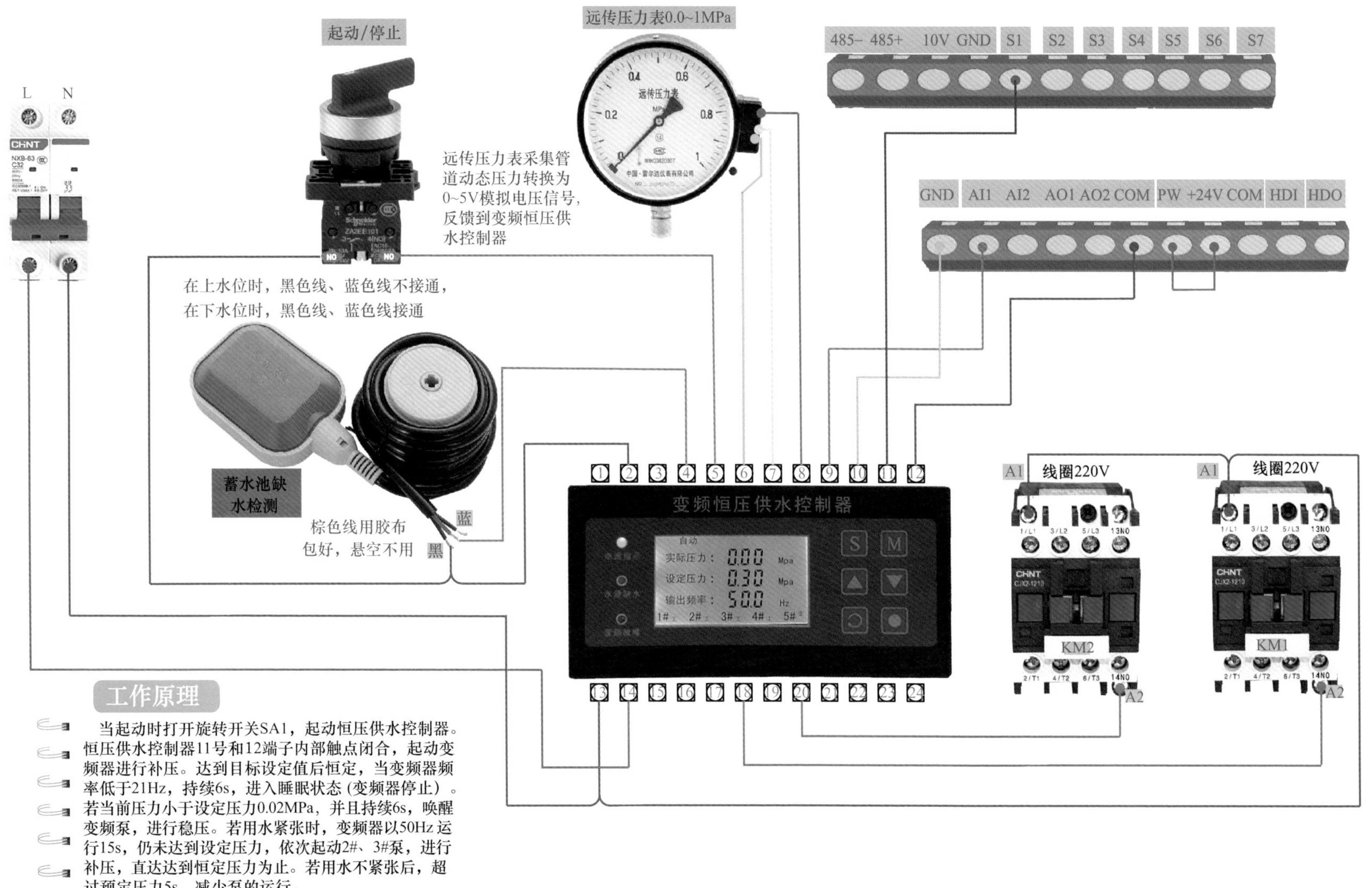

工作原理

当起动时打开旋转开关SA1，起动恒压供水控制器。恒压供水控制器11号和12端子内部触点闭合，起动变频器进行补压。达到目标设定值后恒定，当变频器频率低于21Hz，持续6s，进入睡眠状态（变频器停止）。若当前压力小于设定压力0.02MPa，并且持续6s，唤醒变频泵，进行稳压。若用水紧张时，变频器以50Hz运行15s，仍未达到设定压力，依次起动2#、3#泵，进行补压，直达达到恒定压力为止。若用水不紧张后，超过预定压力5s，减少泵的运行。

利用恒压供水控制器和英威腾 CHF100A 系列变频器实现稳压、补压控制电路实物接线图

→27 汇川 MD280 系列变频器面板详解

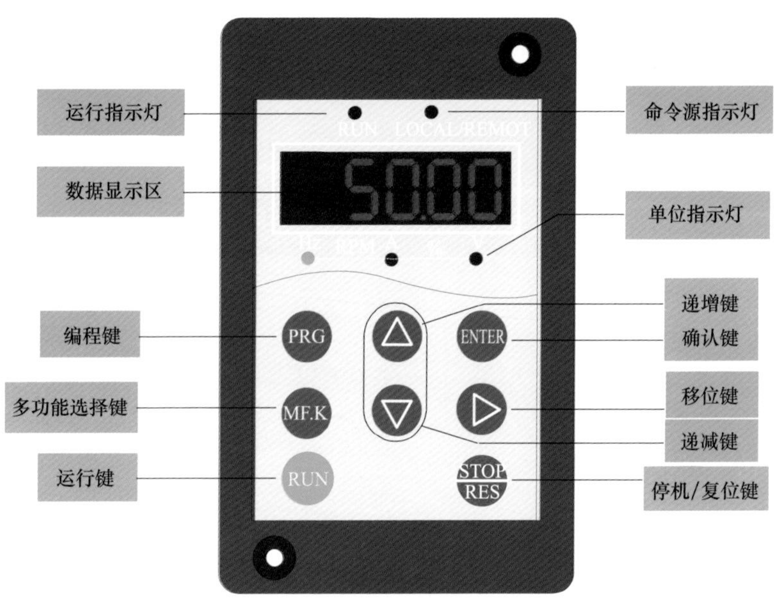

Hz○–RPM–A○–%–V○：单位指示灯，用于指示当前显示数据的单位，有如下几种单位：

(○表示熄灭；● 表示点亮)

Hz●–RPM–A○– % –V○：Hz 频率单位

Hz○–RPM–A●– % –V○：A 电流单位

Hz○–RPM–A○– % –V●：V 电压单位

Hz○–RPM–A○– % –V○：RMP 转速单位

Hz○–RPM–A○– % –V○：%百分数

数码显示区：

共有 5 位 LED 显示，可显示设定频率、输出频率，各种监视数据以及报警代码等。键盘按钮说明见下表。

按键	名称	功能
PRG	编程键	一级菜单进入或退出
ENTER	确认键	逐级进入菜单画面、设定参数确认
△	递增键	数据或功能码的递增
▽	递减键	数据或功能码的递减
▷	移位键	在停机显示界面和运行显示界面下，可循环选择显示参数；在修改参数时，可以选择参数的修改位
RUN	运行键	在键盘操作方式下，用于运行操作
STOP/RES	停止/复位键	运行状态时，按此键可用于停止运行操作；故障报警状态时，可用于复位操作，该键的特性受功能码 F7-16的制约
MF.K	多功能选择键	根据 F7-15进行功能切换选择，用于命令源的切换或变频器旋转方向的切换

功能指示灯说明：

- RUN：灯亮时表示变频器处于运转状态，灯灭时表示变频器处于停机状态。
- LOCAL/REMOT：键盘操作、端子操作与远程操作（通信控制）指示灯。

○ LOCAL/REMOT：熄灭	面板起停控制方式
● LOCAL/REMOT：常亮	端子起停控制方式
◑ LOCAL/REMOT：闪烁	通信起停控制方式

→28 汇川 MD280 系列变频器功能码查看、修改方法说明

MD280系列变频器的操作面板采用三级菜单结构进行参数设置。三级菜单分别为功能参数组（Ⅰ级菜单）、功能码（Ⅱ级菜单）、功能码设定值（Ⅲ级菜单）。操作流程如下图所示。

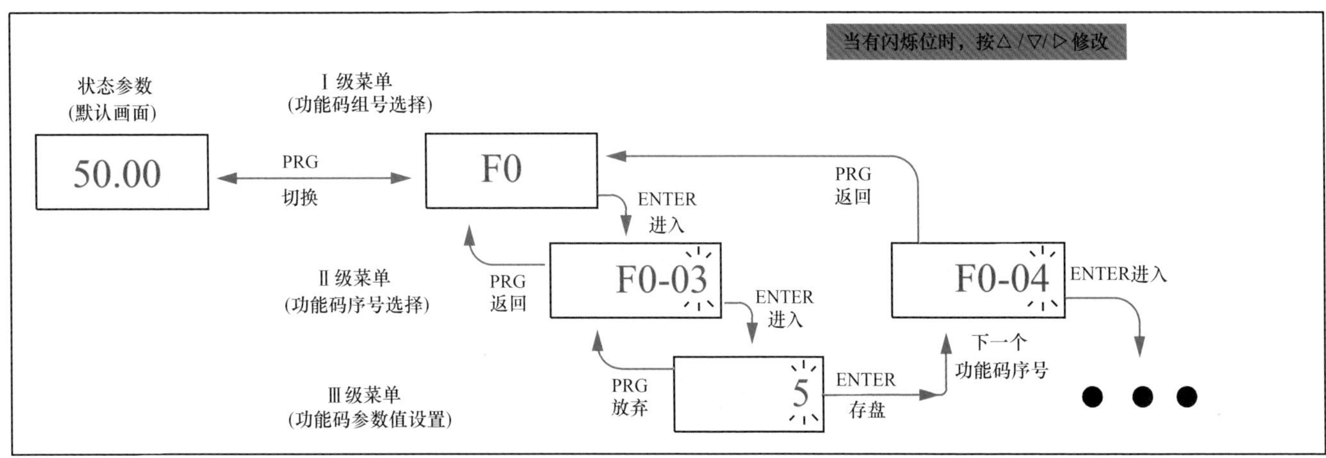

在三级菜单操作时，可按PRG键或ENTER键返回二级菜单。两者的区别是：按ENTER键将设定参数保存后返回二级菜单，并自动转移到下一个功能码；而按PRG 键则是放弃当前的参数修改，直接返回当前功能码序号的二级菜单。

举例：将功能码 F3-02 从10.00Hz更改设定为15.00Hz。

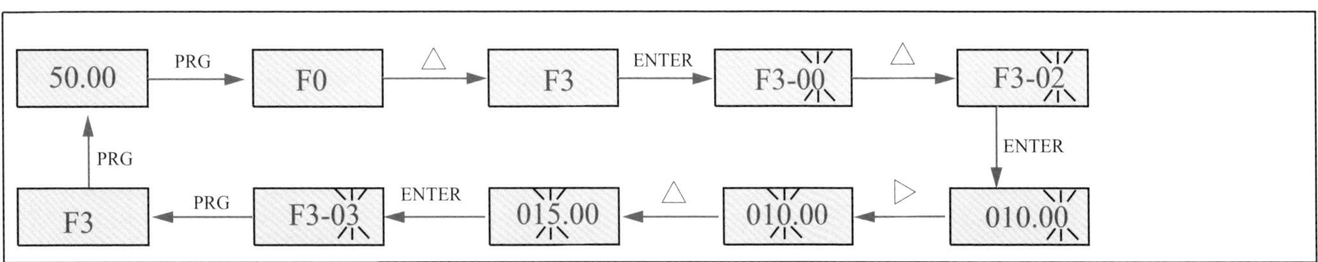

在第三级菜单状态下，若参数没有闪烁位，表示该功能码不能修改，可能原因如下：

1) 该功能码为不可修改参数，如变频器类型、实际检测参数、运行记录参数等。

2) 该功能码在运行状态下不可修改，需停机后才能进行修改。

在功能码浏览状态，通过按△或▽键，可选择所希望查阅的功能码组号。

29 汇川 MD280 系列变频器长按预警起动电路

1.原理图

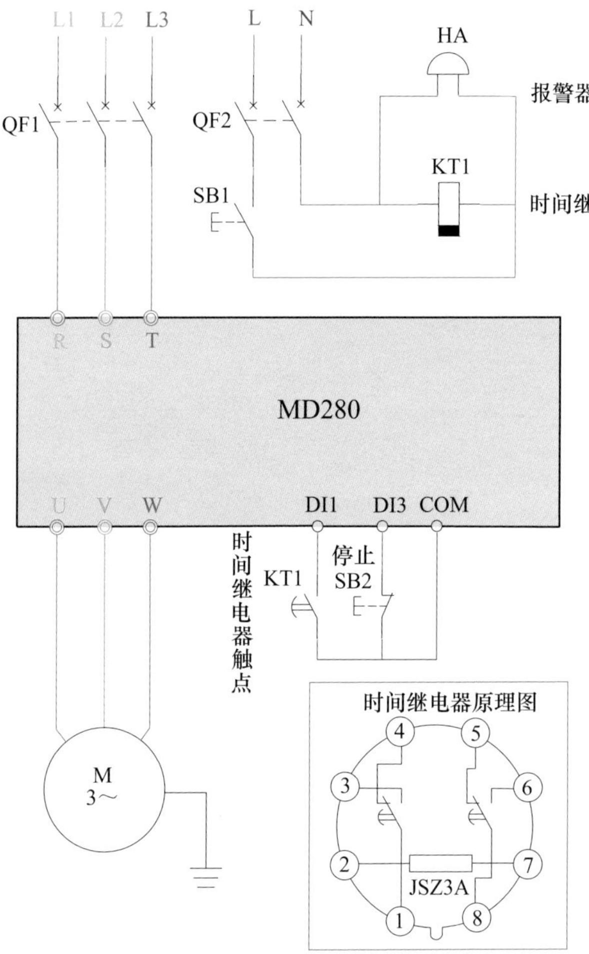

2.元器件明细表

文字符号	名称	型号与选型	电气元件在电路中起的作用
MD280	变频器	汇川MD280T2.2G	改变电路中的频率，实现无级调速
QF1	3P10A断路器	NXB-63-3P-D10	电源总开关，在主电路中起控制兼保护作用
QF2	2P10A断路器	NXB-63-2P-C10	控制电源开关
M	2.2kW电动机	YE2-90L-2/2.2kW	将电能转换为机械能
SB1	绿色按钮	LA38(自复位型)	起动按钮
SB2	红色按钮	LA38(自复位型)	停止按钮
KT1	时间继电器	JSZSA	延时控制

3.变频器基本运行参数和电动机参数

功能	参数码	设定值	含义说明	注意事项
恢复出厂设置	FR-01	1	参数恢复出厂设置	
加减速时间单位	F0-08	1	单位为分钟	
加速时间	F0-09	0.10	根据电动机和工程要求，适当即可	加速过快容易出现过电流
减速时间	F0-10	0	根据电动机和工程要求，适当即可	减速过快，直流母线易出现过电压
电动机额定电压	F1-01	380.0	根据电动机机型确定	
电动机额定功率	F1-00	2.2	根据电动机机型确定	当变频器大于电动机容量或采用矢量控制时，此参数必须设置
电动机额定电流	F1-02	4.18	根据电动机机型确定	

4.变频器端子及参数含义说明

端子	功能	参数码	设定值	含义说明
	主频率指令	F0-01	0	主频率由面板上的按键调整
	运行通道选择	F0-00	1	端子起停（LED亮）
	端子控制运行模式	F2-06	2	三线制模式1
DI1	多功能输入端子	F2-00	1	正转运行
DI3	多功能输入端子	F2-02	3	三线运行模式控制（停止）

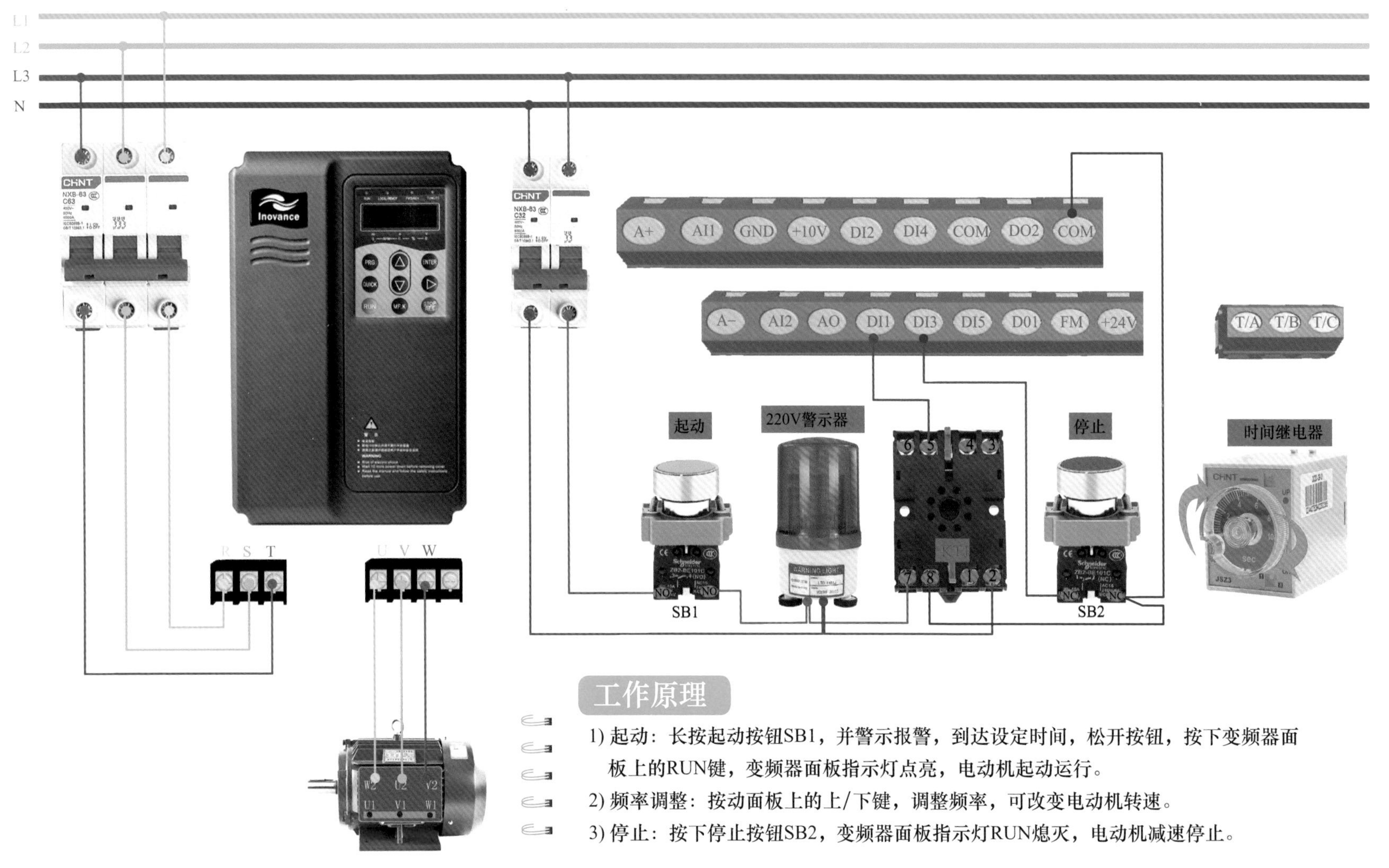

1) 起动：长按起动按钮SB1，并警示报警，到达设定时间，松开按钮，按下变频器面板上的RUN键，变频器面板指示灯点亮，电动机起动运行。

2) 频率调整：按动面板上的上/下键，调整频率，可改变电动机转速。

3) 停止：按下停止按钮SB2，变频器面板指示灯RUN熄灭，电动机减速停止。

汇川 MD280 系列变频器长按预警起动电路实物接线图

30 汇川 MD280 系列变频器控制上料机自动上料电路

1.原理图

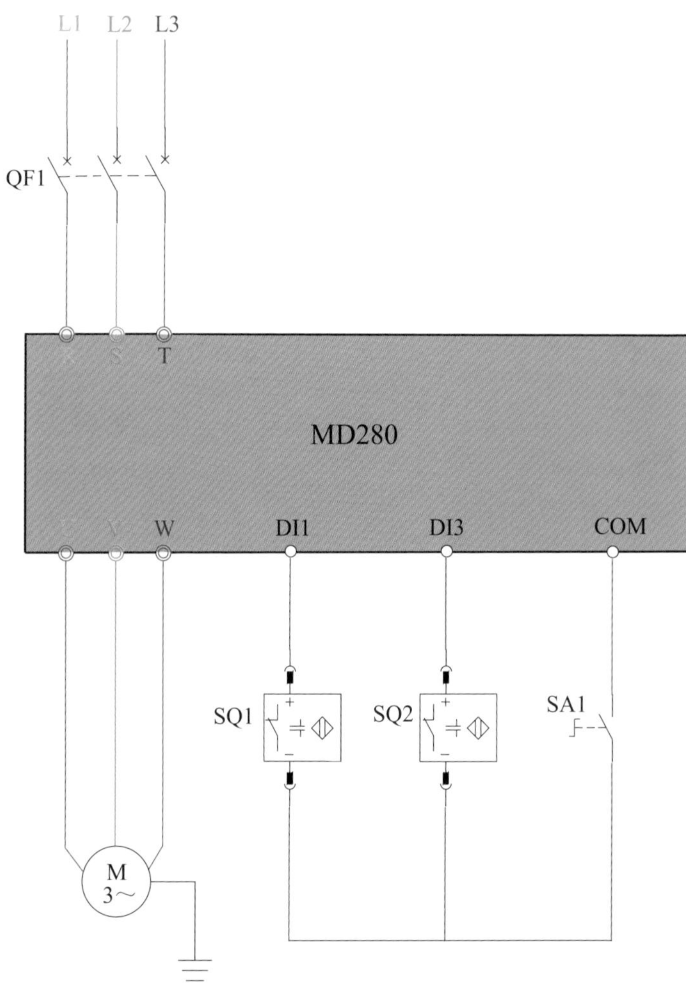

2.元器件明细表

文字符号	名称	型号与选型	电气元件在电路中起的作用
MD280	变频器	汇川MD280T2.2G	改变电路中的频率，实现无级调速
QF1	3P10A断路器	NXB-63-3P-D10	电源总开关，在主电路中起控制兼保护作用
M	2.2kW电动机	YE2-90L-2/2.2kW	将电能转换为机械能
SA1	选择开关	两档自锁式	开机/关机
SQ1	电容式感应器	DC 24V两线制常闭型	低限位
SQ2	电容式感应器	DC 24V两线制常闭型	高限位

3.变频器基本运行参数和电动机参数

功能	参数码	设定值	含义说明	注意事项
恢复出厂设置	FP-01	1	参数恢复出厂设置	
加减速时间单位	F0-08	1	单位为分钟	
加速时间	F0-09	0.10	根据电动机和工程要求，适当即可	加速过快容易出现过电流
减速时间	F0-10	0	根据电动机和工程要求，适当即可	减速过快，直流母线易出现过电压
电动机额定电压	F1-01	380.0	根据电动机机型确定	
电动机额定功率	F1-00	2.2	根据电动机机型确定	当变频器大于电动机容量或采用矢量控制时，此参数必须设置
电动机额定电流	F1-02	4.18	根据电动机机型确定	

4.变频器端子及参数含义说明

端子	功能	参数码	设定值	含义说明
	主频率指令	F0-01	0	主频率由面板上的按键调整
	运行通道选择	F0-00	1	端子起停（LED亮）
	端子控制运行模式	F2-06	2	三线制模式1
DI1	多功能输入端子	F2-00	1	正转运行
DI3	多功能输入端子	F2-02	3	三线运行模式控制（停止）

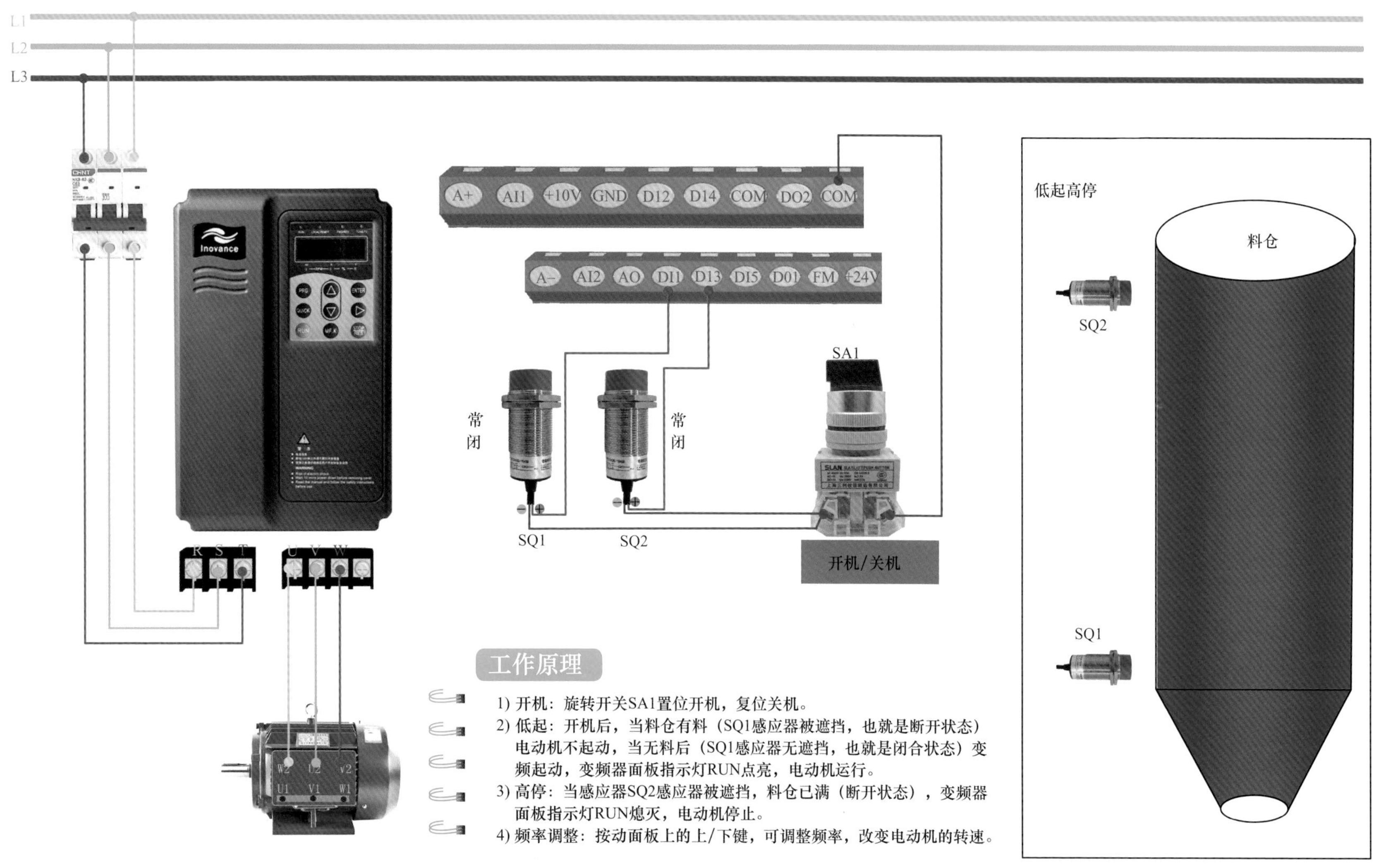

L1
L2
L3
Inovance
A+
AI1
+10V
GND
DI2
DI4
COM
DO2
COM
A−
AI2
AO
DI1
DI3
DI5
DO1
FM
+24V
SA1
常闭
常闭
SQ1
SQ2
开机/关机
R S T
U V W
W2 U2 V2
U1 V1 W1
低起高停
料仓
SQ2
SQ1
工作原理
1) 开机：旋转开关SA1置位开机，复位关机。
2) 低起：开机后，当料仓有料（SQ1感应器被遮挡，也就是断开状态）电动机不起动，当无料后（SQ1感应器无遮挡，也就是闭合状态）变频起动，变频器面板指示灯RUN点亮，电动机运行。
3) 高停：当感应器SQ2感应器被遮挡，料仓已满（断开状态），变频器面板指示灯RUN熄灭，电动机停止。
4) 频率调整：按动面板上的上/下键，可调整频率，改变电动机的转速。

汇川 **MD280** 系列变频器控制上料机自动上料电路实物接线图

→31 电接点压力表控制汇川 MD280 系列变频器实现自动供水电路

1.原理图

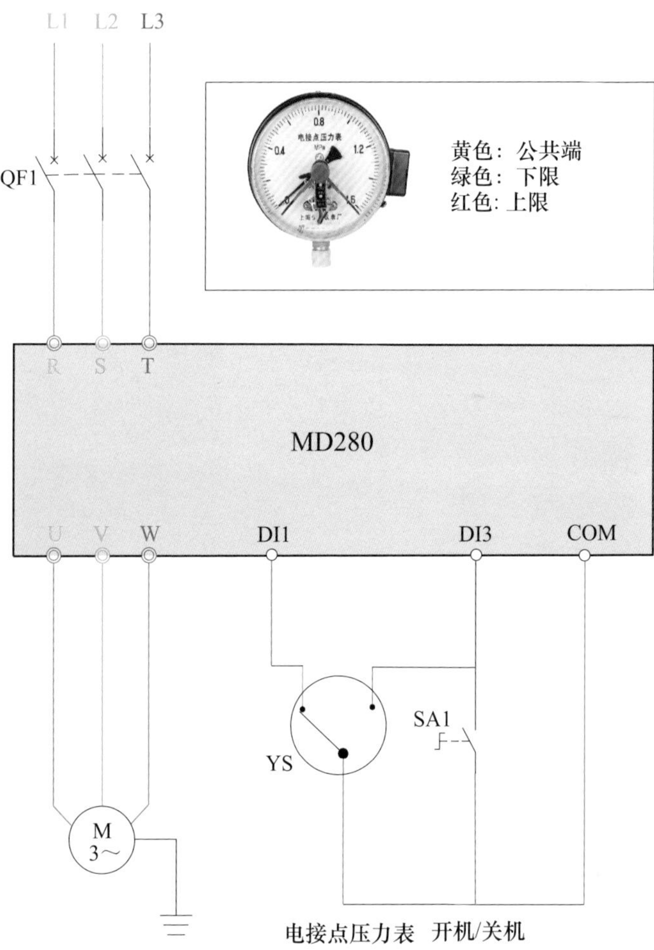

2.元器件明细表

文字符号	名称	型号与选型	电气元件在电路中起的作用
MD280	变频器	汇川MD280T2.2G	改变电路中的频率，实现无级调速
QF1	3P10A断路器	NXB-63-3P-D10	电源总开关，在主电路中起控制兼保护作用
M	2.2kW电动机	YE2-90L-2/2.2kW	将电能转换为机械能
SA1	旋转开关	两档自锁式	开机/关机
YS	电接点压力表	1.6MPa电接点压力表	检测压力

3.变频器基本运行参数和电动机参数

功能	参数码	设定值	含义说明	注意事项
恢复出厂设置	FR-01	1	参数恢复出厂设置	
加减速时间单位	F0-08	1	单位为分钟	
加速时间	F0-09	0.10	根据电动机和工程要求，适当即可	加速过快容易出现过电流
减速时间	F0-10	0	根据电动机和工程要求，适当即可	减速过快，直流母线易出现过电压
电动机额定电压	F1-01	380.0	根据电动机机型确定	
电动机额定功率	F1-00	2.2	根据电动机机型确定	当变频器大于电动机容量或采用矢量控制时，此参数必须设置
电动机额定电流	F1-02	4.18	根据电动机机型确定	

4.变频器端子及参数含义说明

端子	功能	参数码	设定值	含义说明
	主频率指令	F0-01	0	主频率由面板上的上/下键调整
	运行通道选择	F0-00	1	端子起停（LED亮）
	端子控制运行模式	F2-06	2	三线制模式1
DI1	多功能输入端子	F2-00	1	正转运行
DI3	多功能输入端子	F2-02	3	三线运行模式控制（停止）
DI3	DI输入端子状态选择	F2-26	8	将DI3端子设置为反逻辑

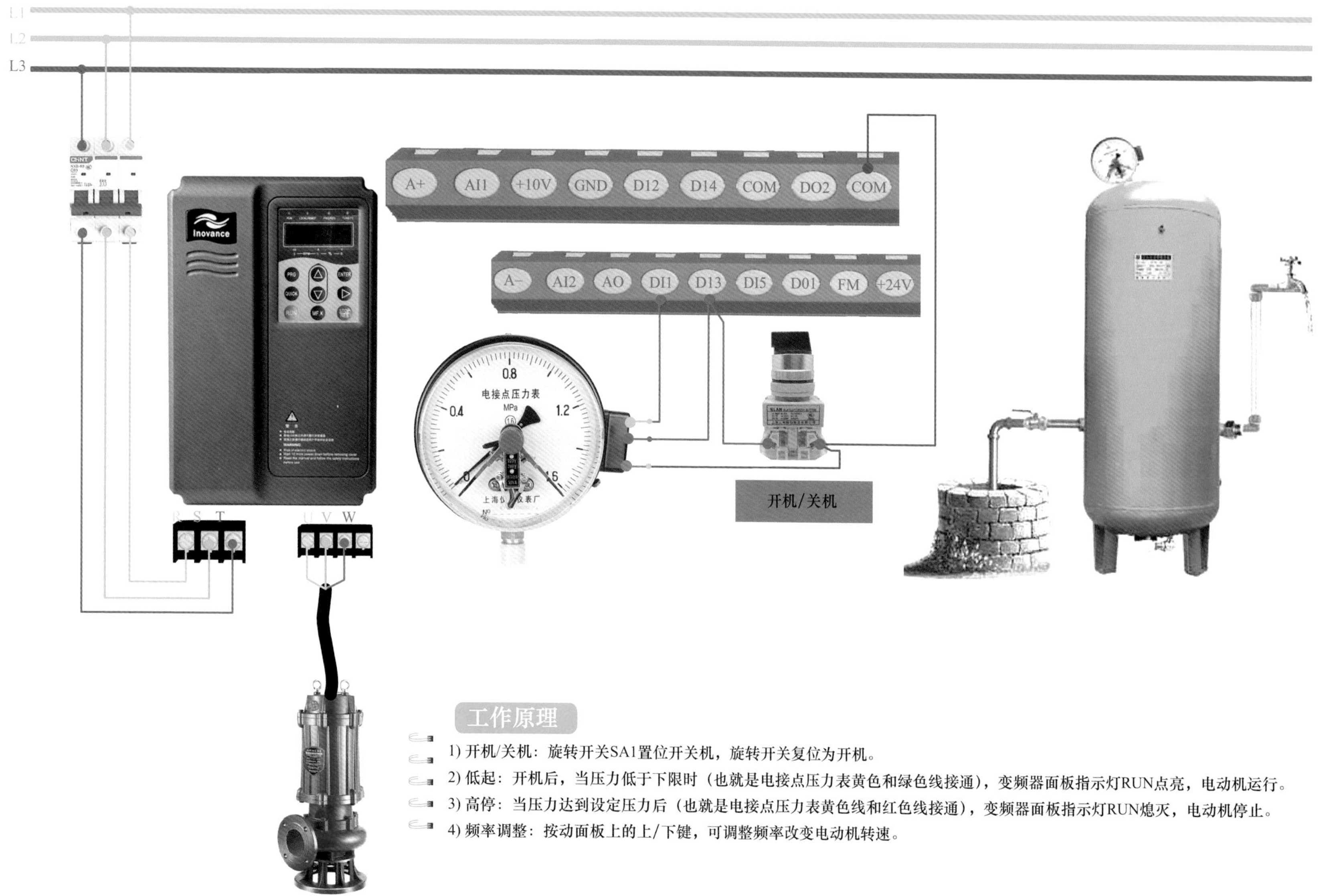

工作原理

1) 开机/关机：旋转开关SA1置位开关机，旋转开关复位为开机。

2) 低起：开机后，当压力低于下限时（也就是电接点压力表黄色和绿色线接通），变频器面板指示灯RUN点亮，电动机运行。

3) 高停：当压力达到设定压力后（也就是电接点压力表黄色线和红色线接通），变频器面板指示灯RUN熄灭，电动机停止。

4) 频率调整：按动面板上的上/下键，可调整频率改变电动机转速。

电接点压力表控制汇川 **MD280** 系列变频器实现自动供水电路实物接线图

→32 行车遥控器控制汇川MD280系列变频器实现电动机正反转与频率控制电路

1.原理图

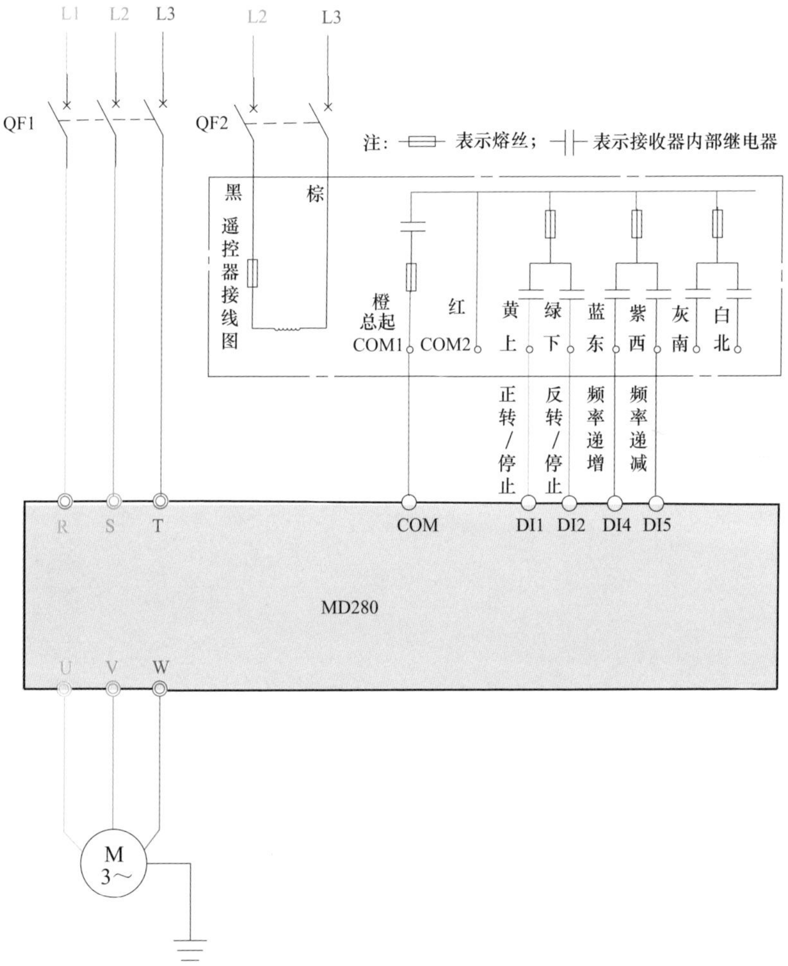

2.元器件明细表

文字符号	名称	型号与选型	电气元件在电路中起的作用
MD280	变频器	汇川MD280T2.2G	改变电路中的频率，实现无级调速
QF1	3P10A断路器	NXB-63-3P-D10	电源总开关，在主电路中起控制兼保护作用
QF2	2P10A断路器	NXB-63-2P-C10	遥控器电源
M	2.2kW电动机	YE2-90L-2/2.2kW	将电能转换为机械能
	行车遥控器	电源380V	控制变频器

3.变频器基本运行参数和电动机参数

功能	参数码	设定值	含义说明	注意事项
恢复出厂设置	FR-01	1	参数恢复出厂设置	
加减速时间单位	F0-08	1	单位为分钟	
加速时间	F0-09	0.10	根据电动机和工程要求，适当即可	加速过快容易出现过电流
减速时间	F0-10	0	根据电动机和工程要求，适当即可	减速过快，直流母线易出现过电压
电动机额定电压	F1-01	380.0	根据电动机机型确定	
电动机额定功率	F1-00	2.2	根据电动机机型确定	当变频器大于电动机容量或采用矢量控制时，此参数必须设置
电动机额定电流	F1-02	4.18	根据电动机机型确定	

4.变频器端子及参数含义说明

端子	功能	参数码	设定值	含义说明
	主频率指令	F0-01	0	主频率由面板上的上/下键调整
	运行通道选择	F0-00	1	端子起停（LED亮）
	端子控制运行模式	F2-06	0	两线制模式1
DI1	多功能输入端子	F2-00	1	正转运行
DI2	多功能输入端子	F2-02	2	反转运行
DI4	多功能输入端子	F2-03	6	频率递增
DI5	多功能输入端子	F2-04	7	频率递减

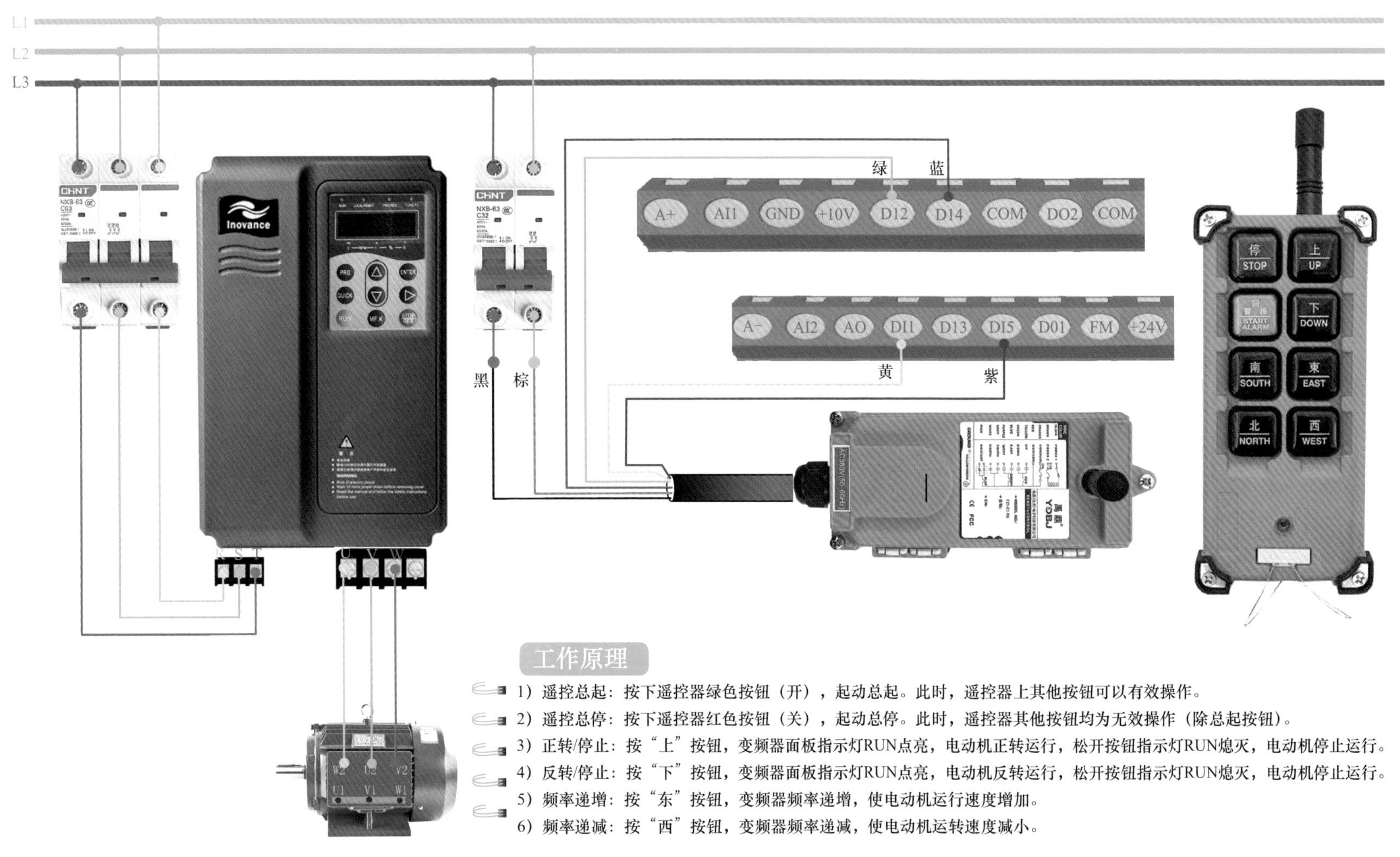

L1
L2
L3
CHNT
NXB-63
C63
CHNT
NXB-63
C32
Inovance
绿
蓝
A+
AI1
GND
+10V
DI2
DI4
COM
DO2
COM
A-
AI2
AO
DI1
DI3
DI5
D01
FM
+24V
黄
紫
黑
棕
R S T
U V W
W2 U2 V2
U1 V1 W1
停 STOP
上 UP
START ALARM
下 DOWN
南 SOUTH
東 EAST
北 NORTH
西 WEST
YDBJ
工作原理
1）遥控总起：按下遥控器绿色按钮（开），起动总起。此时，遥控器上其他按钮可以有效操作。
2）遥控总停：按下遥控器红色按钮（关），起动总停。此时，遥控器其他按钮均为无效操作（除总起按钮）。
3）正转/停止：按“上”按钮，变频器面板指示灯RUN点亮，电动机正转运行，松开按钮指示灯RUN熄灭，电动机停止运行。
4）反转/停止：按“下”按钮，变频器面板指示灯RUN点亮，电动机反转运行，松开按钮指示灯RUN熄灭，电动机停止运行。
5）频率递增：按“东”按钮，变频器频率递增，使电动机运行速度增加。
6）频率递减：按“西”按钮，变频器频率递减，使电动机运转速度减小。

行车遥控器控制汇川 MD280 系列变频器实现电动机正反转与频率控制电路实物接线图

33 安邦信 AMB100 系列变频器跳跃频率的应用

什么是机械共振?

通俗一点说，就是外加力与机械系统的固有频率一致时，所产生的振动就叫作机械共振。假设频率到达30Hz时，出现机械共振，即应设置跳跃频率，跳跃该频率解决该机械共振。

变频器参数含义说明

功能	参数码	设定值	含义说明
主频率指令	F0.05	0	键盘设定
运行指令选择	F0.04	0	键盘起停（指示灯MODE熄灭）
跳跃频率设置	F8.05	30	范围0.0~最大输出频率（F0.06）
跳跃频率范围设置	F8.06	5	范围0.0~最大输出频率（F0.06）

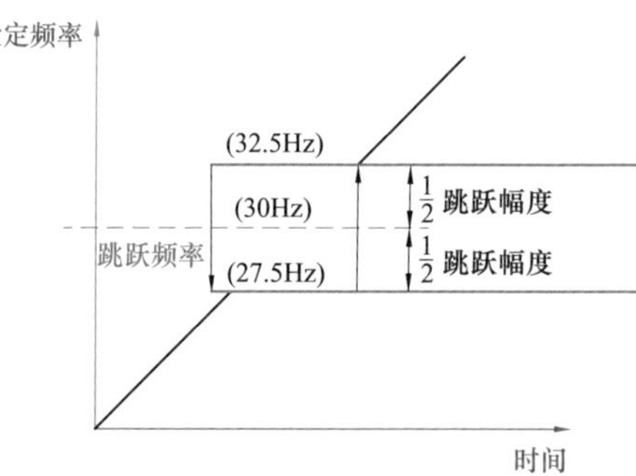

工作原理

1) 起动：按下变频器面板上的RUN键，变频器面板指示灯点亮电动机运行。
2) 频率调整：调整面板上的旋钮改变频率大小，电动机转速发生改变。由于变频器设置跳跃频率为30Hz，跳跃幅度5Hz(见上图)，当输出频率输出到27.5Hz时将直接跳到32.5Hz。
3) 停止：按下面板上的STOP键，变频器面板指示灯STOP点亮，电动机减速停止。

注意：变频器起动加频率、停止减频率或调速时，设置跳跃频率都有效。

扫一扫看视频

→34 安邦信AMB100系列变频器转矩提升的应用

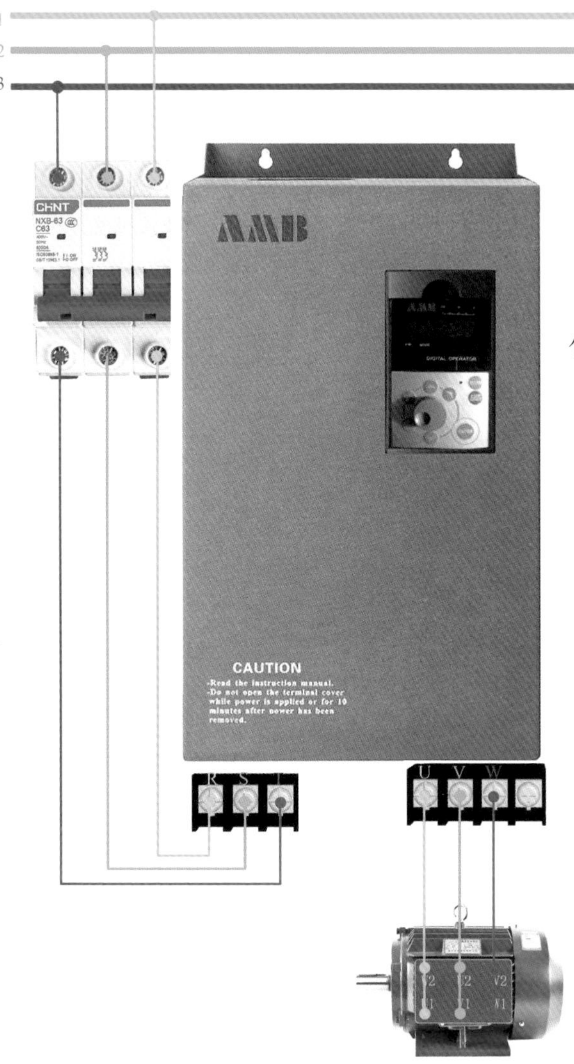

什么是转矩提升?

通俗的说，就是在低频时提升电压，改善低频V/F的转矩特性，即根据负载大小适当选择转矩，负载大可以增大提升转矩，但提升值不应设置过大，转矩提升过大时，电动机将出过励磁运行，使变频器输出电流增大，电动机发热加大，效率降低。

什么是转矩提升截止点?

转矩提升截止点是指在此频率之下，转矩提升有效，超过此频率，转矩提升失效。

变频器参数含义说明

功能	参数码	设定值	含义说明
主频率指令	F0.05	0	键盘设定
运行指令选择	F0.04	0	键盘起停（指示灯MODE熄灭）
转矩提升	F5.01	10%	范围0.0~3.0%
转矩提升截止点	F5.02	20%	0.0~50.0%

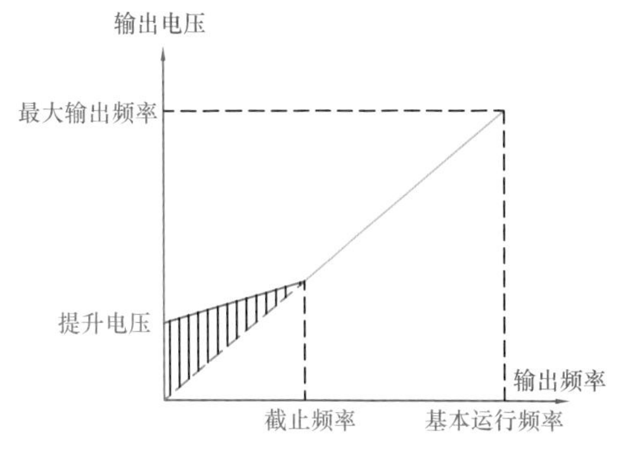

扫一扫看视频

35 三个电位器控制两台安邦信 AMB100 系列变频器调速电路

1.原理图

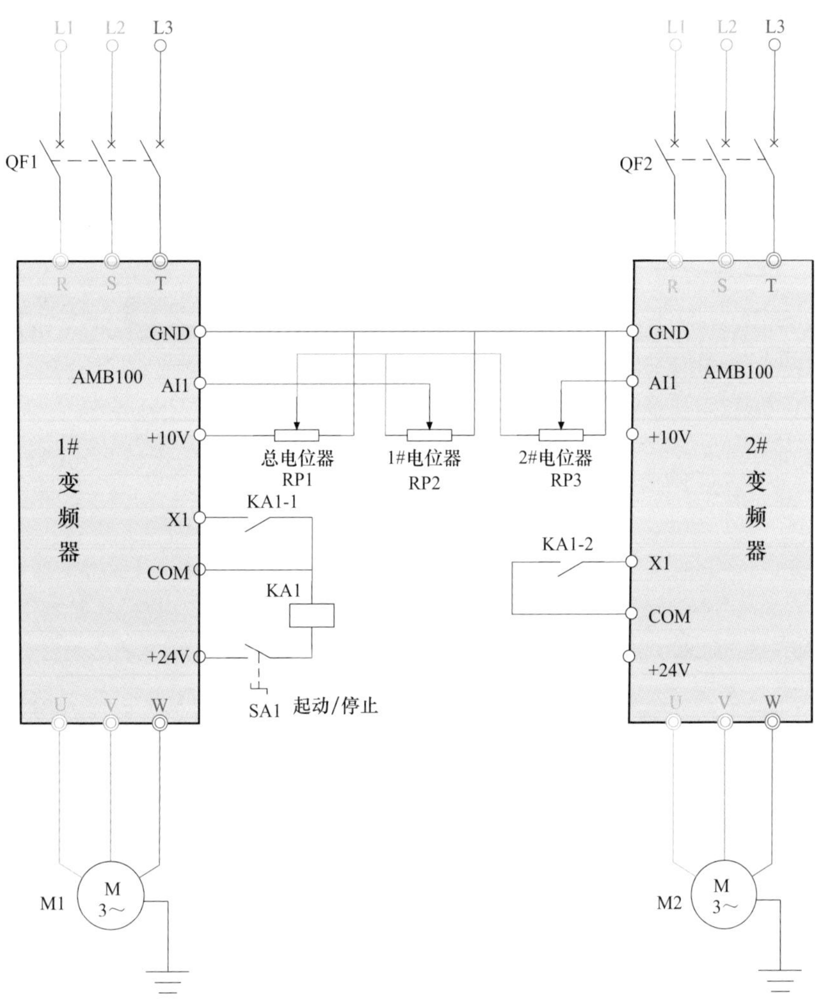

2.元器件明细表

文字符号	名称	型号与选型	电气元件在电路中起的作用
AMB100	1#变频器	安邦信AMB100-011G/015P-T3	改变电路中的频率，实现无级调速
AMB100	2#变频器	安邦信AMB100-011G/015P-T3	改变电路中的频率，实现无级调速
QF1	3P40A断路器	NXB-63-3P-D40	电源总开关，在主电路中起控制兼保护作用
QF2	3P40A断路器	NXB-63-3P-D40	电源总开关，在主电路中起控制兼保护作用
M1	11kW电动机	YE2-90L-2/11kW	将电能转换为机械能
M2	11kW电动机	YE2-90L-2/11kW	将电能转换为机械能
RP1	电位器	5kΩ	总调变频器频率
RP2	电位器	5kΩ	微调变频器频率
RP3	电位器	5kΩ	微调变频器频率
SA1	旋转开关	置位型	起动/停止
KA1	中间继电器	24V中间继电器	同步起动1#、2#变频器

3.1#和2#变频器基本运行参数和电动机参数

功能	参数码	设定值	含义说明	注意事项
恢复出厂设置	F0.12	1	参数恢复出厂设置	
加速时间	F0.02	10	根据电动机和工程要求，适当即可	加速过快容易出现过电流
减速时间	F0.03	10	根据电动机和工程要求，适当即可	减速过快，直流母线易出现过电压
电动机额定电压	F4.04	380.0	根据电动机机型确定	
电动机额定功率	F4.02	2.2	根据电动机机型确定	当变频器大于电动机容量或采用矢量控制时，此参数必须设置
电动机额定电流	F4.05	4.18	根据电动机机型确定	

4.1#和2#变频器端子及参数含义说明

端子	功能	参数码	设定值	含义说明
	主频率指令	F0.05	1	主频率由模拟量控制
	运行通道选择	F0.04	1	端子指令通道（指示灯REMOT闪烁）
	端子控制运行模式	F1.07	0	两线制模式1
X1	多功能输入端子	F1.00	1	起动运行

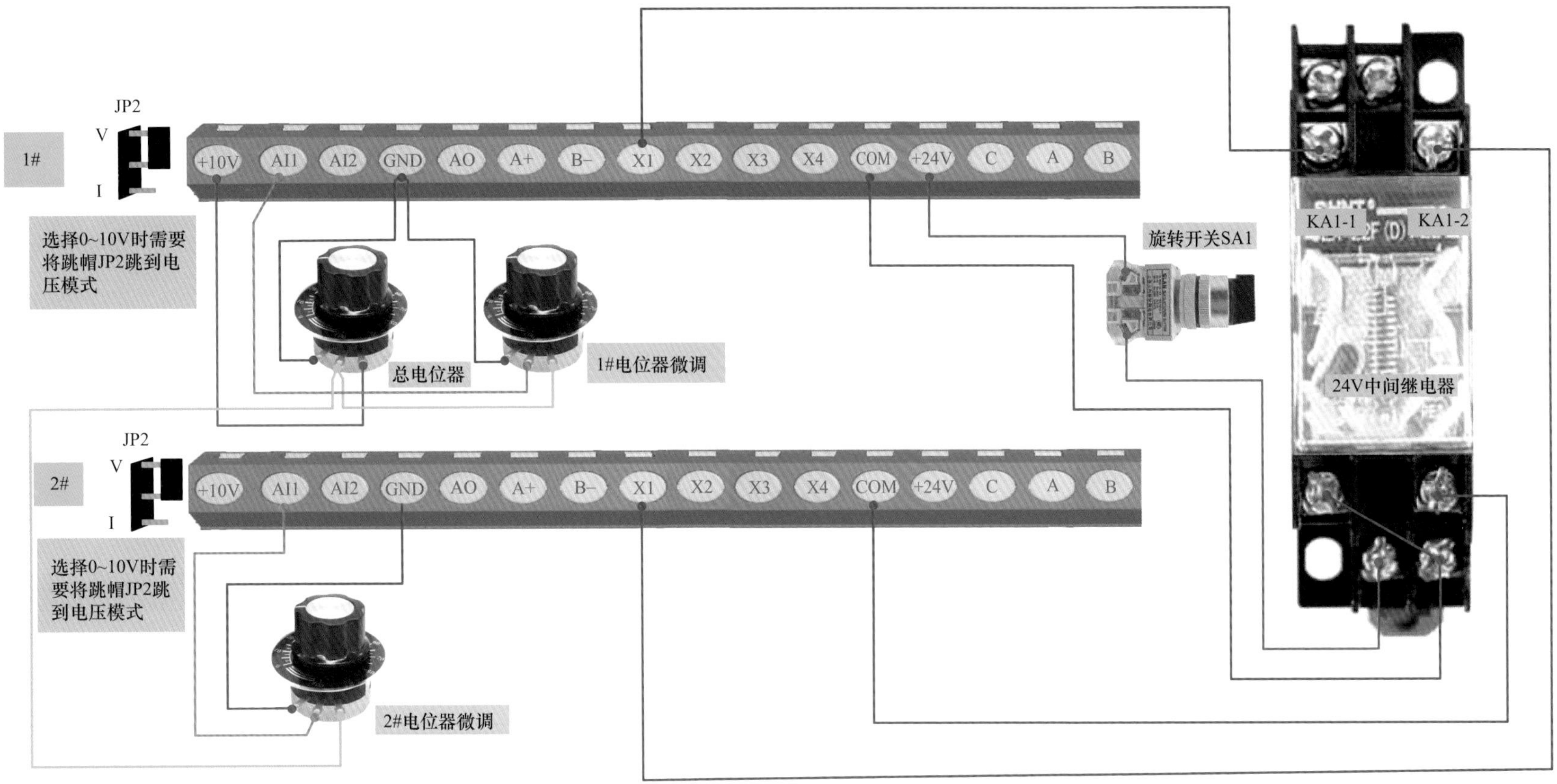

1#

JP2

V

I

+10V AI1 AI2 GND AO A+ B− X1 X2 X3 X4 COM +24V C A B

选择0~10V时需要将跳帽JP2跳到电压模式

总电位器

1#电位器微调

旋转开关SA1

KA1-1

KA1-2

24V中间继电器

2#

JP2

V

I

+10V AI1 AI2 GND AO A+ B− X1 X2 X3 X4 COM +24V C A B

选择0~10V时需要将跳帽JP2跳到电压模式

2#电位器微调

工作原理

1) 起动：打开旋转开关SA1(SA1置位)，24V中间继电器KA1线圈得电，中间继电器触点闭合（中间继电器有两组触点KA1-1和KA1-2），分别接通1#和2#变频器的COM与X1，变频器同时起动。面板指示灯RUN点亮，电动机运行。

2) 停止：关闭旋转开关SA1(SA1复位)，中间继电器线圈失电，触电断开，变频器面板指示灯RUN熄灭，电动机停止。

3) 频率调整：调整总电位器，调整频率大小，如果两台变频器频率不同步时，分别微调1#和2#电位器，使两台变频器同步运行。

扫一扫看视频

三个电位器控制两台安邦信 **AMB100** 系列变频器调速电路实物接线图

→36 安邦信 AMB100 系列变频器控制小车往返运动电路

1.原理图

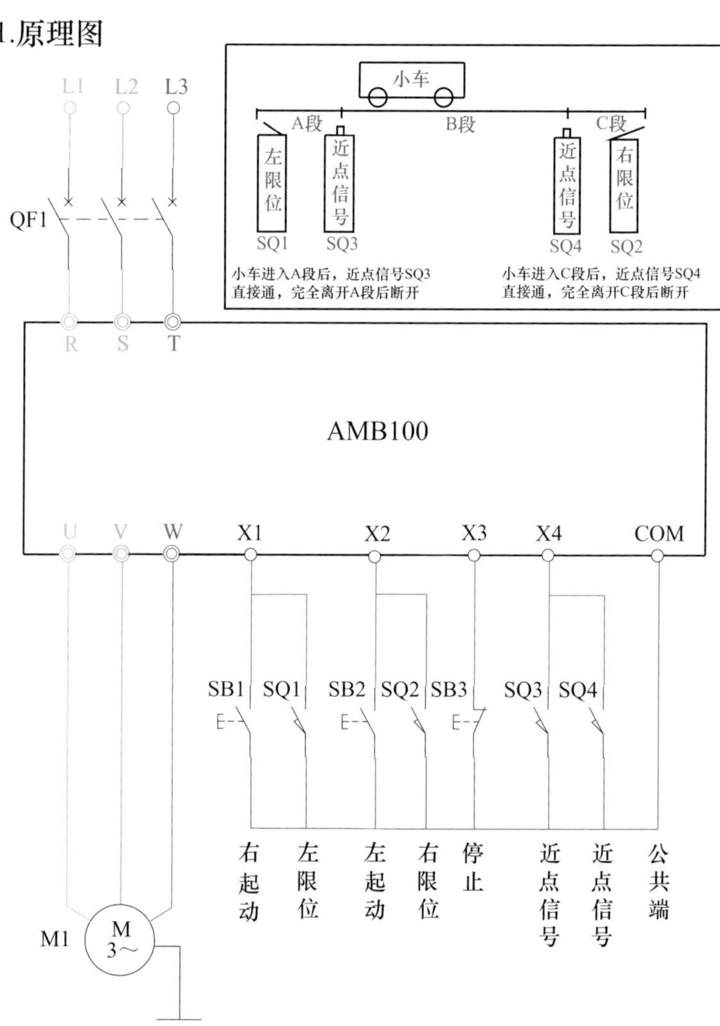

2.元器件明细表

文字符号	名称	型号与选型	电气元件在电路中起的作用
AMB100	1#变频器	安邦信AMB100-011G/015P-T3	改变电路中的频率，实现无级调速
QF1	3P40A断路器	NXB-63-3P-D40	电源总开关，在主电路中起控制兼保护作用
M1	11kW电动机	YE2-90L-2/11kW	将电能转换为机械能
RP1	电位器	5kΩ	总调变频器频率
SQ1	限位开关	—	左限位
SQ2	限位开关	—	右限位
SQ3	限位开关	—	近点信号
SQ4	限位开关	—	近点信号
SB1	右起动按钮	自复位型按钮	右行走
SB2	左起动按钮	自复位型按钮	左行走
SB3	停止按钮	自复位型按钮	停止

3.变频器端子及参数含义说明

端子	功能	参数码	设定值	含义说明
	主频率指令	F0.05	4	多段速控制
	运行通道选择	F0.04	1	端子起停（指示灯REMOT闪烁）
	端子控制运行模式	F1.07	3	三线制模式2
X1	多功能输入端子	F1.00	1	正转运行
X2	多功能输入端子	F1.01	2	反转运行
X3	多功能输入端子	F1.02	3	三线运行模式控制（停止）
X4	多功能输入端子	F1.03	12	多段速端子1
	正反转死区时间	F3.10	60	单位为秒
	最大输出频率	F0.06	50	
	多段速0	FA.00	100	100%对应最大频率（F0.06）
	多段速1	FA.01		100%对应最大频率（F0.06）
	加速时间	F0.02	10	多段速加速时间
	减速时间	F0.03	2	多段速减速时间

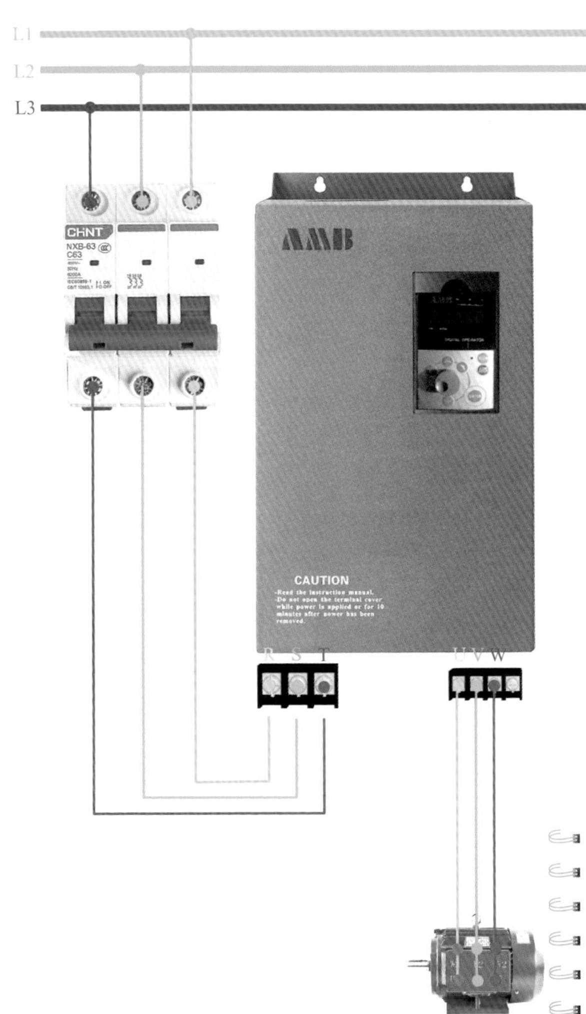

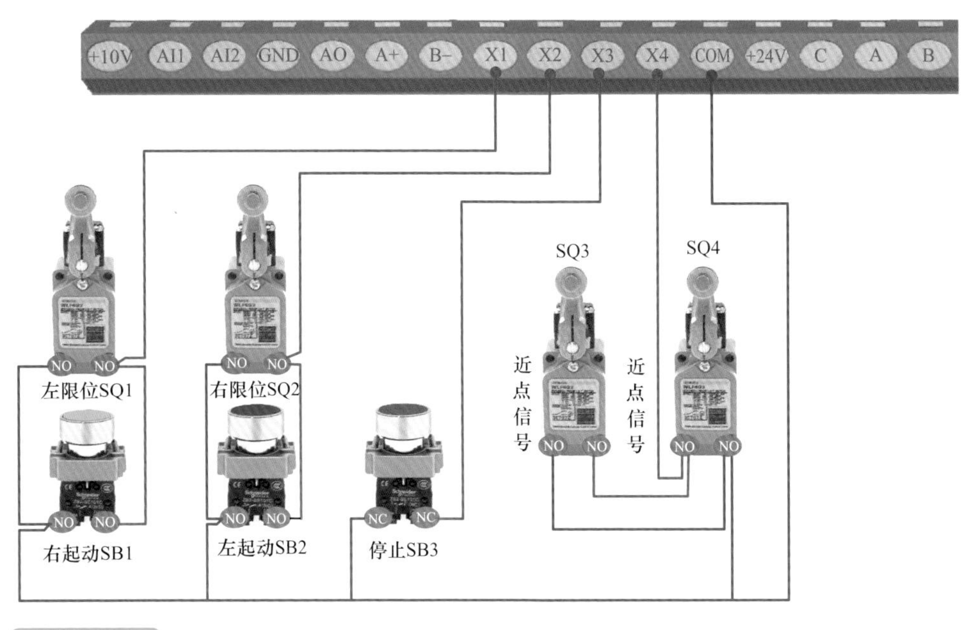

工作原理

1) 向右行走时，按下按钮SB1(变频器内部指令置位)，小车以50Hz的速度行走（若在近点信号位置则以10Hz速度行走）。当到达右近点信号以后，以10Hz速度向右行走。到达右限位时，小车停止运行。等待100s后，小车以10Hz的速度向左运行，过了右近点信号后，以50Hz的速度向左行走，到达左近点信号后，以10Hz的速度向左行走，到达左限位小车停止。100s后，小车以10Hz的速度向右行走，过左近点信号后以50Hz的速度向右行走。如此反复行走。

2) 向左行走时，按下按钮SB2(变频器内部指令置位)，小车以50Hz的速度行走（若在近点信号位置则以10Hz速度行走）。当到达左近点信号以后，以10Hz速度向左行走。到达左限位时，小车停止行走。等待100s后，小车以10Hz的速度向右行走，过了右左近点信号后，以50Hz的速度向右行走，到达右近点信号后，以10Hz的速度向右行走，到达右限位小车停止。100s后，小车以10Hz的速度向左行走，过右近点信号后以50Hz的速度向右行走。如此反复行走。

3) 停止：按下停止按钮SB3，电动机停止运行。

安邦信 **AMB100** 系列变频器控制小车往返运动电路实物接线图

→37 安邦信AMB100系列变频器分时段频率控制电路

1.原理图

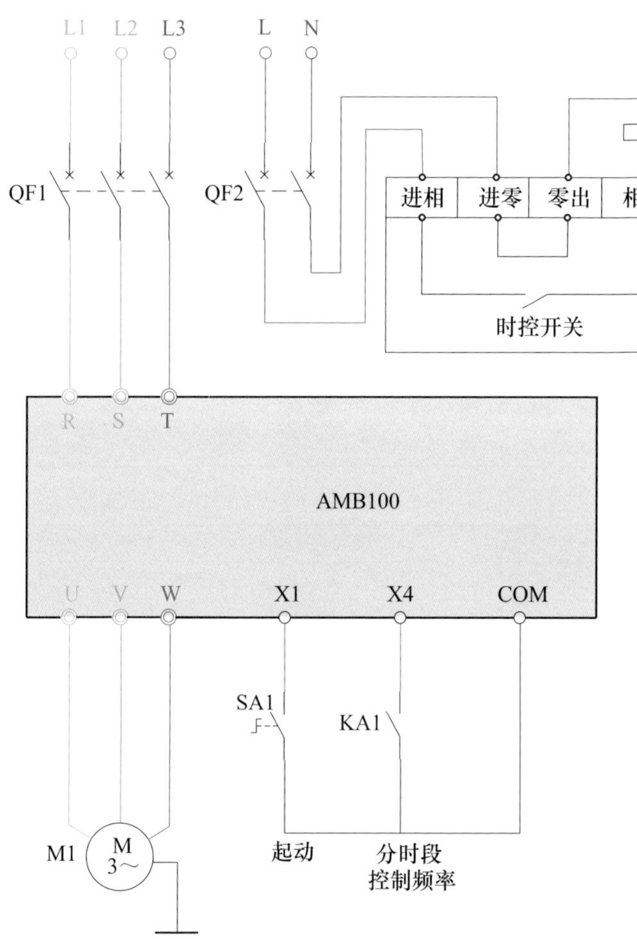

2.元器件明细表

文字符号	名称	型号与选型	电气元件在电路中起的作用
AMB100	变频器	安邦信AMB100-011G/015P-T3	改变电路中的频率，实现无级调速
QF1	3P40A断路器	NXB-63-3P-D40	电源总开关，在主电路中起控制兼保护作用
QF2	2P10A断路器	NXB-63-2P-D10	时控开关断路器
M1	11kW电动机	YE2-90L-2/11kW	将电能转换为机械能
	时控开关	220V时控开关	
SA1	旋转开关	两档自锁型	变频器起动停止
KA1	中间继电器	220V中间继电器	控制频率

3.变频器基本运行参数和电动机参数

功能	参数码	设定值	含义说明	注意事项
恢复出厂设置	F0.12	1	参数恢复出厂设置	
电动机额定电压	F4.04	380.0	根据电动机机型确定	
电动机额定功率	F4.02	2.2	根据电动机机型确定	当变频器大于电动机容量或采用矢量控制时，此参数必须设置
电动机额定电流	F4.05	4.18	根据电动机机型确定	

4.变频器端子及参数含义说明

端子	功能	参数码	设定值	含义说明
	主频率指令	F0.05	4	多段速控制
	运行通道选择	F0.04	1	端子起停（指示灯REMOT闪烁）
	端子控制运行模式	F1.07	0	两线制模式1
X1	多功能输入端子	F1.00	1	正转运行
X4	多功能输入端子	F1.03	12	多段速端子1
	最大输出频率	F0.06	50	
	多段速0	FA.00	100	100%对应最大频率（F0.06）
	多段速1	FA.01		100%对应最大频率（F0.06）
	加速时间	F0.02	10	多段速加速时间
	减速时间	F0.03	2	多段速减速时间

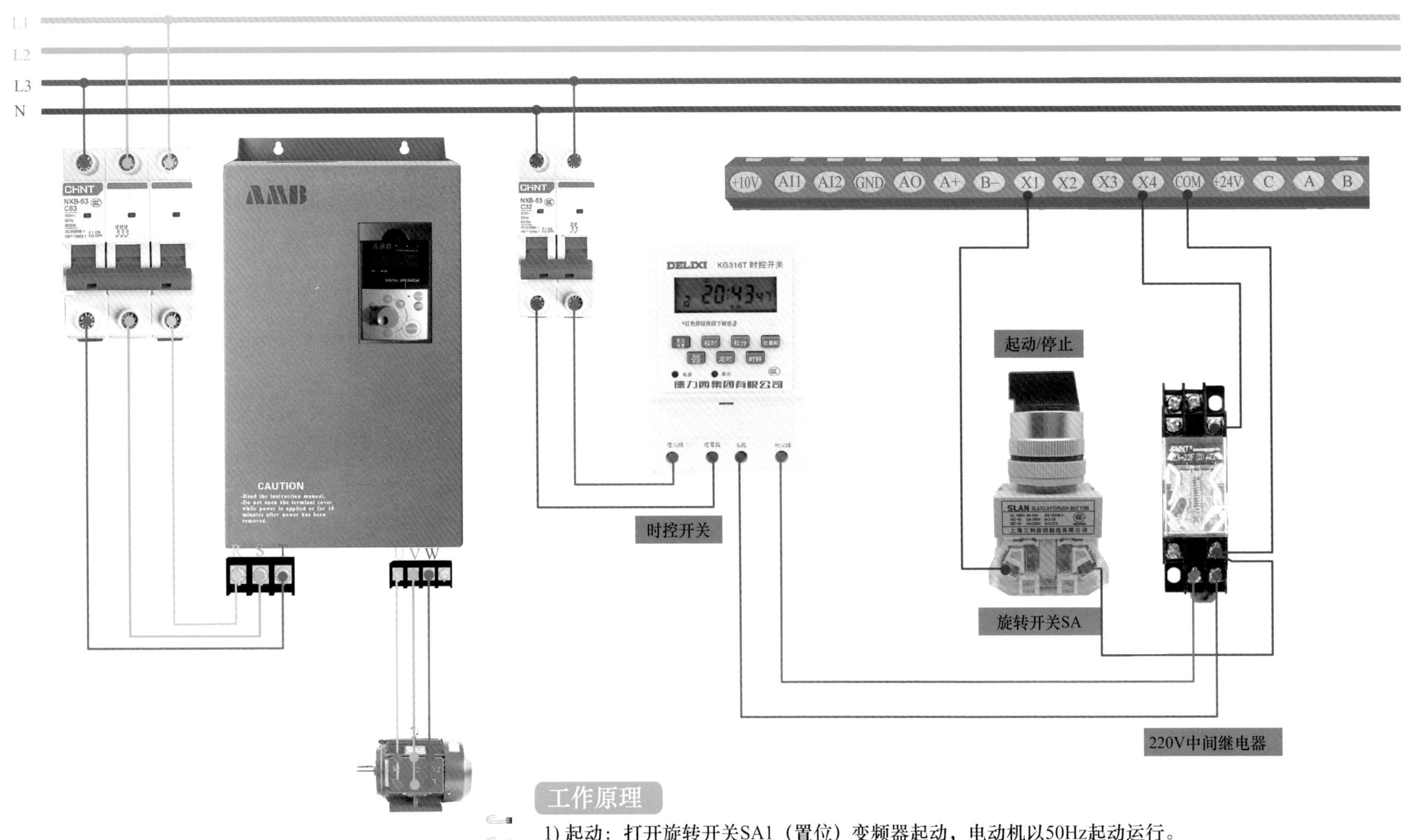

工作原理

1) 起动：打开旋转开关SA1（置位）变频器起动，电动机以50Hz起动运行。
2) 停止：关闭旋转开关SA1（复位）变频器停止，电动机停止运行。
3) 时段频率：通过时控开关设置固定的时间段，控制中间继电器的闭合与断开。中间继电器触点闭合时，执行多段速指令1。

安邦信 AMB100 系列变频器分时段频率控制电路实物接线图

38 手柄开关控制安邦信 AMB100 系列变频器实现电动机正反转与频率控制电路

1.原理图

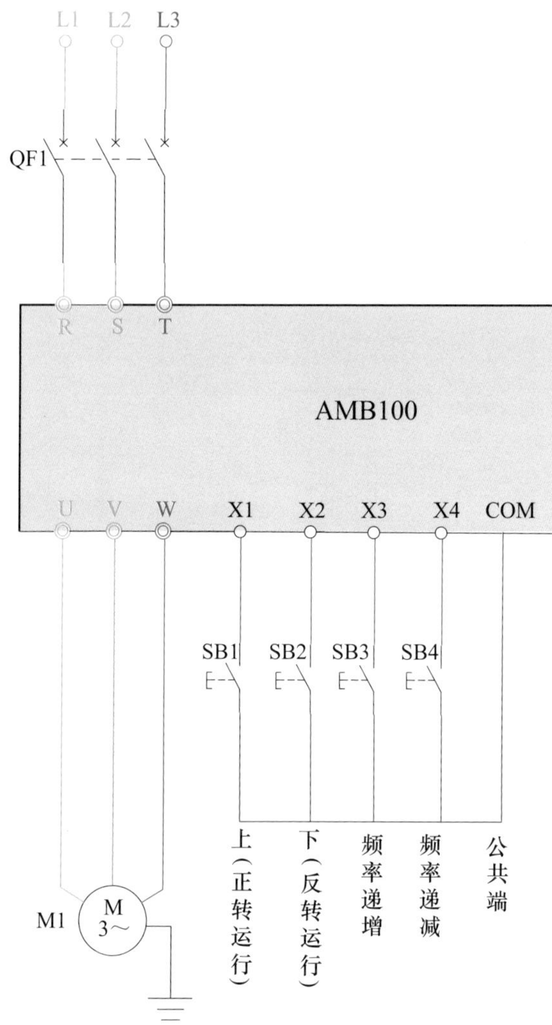

2.元器件明细表

文字符号	名称	型号与选型	电气元件在电路中起的作用
AMB100	变频器	安邦信AMB100-011G/015P-T3	改变电路中的频率，实现无级调速
QF1	3P40A断路器	NXB-63-3P-D40	电源总开关，在主电路中起控制兼保护作用
M	11kW电动机	YE2-90L-2/11kW	将电能转换为机械能
SB	手柄开关	—	上/下/频率递增/频率递减

3.变频器基本运行参数和电动机参数

功能	参数码	设定值	含义说明	注意事项
恢复出厂设置	F0.12	1	参数恢复出厂设置	
加速时间	F0.02	10	根据电动机和工程要求，适当即可	加速过快容易出现过电流
减速时间	F0.03	10	根据电动机和工程要求，适当即可	减速过快，直流母线易出现过电压
电动机额定电压	F4.04	380.0	根据电动机机型确定	
电动机额定功率	F4.02	2.2	根据电动机机型确定	当变频器大于电动机容量或采用矢量控制时，此参数必须设置
电动机额定电流	F4.05	4.18	根据电动机机型确定	

4.变频器端子及参数含义说明

端子	功能	参数码	设定值	含义说明
	主频率指令	F0.05	0	主频率由面板上的按键设定
	运行通道选择	F0.04	1	端子指令通道（指示灯MODE闪烁）
	端子控制运行模式	F1.07	0	两线制模式1
X1	多功能输入端子	F1.00	1	正转运行
X2	多功能输入端子	F1.01	2	反转运行
X3	多功能输入端子	F1.02	9	频率递增
X4	多功能输入端子	F1.03	10	频率递减

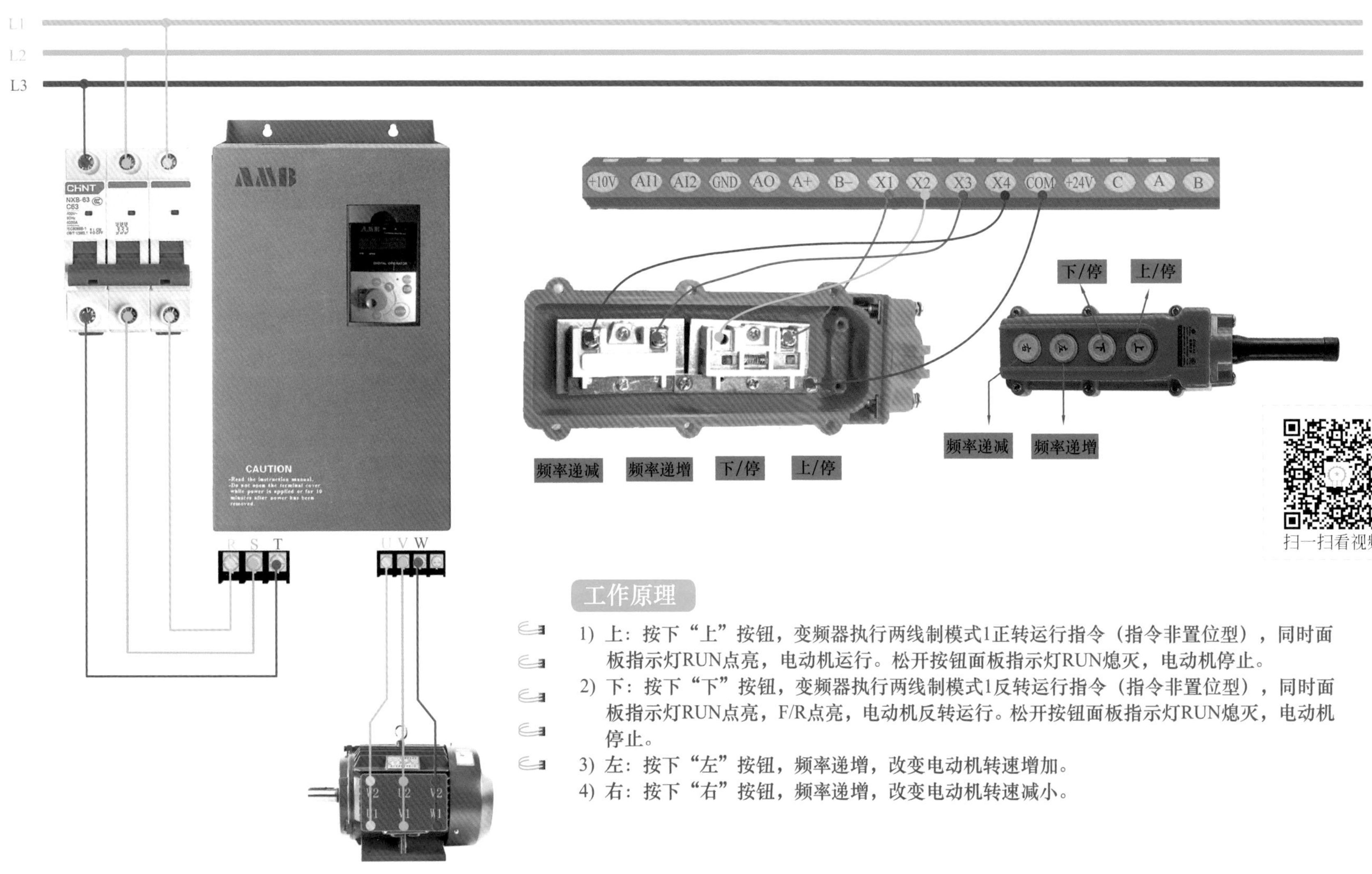

工作原理

1) 上：按下“上”按钮，变频器执行两线制模式1正转运行指令（指令非置位型），同时面板指示灯RUN点亮，电动机运行。松开按钮面板指示灯RUN熄灭，电动机停止。
2) 下：按下“下”按钮，变频器执行两线制模式1反转运行指令（指令非置位型），同时面板指示灯RUN点亮，F/R点亮，电动机反转运行。松开按钮面板指示灯RUN熄灭，电动机停止。
3) 左：按下“左”按钮，频率递增，改变电动机转速增加。
4) 右：按下“右”按钮，频率递增，改变电动机转速减小。

手柄开关控制安邦信 **AMB100** 系列变频器实现电动机正反转与频率控制电路实物接线图

→39 安邦信 AMB100 系列变频器遥控、本地控制切换电路

1.原理图

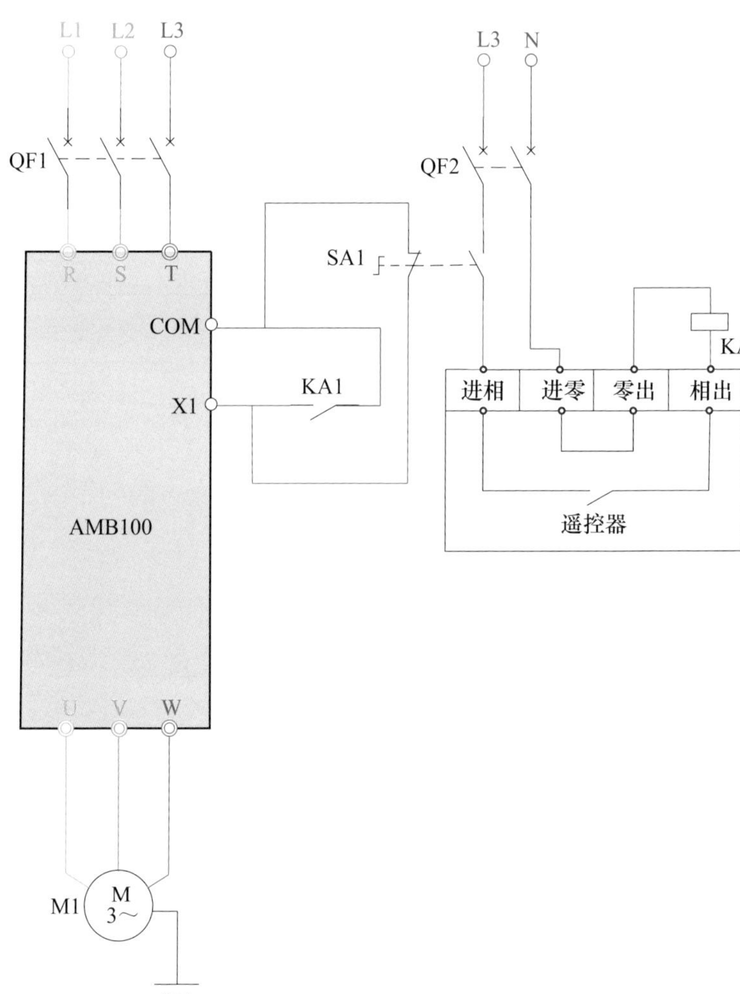

2.元器件明细表

文字符号	名称	型号与选型	电气元件在电路中起的作用
AMB100	变频器	安邦信AMB100-011G/015P-T3	改变电路中的频率，实现无级调速
QF1	3P40A断路器	NXB-63-3P-D40	电源总开关，在主电路中起控制兼保护作用
QF2	2P10A断路器	NXB-63-2P-D10	遥控开关断路器
M1	11kW电动机	YE2-90L-2/11kW	将电能转换为机械能
	遥控器	220V自锁遥控器	遥控控制变频起动停止
SA1	旋转开关	三档双常开	模式切换
KA1	中间继电器	220V中间继电器	控制频率

3.变频器基本运行参数和电动机参数

功能	参数码	设定值	含义说明	注意事项
恢复出厂设置	F0.12	1	参数恢复出厂设置	
加速时间	F0.02	10	根据电动机和工程要求，适当即可	加速过快容易出现过电流
减速时间	F0.03	10	根据电动机和工程要求，适当即可	减速过快，直流母线易出现过电压
电动机额定电压	F4.04	380.0	根据电动机机型确定	
电动机额定功率	F4.02	2.2	根据电动机机型确定	当变频器大于电动机容量或采用矢量控制时，此参数必须设置
电动机额定电流	F4.05	4.18	根据电动机机型确定	

4.变频器端子及参数含义说明

端子	功能	参数码	设定值	含义说明
	主频率指令	F0.05	0	主频率由面板上的按钮键控制
	运行通道选择	F0.04	1	端子指令通道(指示灯REMOT闪烁)
	端子控制运行模式	F1.07	0	两线制模式1
X1	多功能输入端子	F1.00	1	正转运行

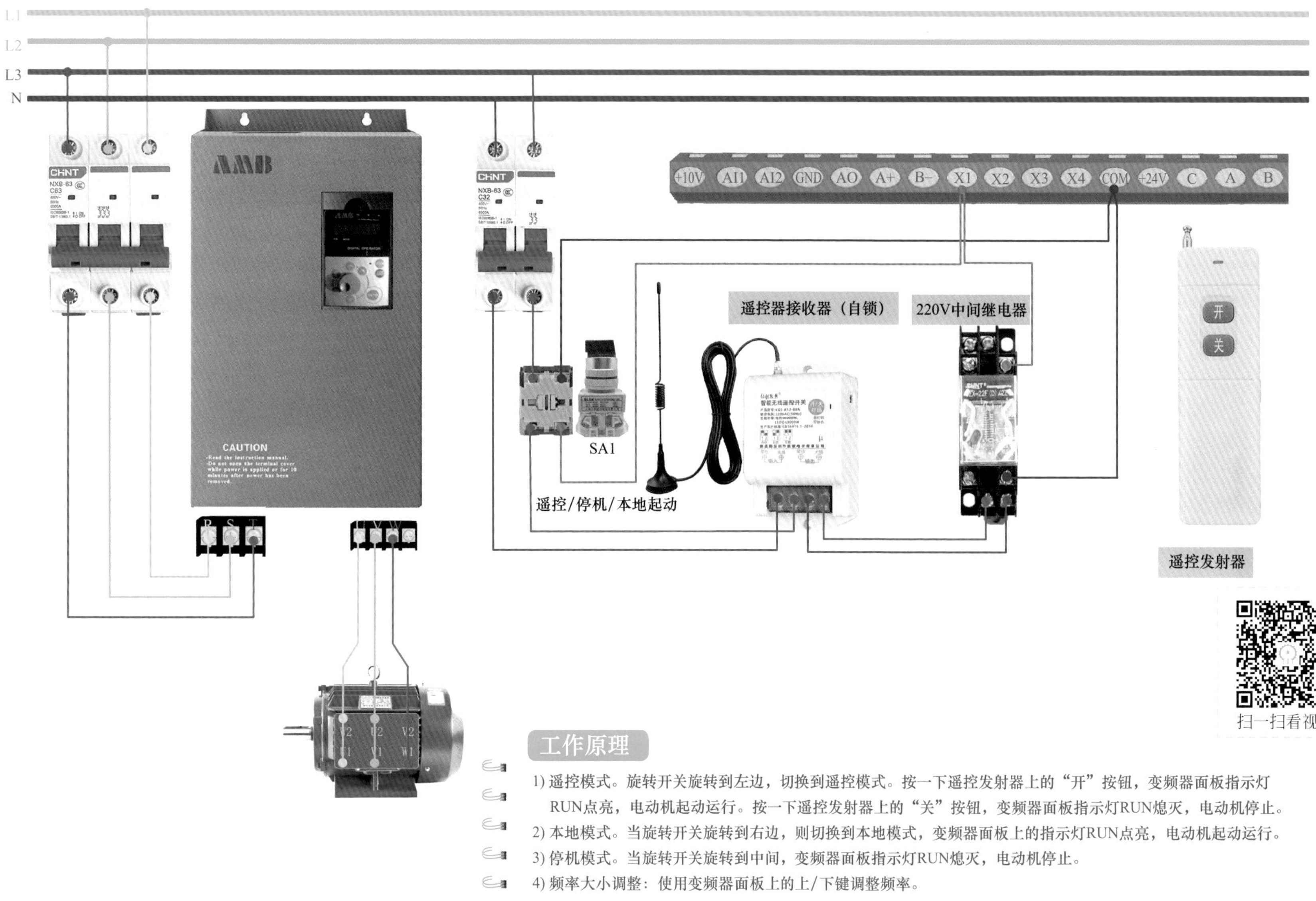

工作原理

1) 遥控模式。旋转开关旋转到左边，切换到遥控模式。按一下遥控发射器上的“开”按钮，变频器面板指示灯RUN点亮，电动机起动运行。按一下遥控发射器上的“关”按钮，变频器面板指示灯RUN熄灭，电动机停止。

2) 本地模式。当旋转开关旋转到右边，则切换到本地模式，变频器面板上的指示灯RUN点亮，电动机起动运行。

3) 停机模式。当旋转开关旋转到中间，变频器面板指示灯RUN熄灭，电动机停止。

4) 频率大小调整：使用变频器面板上的上/下键调整频率。

安邦信 **AMB100** 系列变频器遥控、本地控制切换电路实物接线图

第四章

变频器的通信接口调试及触摸屏连接

→1 变频器的串行接口连接

现在，工控领域很多设备都带有通信功能，比如变频器、温度采集模块、重量采集模块等，在通信时经常会涉及一些调试和测试。很多时候会借助计算机和一些软件进行调试与测试。现如今，笔记本电脑基本上都不带RS-232和RS-485通信接口，只能通过USB转RS-232/RS-485接口进行连接，具体连接见下图。

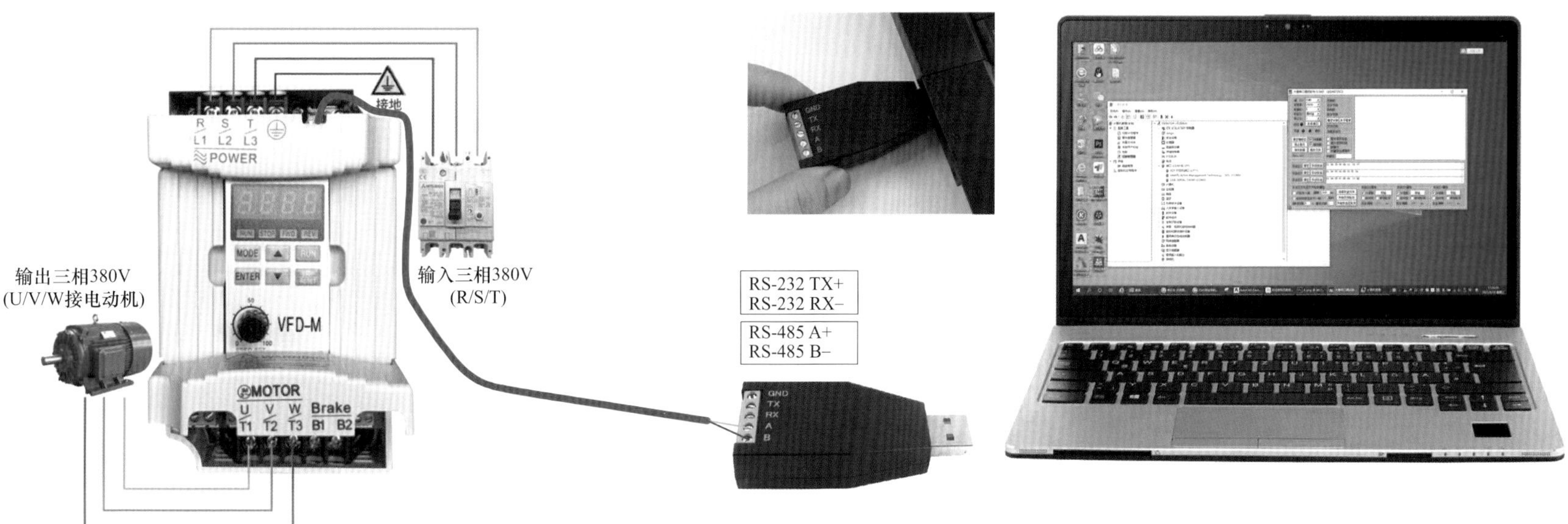

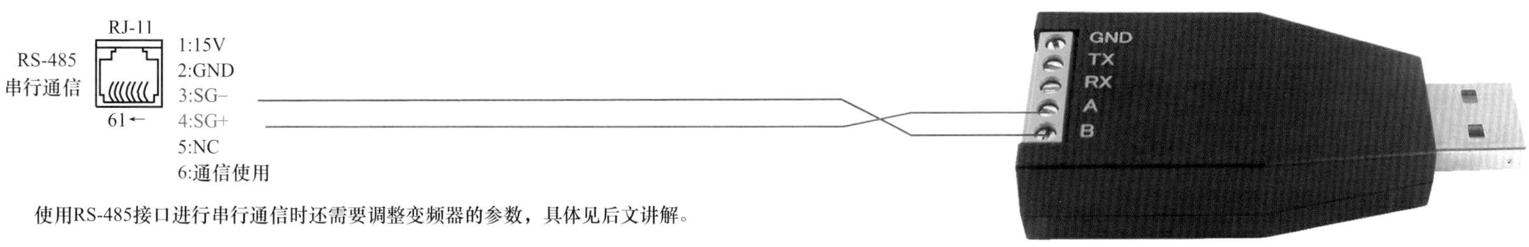

使用RS-485接口进行串行通信时还需要调整变频器的参数，具体见后文讲解。

USB转RS-232/RS-485接口

→2 调试串口 Modbus RTU 测试台达 M 系列变频器的方法

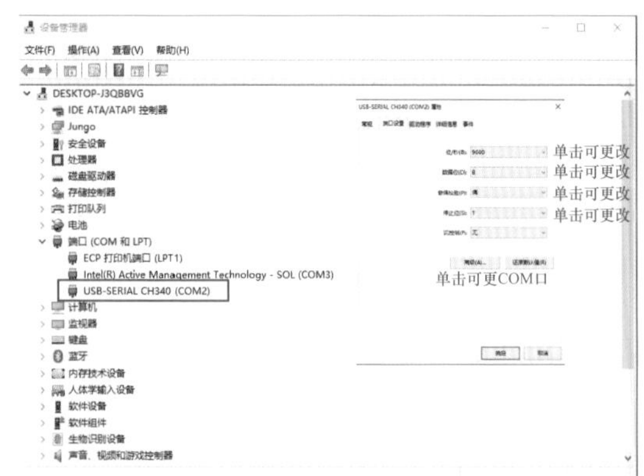

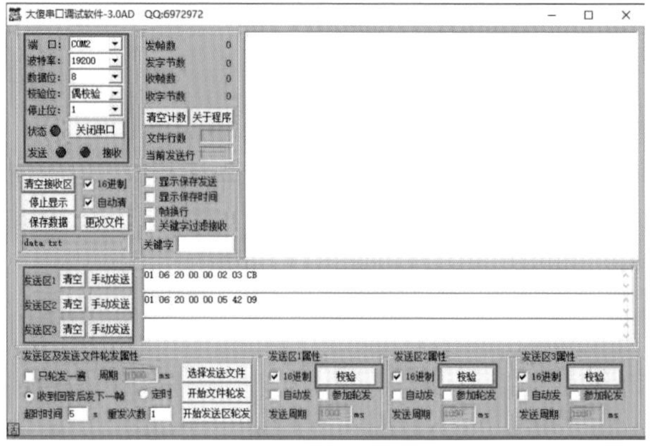

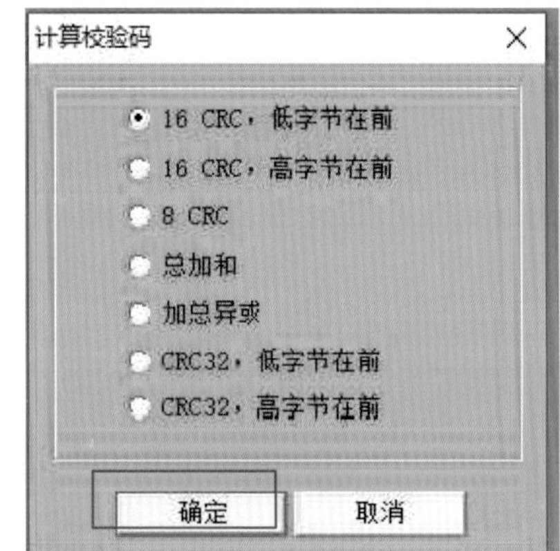

端口：需要设置为所插入的转换器，可以用鼠标右键单击“我的电脑”→“设备管理”→“端口”中查看，如果没找到端口就需要装驱动，可以下载驱动精灵查找驱动安装。端口设定要与软件设置一样

波特率：变频器所设定的波特率与串口所设置一样

数据位：变频器所设定的数据位与串口所设置一样

校验位：变频器所设定校验位与串口所设置一样

停止位：一般为1位

功能码与数据内容(协议规定，直接使用）如下：

01H：读取线圈状态

02H：读取输入状态（开关量）

03H：读取保持寄存器内容

04H：读取输入寄存器内容

06H：写入一批数据至寄存器

10H：写入多批数据至寄存器

ModbusRTUS报文格式							
通信地址（站号）	功能码	数据地址（高字节）	数据地址（低字节）	数据内容（高字节）	数据内容（低字节）	校验码	校验码
						用调试软件校验即可	用调试软件校验即可

举例：通过调试串口Modbus RTU测试台达系列变频器控制电动机正转起动、反转起动和停止。

在发送区1输入01 06 20 00 00 12 单击“校验”，软件将自动把校验位填写到发送区，单击“手动发送”，变频器控制电动机正转。

在发送区2输入01 06 20 20 00 22 单击“校验”，软件将自动把校验位填写到发送区，单击“手动发送”，变频器控制电动机反转。

在发送区3输入01 06 20 20 00 01 单击“校验”，软件将自动把校验位填写到发送区，单击“手动发送”，变频器控制电动机停止。

详细分解报文由来

驱动命令功能二进制表						
15bit~6bit	5bit	4bit	3bit	2bit	1bit	0bit
保留（全部补零）	0	0	保留(全部补零)		0	0
	0	1			0	1
	1	0			1	0
	1	1			1	1

无功能　　无功能
正转指令　　启动命令
反转指令　　停止命令
改变方向指令　　点动命令

正转起动 010010（二进数） 18（十进制） 12（十六进制）
反转起动 100010（二进数） 34（十进数） 22（十六进制）
停止 000001（二进数） 1（十进数） 1（十六进制）

Modbus RTU 报文填写								
	变频器P88设定值	协议规定	变频器驱动器命令地址2000		功能说明将二进制转十六进制		用调试软件校验即可	用调试软件校验即可
	通信地址（站号）	功能码	数据地址(高字节)	数据地址（低字节）	数据内容（高字节）	数据内容（低字节）	校验码	校验码
正转起动	01	06	20	00	00	12	02	07
反转起动	01	06	20	00	00	22	02	13
停止	01	06	20	00	00	01	43	CA

调试串口 Modbus RTU 设置台达 M 系列变频器参数

若要与变频器通信，首先要对变频器的相关参数进行调整。具体调整参数见下表。

通信参数设定选择

参数码	参数功能	设定范围	出厂值	用户设定值
P00	主频率输入来源设定	00：主频率输入由数字操作器控制 01：主频率输入由模拟量信号 0～10V 输入（AVI） 02：主频率输入由模拟量信号 4～20mA 输入（ACI） 03：主频率输入通信输入（RS-485） 04：主频率输入由数字操作器上旋钮	00	03
P01	运转信号来源设定	00：运转指令由数字操作器控制 01：运转指令由外部端子控制，面板上的 STOP 键有效 02：运转指令由外部端子控制，面板上的 STOP 键无效 03：运转指令由通讯输入控制，面板上的 STOP 键有效 04：运转指令由通讯输入控制，面板上的 STOP 键无效	00	03 或 04
P88	RS-485 通信地址	01～254	01	01
P89	数据传输速度	00：数据传送速度，4800bit/s 01：数据传送速度，9600bit/s 02：数据传送速度，19200bit/s 03：数据传送速度，4800bit/s	01	02
P90	传输错误处理，停车方式	00：警告并继续运转 01：警告并减速停车 02：警告并自由停车 03：不警告继续运转（调试串口使用时可以设置为 03）	3	2
P91	传输超时检出	00：无传输超时检出　01：1～120s	0	0
P92	通信数据格式	00：Modbus ASCII 模式，数据格式（7，N，2） 01：Modbus ASCII 模式，数据格式（7，E，1） 02：00：Modbus ASCII 模式，数据格式（7，0，1） 03：00：Modbus RTU 模式，数据格式（8，N，2） 04：00：Modbus RTU 模式，数据格式（8，E，1） 05：00：Modbus RTU 模式，数据格式（8，0，1）	0	4
P157	通信模式选择	00：Delta ASCII 01：Modbus	01	01

→4 台达 M 系列变频器的通信协议地址

定义	参数地址	功能说明	
驱动器内部设定参数	00nnH	nn 表示参数号码。例如：P100 由 0064H 来表示	
对驱动器的命令	2000H	bit0 ~ 1	00B：无功能
			01B：停止
			10B：起动
			11B：JOG 起动
		bit2 ~ 3 保留	
		bit4 ~ 5	00B：无功能
			01B：正方向指令
			10B：反方向指令
			11B：改变方向指令
		bit6 ~ 15	保留
	2001H	频率命令	
对驱动器的命令	2002H bit0		1：E. F. ON
		bit1	1：Reset 指令
		bit2 ~ bit15 保留	
监视驱动器状态	2100H	错误码（Error code）	
		00：无异常	
		01：过电流 oc	
		02：过电压 ov	
		03：过热 oH	
		04：驱动器过负载 oL	
		05：电动机过负载 oL1	
		06：外部异常 EF	
		07：CPU 输入有问题 Cf1	
		08：CPU 或模拟电路有问题 Cf3	
		09：硬件数字保护线路有问题 HPF	
		10：加速中过电流 ocA	
		11：减速中过电流 ocd	
		12：恒速中过电流 ocn	
		13：对地短路 GFF	
		14：低电压 Lv	
		15：保留	
		16：CPU 读出有问题 CF2	
		17：b. b.	
		18：过转矩 oL2	
		19：不适用自动加减速设定 cFA	
		20：软件密码保护 CodE	

（续）

定义	参数地址	功能说明	
监视驱动器状态	2101H bit	0 4 LED 状态	0：暗，1：亮
			RUN、STOP、JOG、FWD、REV
			BIT0　1　2　3　4
		bit5，6，7 保留	
		bit8	1：主频率来源由通信界面
		bit9	1：主频率来源由模拟信号输入
		bit10	1：运转指令由通信界面
		bit11	1：参数锁定
		bit12	0：停机，1：运转中
		bit13	1：有 JOG 指令
		bit14、bit15 保留	
	2102H	频率指令（F）（小数二位）	
	2103H	输出频率（H）（小数二位）	
	2104H	输出电流（A）（小数一位）	
	2105H	DC-BUS 电压（U）（小数一位）	
	2106H	输出电压（E）（小数一位）	
	2107H	多段速指令目前执行的段速（step）	
	2108H	程序运转该段速剩余时间（sec）	
	2109H	外部 TRIGER 的内容值（count）	
	210AH	功因角对应值（小数一位）	
	210BH	P65 x H 的 Low Word（小数二位）	
	210CH	P65 x H 的 High Word	
	210DH	变频器温度（小数一位）	
	210EH	PID 反馈信号（小数二位）	
	210FH	PID 目标值（小数二位）	
	2110H	变频器种类识别	

解释说明：参数地址数字后面带 H 的，表示为十六进制数；bit 代表位；B 代表二进制数。

举例：表格中驱动参数含义？

通过表格发现地址 2000H 是驱动命令的地址。地址为十六进制的 2000。

驱动命令里面包含停止命令、启动命令、点动命令、正方向指令、反方向指令、改变方向指令，而这些命令都是用二进制表示的。

5 威纶触摸屏通过 Modbus RTU 控制台达 M 系列变频器 1

案例要求:

用威纶触摸屏TK8071IP实现与台达M系列变频器的通信，实现控制电动机正转、反转、停机。其实物连接如下所示。

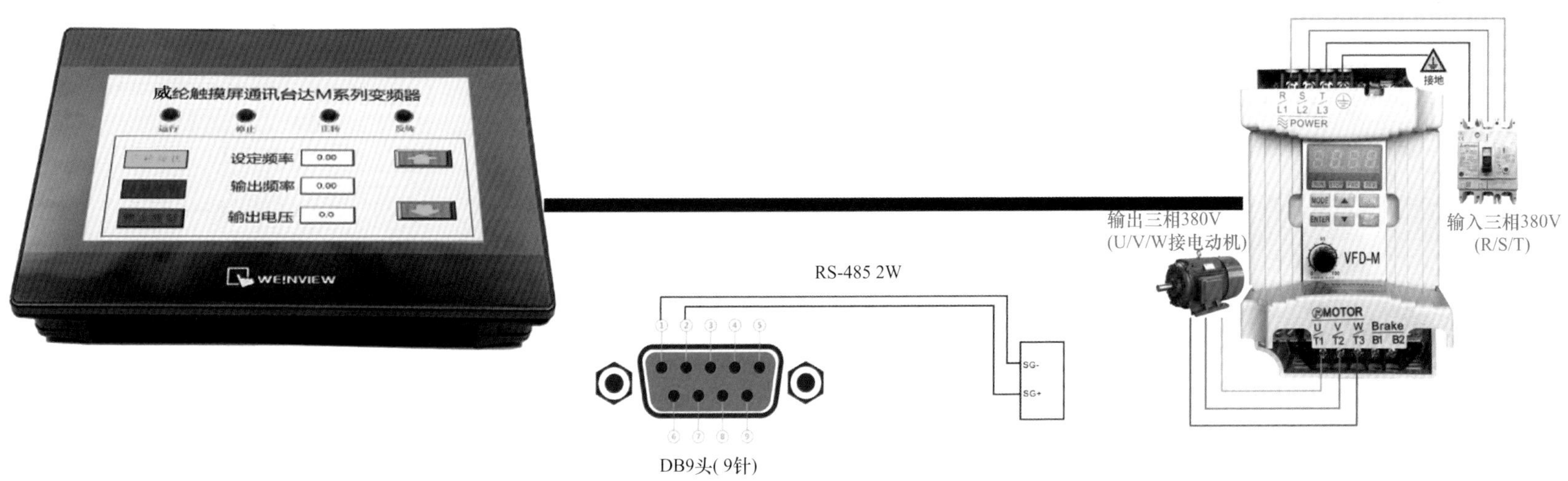

规划说明:

台达M系列变频器的参数设置为 P00=03 (主频率输入通道(RS-485)

P01=03 (运转指令由通信输入控制，面板按钮STOP无效)

P88=01 (通信地址设定)

P89=02 (数据传送速度，19200bit/s)

P90=03(不警告继续运行)

P92=04 (Modbus RTU模式，数据格式(8, E, 1)

P157=01(通信模式选择Modbus RTU)

→6 威纶触摸屏通过 Modbus RTU 控制台达 M 系列变频器 2

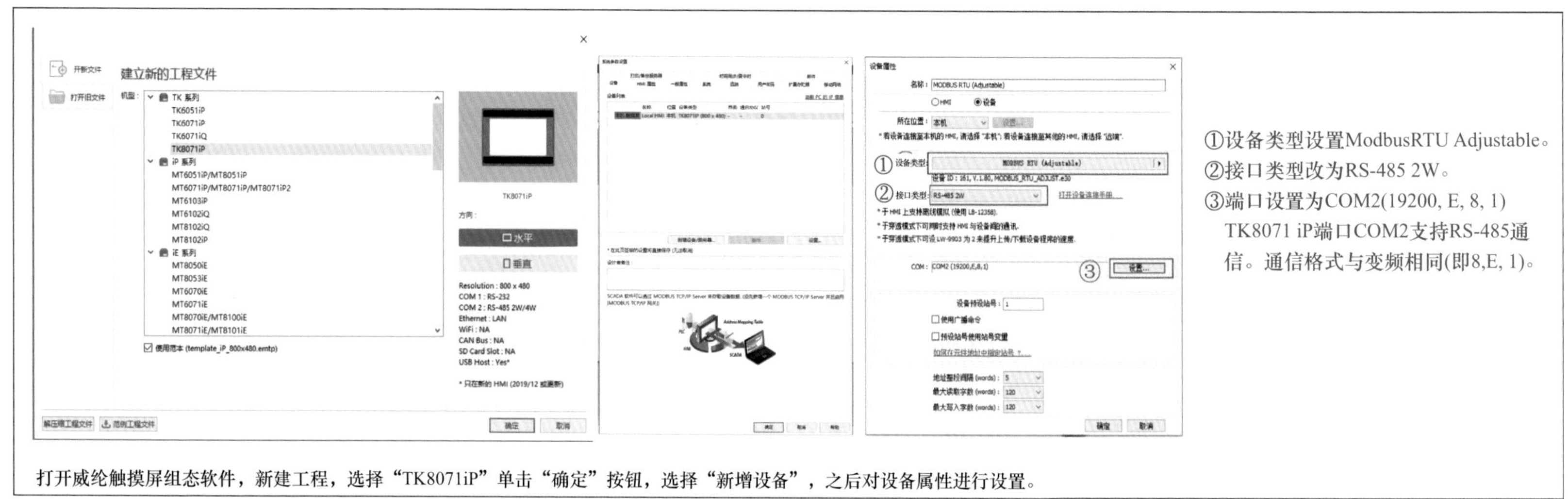

建立新的工程文件
①设备类型设置ModbusRTU Adjustable。
②接口类型改为RS-485 2W。
③端口设置为COM2(19200, E, 8, 1)
TK8071 iP端口COM2支持RS-485通信。通信格式与变频相同(即8,E, 1)。

打开威纶触摸屏组态软件，新建工程，选择“TK8071iP”单击“确定”按钮，选择“新增设备”，之后对设备属性进行设置。

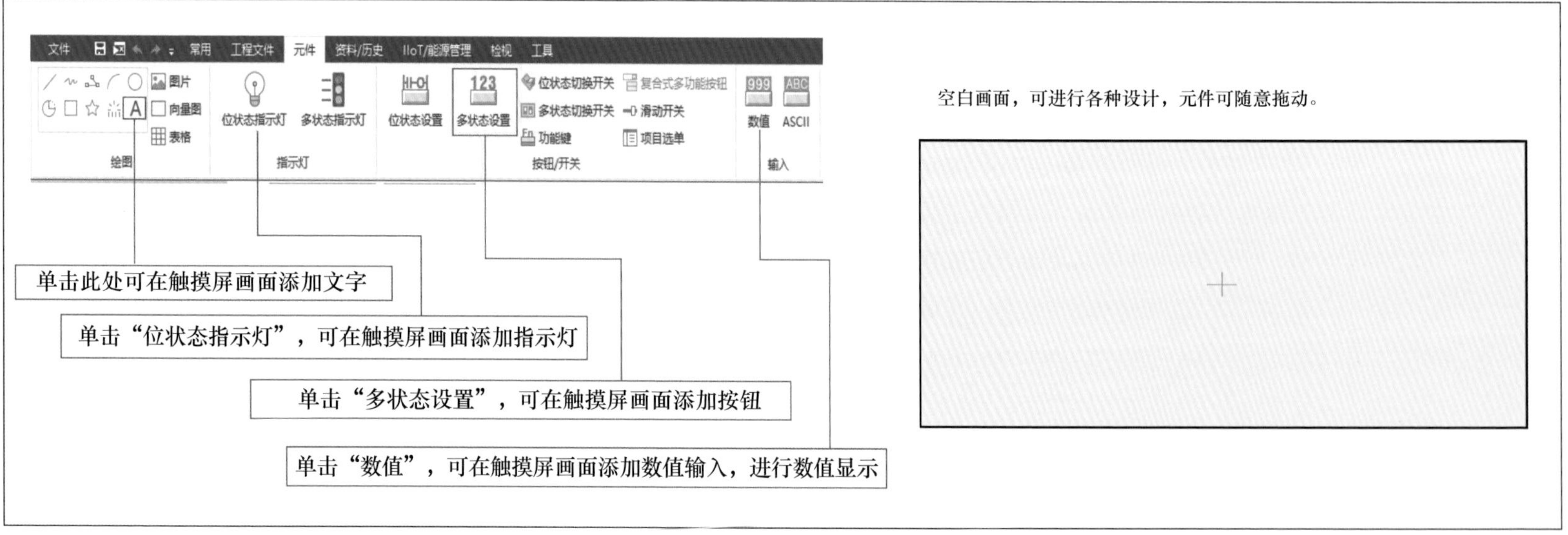

空白画面，可进行各种设计，元件可随意拖动。

→7 威纶触摸屏通过 Modbus RTU 控制台达 M 系列变频器 3

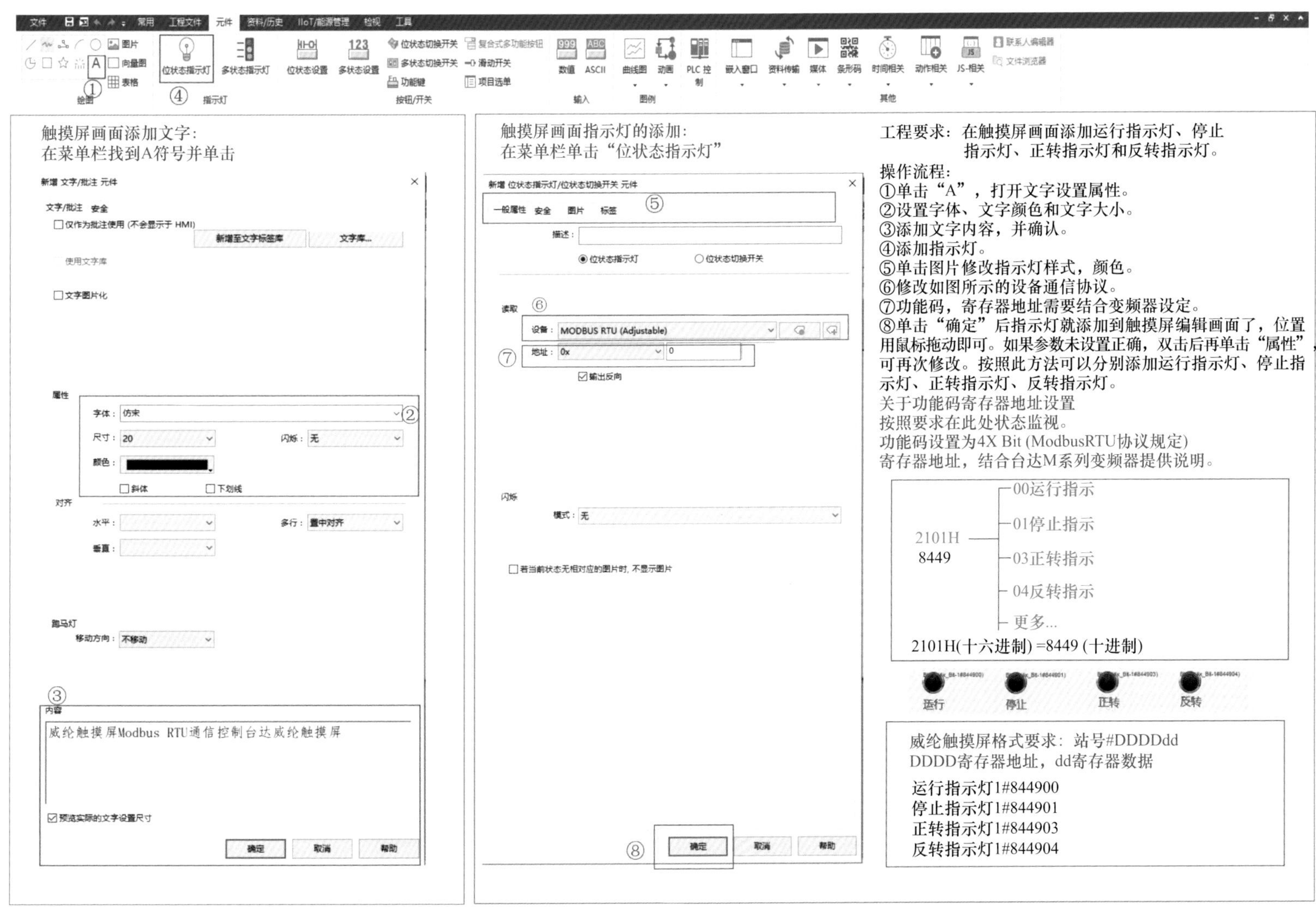

触摸屏画面添加文字:
在菜单栏找到A符号并单击
触摸屏画面指示灯的添加:
在菜单栏单击“位状态指示灯”
工程要求：在触摸屏画面添加运行指示灯、停止指示灯、正转指示灯和反转指示灯。
操作流程:
①单击“A”，打开文字设置属性。
②设置字体、文字颜色和文字大小。
③添加文字内容，并确认。
④添加指示灯。
⑤单击图片修改指示灯样式，颜色。
⑥修改如图所示的设备通信协议。
⑦功能码，寄存器地址需要结合变频器设定。
⑧单击“确定”后指示灯就添加到触摸屏编辑画面了，位置用鼠标拖动即可。如果参数未设置正确，双击后再单击“属性”，可再次修改。按照此方法可以分别添加运行指示灯、停止指示灯、正转指示灯、反转指示灯。
关于功能码寄存器地址设置
按照要求在此处状态监视。
功能码设置为4X Bit (ModbusRTU协议规定)
寄存器地址，结合台达M系列变频器提供说明。
2101H
8449
00运行指示
01停止指示
03正转指示
04反转指示
更多...
2101H(十六进制) =8449 (十进制)
运行
停止
正转
反转
威纶触摸屏格式要求：站号#DDDDdd
DDDD寄存器地址，dd寄存器数据
运行指示灯1#844900
停止指示灯1#844901
正转指示灯1#844903
反转指示灯1#844904
新增 文字/批注 元件
新增至文字标签库
文字库...
字体：仿宋
尺寸：20
闪烁：无
斜体
下划线
多行：置中对齐
跑马灯
移动方向：不移动
内容
威纶触摸屏Modbus RTU通信控制台达威纶触摸屏
确定
取消
帮助
新增 位状态指示灯/位状态切换开关 元件
一般属性
安全
图片
标签
位状态指示灯
位状态切换开关
设备：MODBUS RTU (Adjustable)
地址：0x
输出反向
闪烁
模式：无

→ 8 威纶触摸屏通过 Modbus RTU 控制台达 M 系列变频器 4

工程要求：在触摸屏画面添加正转起动按钮、反转起动按钮和停止按钮。
操作流程：
①单击“多状态设置”，添加按钮。
②单击图片，可以选择按钮样式与颜色，单击标签可在按钮添加文字。
③修改如图所示的设备通信协议。功能码设置为6x，寄存器地址设置8192(参考变频器通信参数)。
④写入寄存数据(参考变频器通信参数)。
⑤单击“确定”按钮后按钮就添加到触摸屏编辑画面了，位置用鼠标拖动即可。如果参数未设置正确，双击后再单击“属性”，可再次修改。按照此方法可以分别添正转起动按钮、反转起动按钮、停止按钮。
关于功能码寄存器地址设置讲解。
按照要求在此处状态监视。
功能码设置为6x Bit (ModbusRTU协议规定)。
寄存器地址，结合台达变频M系列提供说明。
通过变频器手册得知
起动命令+正转指令=正转起动 18=10010(二进制)
起动命令+反转指令=反转起动 34=100010 (二进制)
停止1=1 (二进制)
2000H
8192
停止命令
起动命令
正转指令
反转指令
更多...
2000H (十六进制) =8192 (十进制)
正转运行1#8192 常数18 (1#代表1号从站 8192变频寄存地址 18写入数据)
反转运行1#8192 常数34 (1#代表1号从站 8192变频寄存地址 34写入数据)
停止 1#8192 常数01 (1#代表1号 从站 8192变频寄存地址 01写入数据)
SW_2 (6x-1#8192)
正转按钮
反转按钮
停止按钮
新增 多状态设置 元件
一般属性 安全 图片 标签
描述：
写入
设备 MODBUS RTU (Adjustable)
地址 6x 0 16-bit Unsigned
当按钮松开后发出指令
通知
启用
属性
模式：写入常数
设置常数：0
确定 取消 帮助
①
②
③
④
⑤

→ 9　威纶触摸屏通过 Modbus RTU 控制台达 M 系列变频器 5

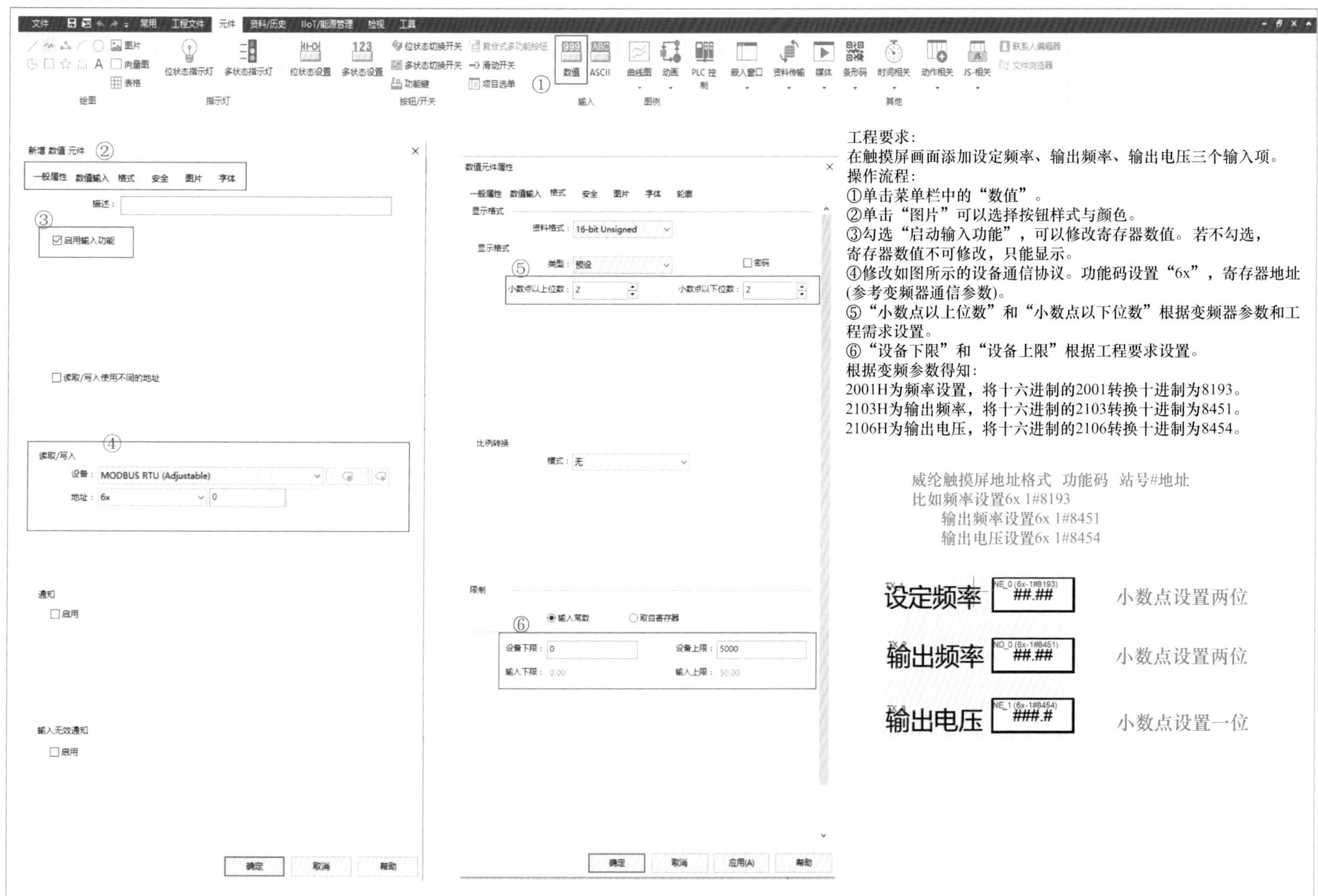

工程要求：
在触摸屏画面添加设定频率、输出频率、输出电压三个输入项。
操作流程：
①单击菜单栏中的“数值”。
②单击“图片”可以选择按钮样式与颜色。
③勾选“启动输入功能”，可以修改寄存器数值。若不勾选，寄存器数值不可修改，只能显示。
④修改如图所示的设备通信协议。功能码设置“6x”，寄存器地址(参考变频器通信参数)。
⑤“小数点以上位数”和“小数点以下位数”根据变频器参数和工程需求设置。
⑥“设备下限”和“设备上限”根据工程要求设置。
根据变频参数得知：
2001H为频率设置，将十六进制的2001转换十进制为8193。
2103H为输出频率，将十六进制的2103转换十进制为8451。
2106H为输出电压，将十六进制的2106转换十进制为8454。
威纶触摸屏地址格式　功能码　站号#地址
比如频率设置6x 1#8193
输出频率设置6x 1#8451
输出电压设置6x 1#8454
设定频率
##.##
小数点设置两位
输出频率
##.##
小数点设置两位
输出电压
###.#
小数点设置一位

→10 威纶触摸屏通过 Modbus RTU 控制台达 M 系列变频器 6

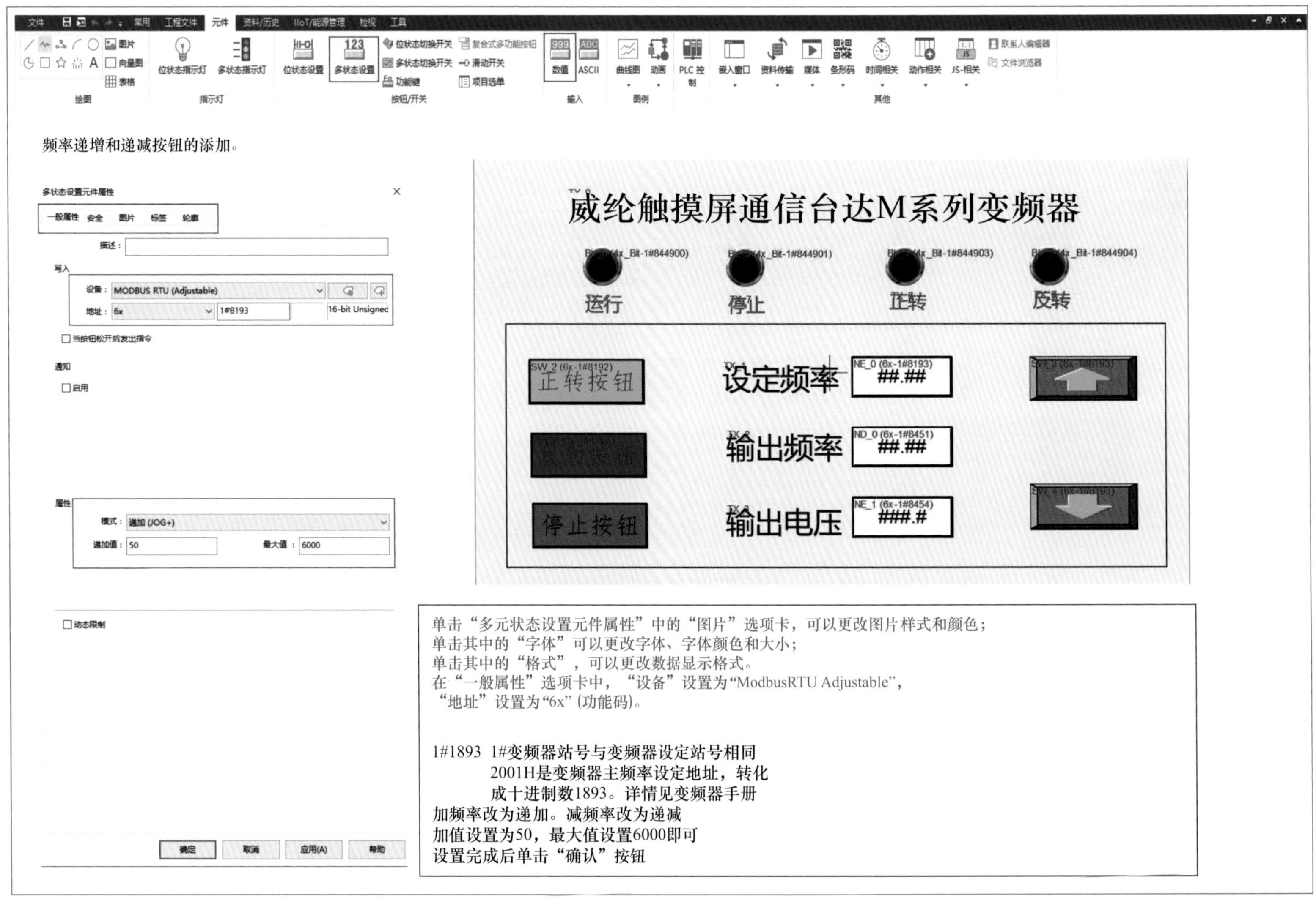

频率递增和递减按钮的添加。
多状态设置元件属性
一般属性 安全 图片 标签 轮廓
描述：
写入
设备： MODBUS RTU (Adjustable)
地址： 6x 1#8193 16-bit Unsigned
当按钮松开后发出指令
通知
启用
属性
模式： 递加 (JOG+)
递加值： 50 最大值： 6000
动态限制
确定 取消 应用(A) 帮助
威纶触摸屏通信台达M系列变频器
运行
停止
正转
反转
正转按钮
停止按钮
设定频率
输出频率
输出电压
##.##
##.##
###.#
单击“多元状态设置元件属性”中的“图片”选项卡，可以更改图片样式和颜色；
单击其中的“字体”可以更改字体、字体颜色和大小；
单击其中的“格式”，可以更改数据显示格式。
在“一般属性”选项卡中，“设备”设置为“ModbusRTU Adjustable”，
“地址”设置为“6x”(功能码)。
1#1893 1#变频器站号与变频器设定站号相同
2001H是变频器主频率设定地址，转化
成十进制数1893。详情见变频器手册
加频率改为递加。减频率改为递减
加值设置为50，最大值设置6000即可
设置完成后单击“确认”按钮

第五章

图解 PLC 控制电路接线

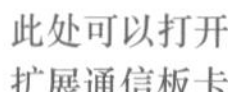

三菱 FX3U PLC 硬件详解

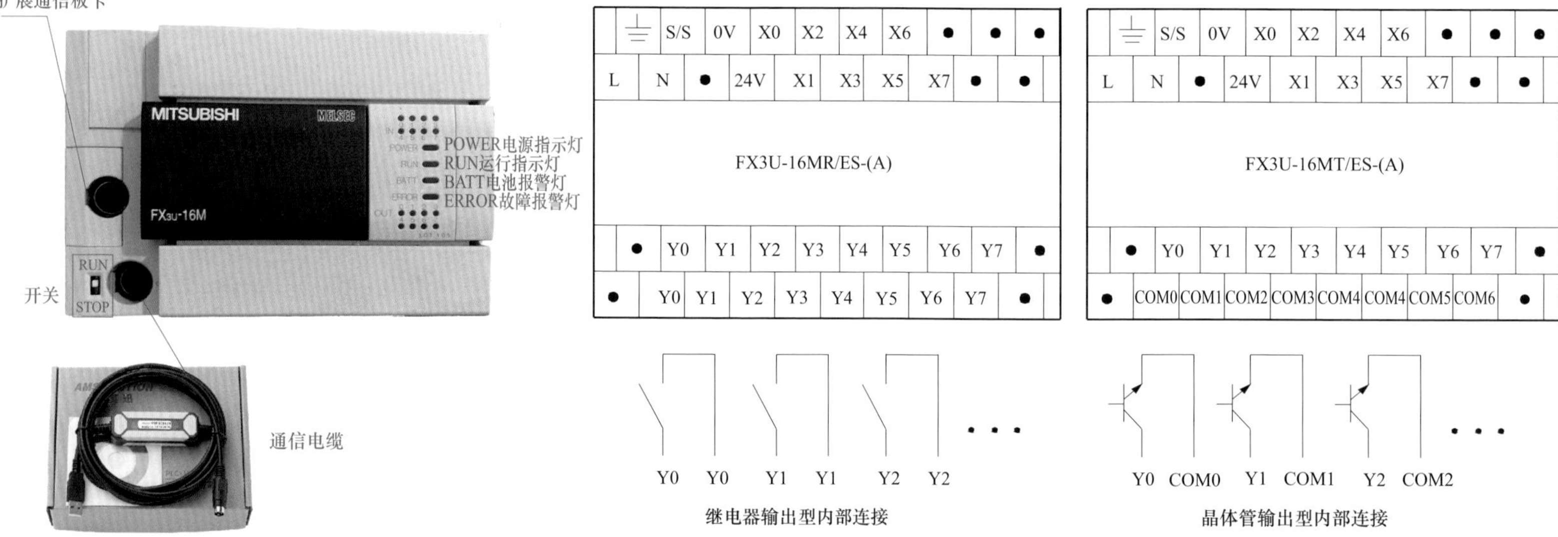

继电器输出型内部连接　　　晶体管输出型内部连接

三菱PLC可分为继电器输出型、晶体管输出型。其区别如下：

1.负载电压电流不同

继电器输出型可以承载0~220V交流直流电压，可以承受2A电流；而晶体管输出型只能带24V的负载，承受的电流为0.2~0.3A。

2.负载能力不同

晶体管输出型承受负载的能力小于继电器输出型承受负载的能力。使用晶体管输出型PLC时，一般都需要加中间继电器或者固态继电器进行过渡。

3.响应速度不同

晶体管输出型响应速度高于继电器输出型速度。晶体管输出型可以发送脉冲信号，配合步进伺服做定位控制，而继电器输出型PLC不可以。

4.动作寿命不同

继电器输出型内部属于机械元件，在额定工作情况下，有动作次数寿命，而晶体管属于电子元器件，没有使用次数限制。

2 三菱FX3U PLC源型、漏型输入接法

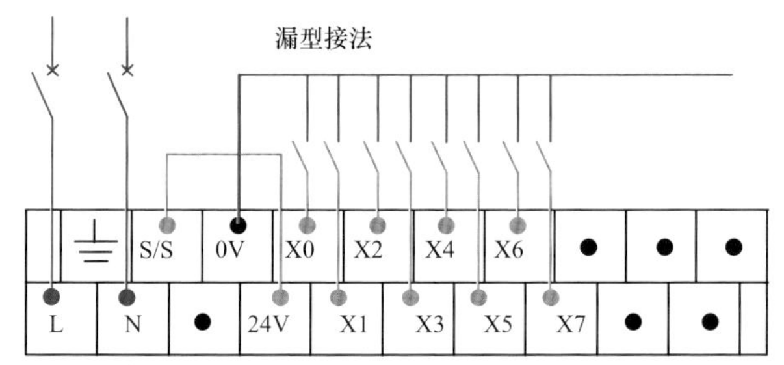

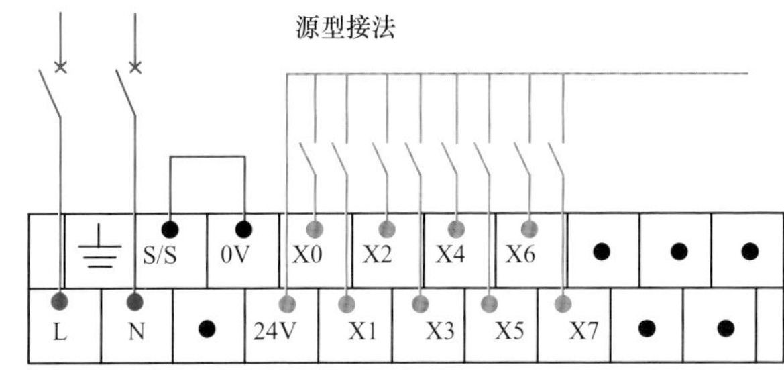

直流24V接线端子的使用

在FX3U PLC中，24V端子和0V端子是PLC内部直流电源，是输入端子感应器元件（如接近开关、光电开关）的工作电源，向每一个传感器提供7mA左右的工作电流。需要注意的是，24V端子不是要求接入24V直流电源，任何电源都不能接到这个端子上，否则会烧坏PLC。

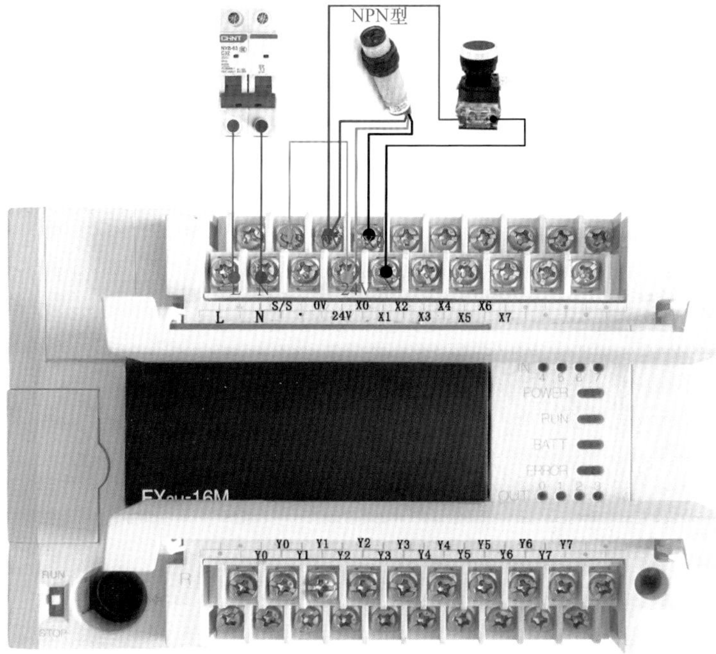

漏型接法应用

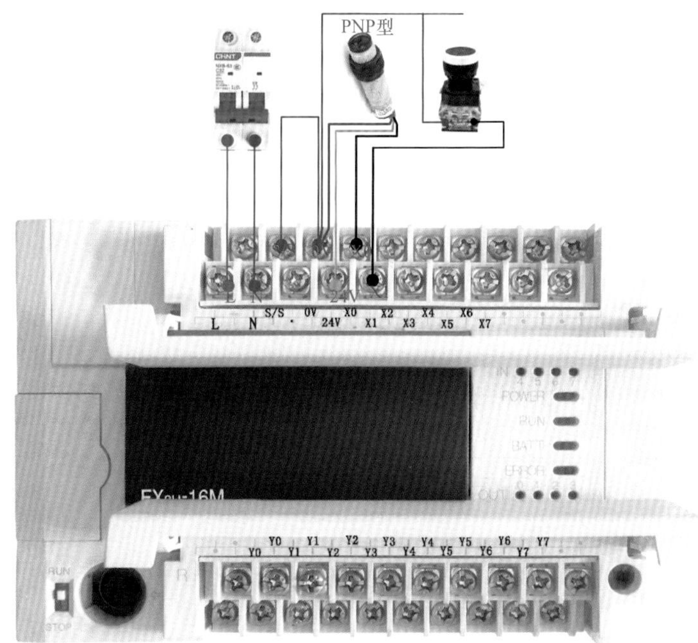

源型接法应用

→3 三菱 FX3U PLC 起保停、延时起动、延时停止电路程序详解及实物接线

写法一

梯形图

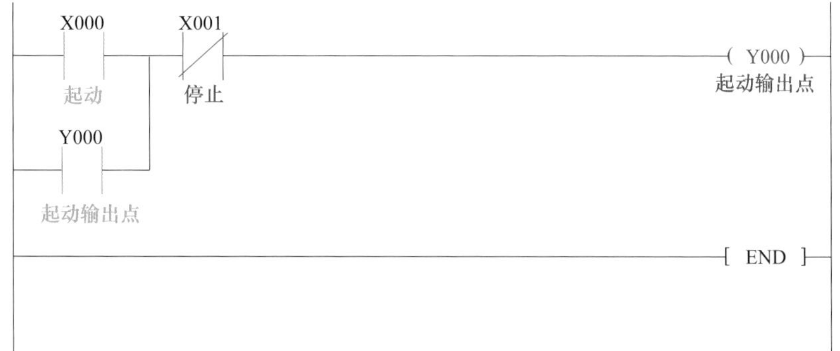

写法二

梯形图

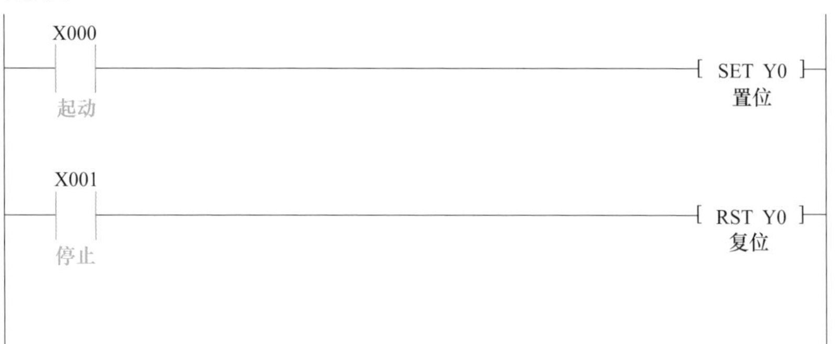

IO地址分配表

I(输入)			O(输出)		
元件代号	元件名称	地址	元件代号	元件名称	地址
SB1	起动按钮	X000	KM1	接触器	Y000
SB2	停止按钮	X001			

指令讲解

指令	功能	执行对象	说明解释
SET Y000	置位	Y000	一旦通电后执行对象置ON，切动作保持，可以多次使用
RST Y000	复位	Y000	一旦通电后被执行对象置OFF或者清零，RST可以多次使用

梯形图一控制原理如下：

1) 按下起动按钮SB1，输入单元中X000接通，输出单元中Y000线圈立即得电，接触器KM1吸合。
2) 松开起动按钮SB1，Y000线圈保持得电（梯形图程序内部已经自锁）。
3) 按下停止按钮SB2，梯形图中X001常闭断开，并使Y001线圈不能得电。

梯形图二控制原理如下：

1) 按下起动按钮SB1，输入单元中X000接通，Y0置位，接触器KM1吸合。
2) 按下停止按钮SB2，输入单元中X001接通，Y0复位，并使Y001线圈不能得电。

三菱 FX3U PLC 起保停电路梯形图

IO地址分与软元件分配表

I(输入)			O(输出)		
元件代号	元件名称	位元件地址	元件代号	元件名称	位元件地址
SB1	起动按钮	X000	KM1	接触器	Y000
SB2	停止按钮	X001			

软元件				
软元件代号	软元件名称	类型	设定值K(常数)或D(寄存器)	说明
T0	定时器	100ms	K60	到达所设定的值触点动作

延时停止梯形图

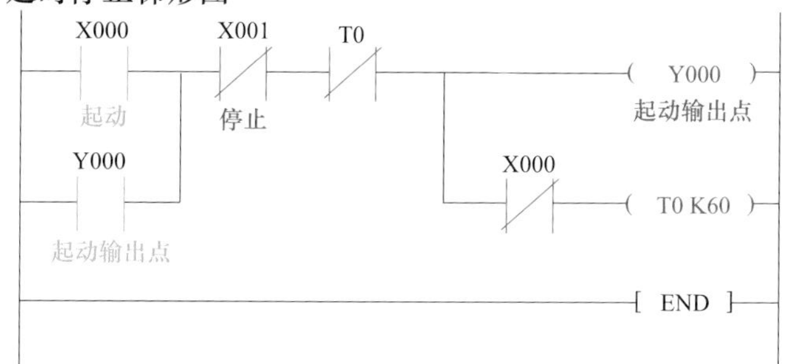

延时停止梯形图控制原理如下:

1) 按下起动按钮SB1，输入单元中X000接通，输出单元中Y000线圈立即得电，接触器KM1吸合。
2) 松开起动按钮SB1，Y000线圈保持得电 (梯形图程序内部已经自锁)。
3) 6s(6s=6000ms)后T0时间到，其常闭触点断开，Y000线圈断开，接触器KM1释放。
4) 在运行和延时的过程中，如需要将设备停止，按下停止按钮SB2，程序中X001常闭触点断开。使T0终止延时，并使Y000的线圈不能得电。

IO地址分配表

I(输入)			O(输出)		
元件代号	元件名称	位元件地址	元件代号	元件名称	位元件地址
SB1	起动按钮	X000	KM1	接触器	Y000
SB2	停止按钮	X001			

软元件				
软元件代号	软元件名称	类型	设定值K（常数）或D（寄存器）	说明
T0	定时器	100ms	K60	到达所设定的值触点动作
M000	辅助继电器	一般型		

延时起动梯形图

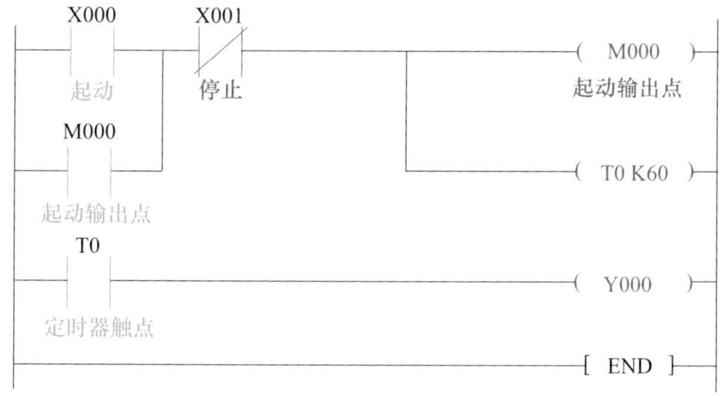

延时起动梯形图控制原理如下:

1) 按下起动按钮SB1，辅助继电器M000自锁，并接通时间继电器。
2) 时间继电器开始计时，达到设定时间后，T0触点闭合，Y000输出，KM1工作。
3) 按下停止按钮，辅助继电器M000断开，时间继电器复位，Y000停止输出，KM1停止工作。

三菱 **FX3U PLC** 延时停止电路、延时起动电路梯形图

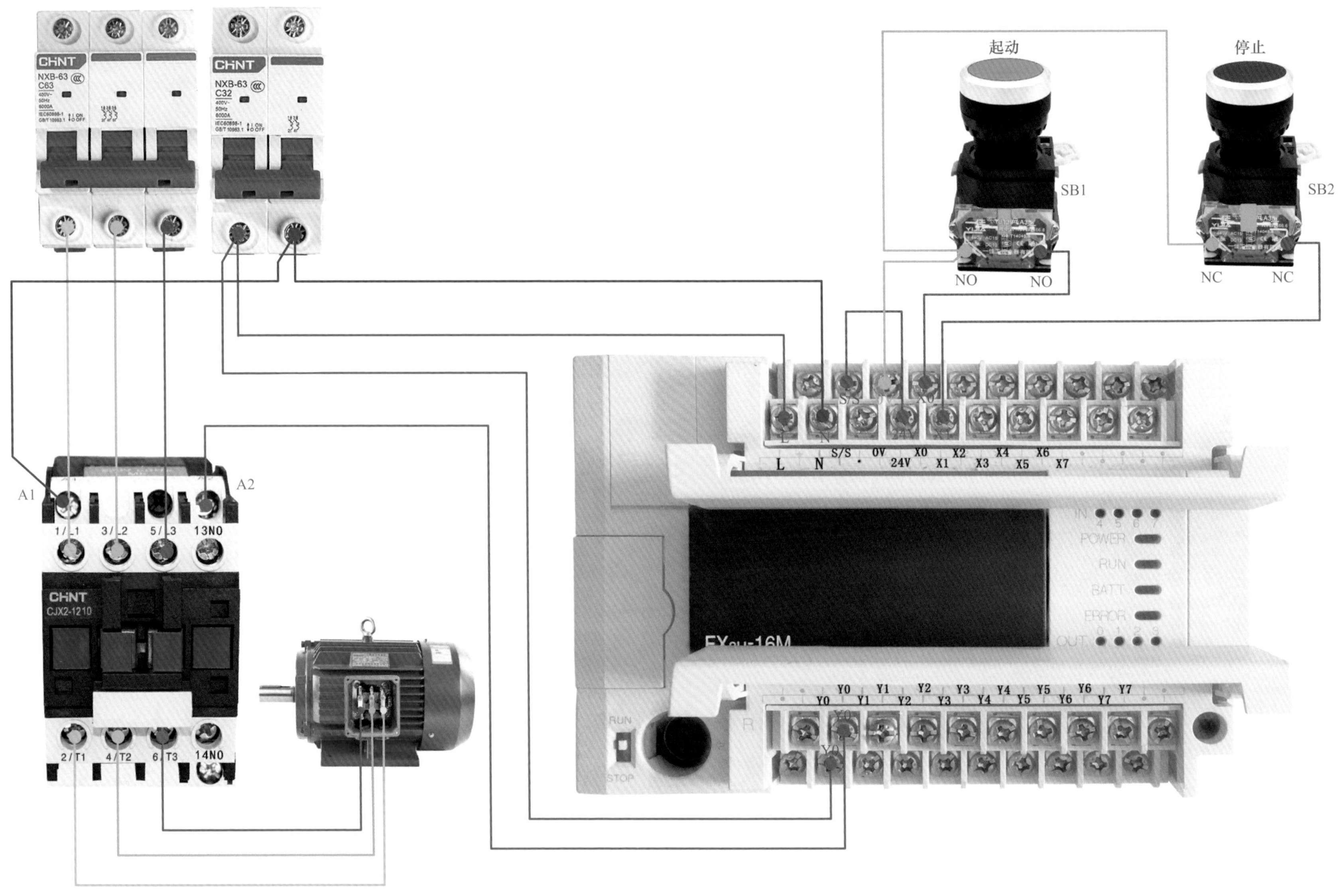

三菱 FX3U PLC 起保停、延时起动、延时停止电路实物接线图

→4 三菱FX3U PLC正反转控制、复合联锁电路程序详解及实物接线

不需按下停止按钮即可直接实现正反转的梯形图

梯形图1

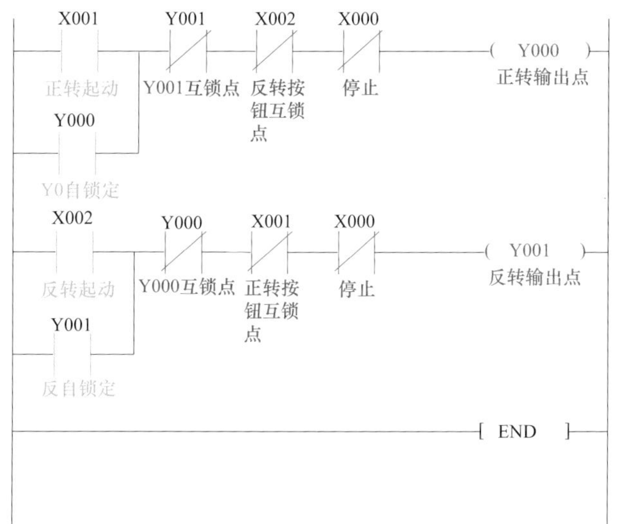

梯形图2

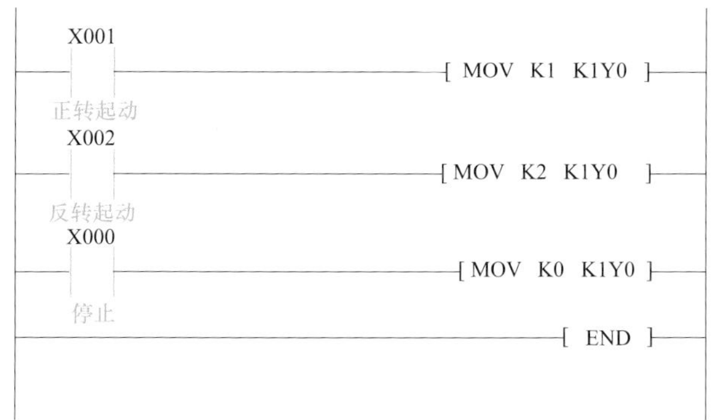

IO地址分配表/软元件应用

I(输入)			O(输出)		
元件代号	元件名称	位元件地址	元件代号	元件名称	位元件地址
SB1	停止	X000	KM1	1#接触器	Y0
SB2	正转	X001	KM2	2#接触器	Y1
SB3	反转	X002			

指令讲解

指令助记符号	功能	可以被执行对象	说明解释
MOV K1 K1Y000	传送	将常数1传送到组合位元件K1Y0	把常数(十进制)1传送的K1Y0里面。转换成二进制就是0 0 0 1(对应的Y3 Y2 Y1 Y0)。0=OFF，1=ON
MOV K2 K1Y000	传送	将常数2传送到组合位元件K1Y0	把常数(十进制)2传送的K1Y0里面。转换成二进制就是0 0 1 0(对应的Y3Y2 Y1 Y0)。0=OFF，1=ON
MOV K0 K1Y000	传送	将常数0传送到组合位元件K1Y0	把常数(十进制)0传送的K1Y0里面。转换成二进制就是0 0 0 0(对应的Y3 Y2 Y1 Y0)。0=OFF，1=ON

梯形图控制原理

1) 按一下起动按钮SB2，输入单元中X001接通，梯形图内部正转程序Y00自锁，输出单元中Y000线圈立即得电，接触器KM1吸合，电动机正转运行。
2) 按一下起动按钮SB3，输入单元中X002接通，梯形图内部反转程序Y001自锁，输出单元中Y001线圈立即得电，接触器KM2吸合，电动机反转运行。
3) 电动机正转运行中，按下反转按钮SB3（X002）正转停止，反转运行。反转运行中，按下正转按钮SB2（X001)反转停止，正转运行。
4) 按下停止按钮SB1，输入单元中X000接通，梯形图内部断开，Y000，Y001停止，KM1 KM2停止输出。

工作原理

MOV 传送指令，传送数据，传送对象，可以是寄存器或组合位远件

K1Y0 组合位元件，组合位元件的K1代表有4个数据位。其中的K0表示4个数据位起始点。也就是Y0、Y1、Y2、Y3。

当X001接通时，把常数（十进制）1传送的K1Y0里面。转换成二进制就是0 0 0 1(对应的Y3 Y2 Y1 Y0)。0=OFF，1=ON。Y000接通，KM1工作。

当X002接通时，把常数（十进制）2传送的K1Y0里面。转换成二进制就是0 0 1 0(对应的Y3 Y2 Y1 Y0)。0=OFF，1=ON。Y000接通，KM2工作。

当X000接通时，把常数（十进制）0传送的K1Y0里面。转换成二进制就是0 0 0 0(对应的Y3 Y2 Y1 Y0)。0=OFF，1=ON。Y000~Y003全部处于OFF状态。

IO地址分配表/软元件应用

I(输入)			O(输出)		
元件代号	元件名称	位元件地址	元件代号	元件名称	位元件地址
SB1	停止	X000	KM1	1#接触器	Y0
SB2	正转	X001	KM2	2#接触器	Y1
SB3	反转	X002			

需要先按下停止按钮才能实现正反转的梯形图

梯形图1

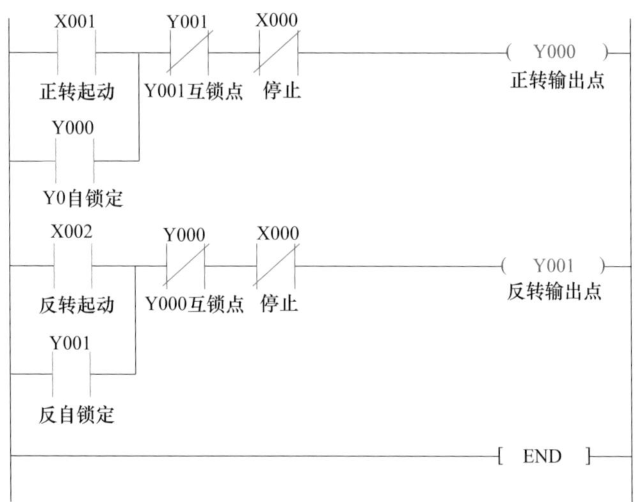

梯形图控制原理

1) 按一下起动按钮SB2，输入单元中X001接通，梯形图内部正转程序Y00自锁，输出单元中Y000线圈立即得电，接触器KM1吸合，正转运行。

2) 按一下起动按钮SB3，输入单元中X002接通，梯形图内部反转程序 Y001自锁，输出单元中Y001线圈立即得接触器KM2吸合，反转转运行。

3) 按下停止按钮SB1，输入单元中X000接通，梯形图内部断开，Y000，Y001停止，KM1、KM2停止输出。

指令讲解

指令助记符号	功能	可以被执行对象	说明解释
ZRST Y000 Y001	批量复位	Y000 Y001	一旦通电后，执行对象Y000 Y001置零或者清零
SET Y000	置位	Y000	一旦通电后执行对象置ON，切动作保持，可以多次使用
SET Y001	置位	Y001	一旦通电后执行对象置ON，切动作保持，可以多次使用

梯形图2

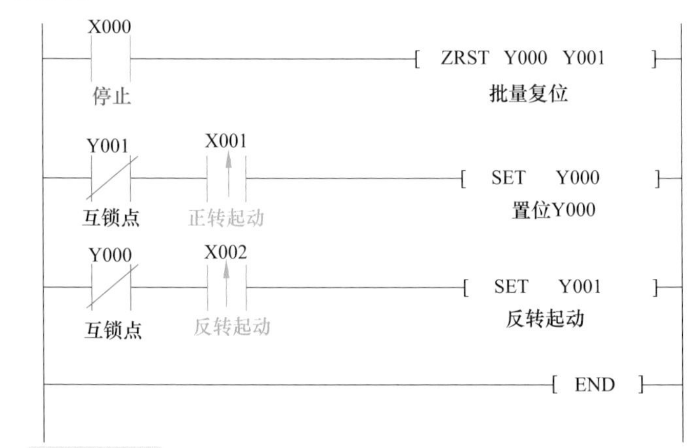

指令介绍

SET置位指令的对象可以是M点可以是Y点，S点

RST复位指令的对象可以是M点可以是Y点、S点，也可以是计数器C。

ZRST批量复位指令，ZRST Y000 Y001 含义从Y000到Y001之间的Y点全部复位。

梯形图控制原理

1) 按下一下正转起动按钮SB2，输入单元中X001接通一个扫描周期Y000置位，正转运行(反转无法起动正转)。

2) 按下一下反转起动按钮SB3，输入单元中X002接通一个扫描周期Y001置位，反转运行（正转无法起动反转)。

3) 按下一下停止按钮SB1，输入单元中X000接通一下Y000 Y001复位，输出停止。

三菱 **FX3U PLC** 电动机正反转控制、复合连锁电路梯形图

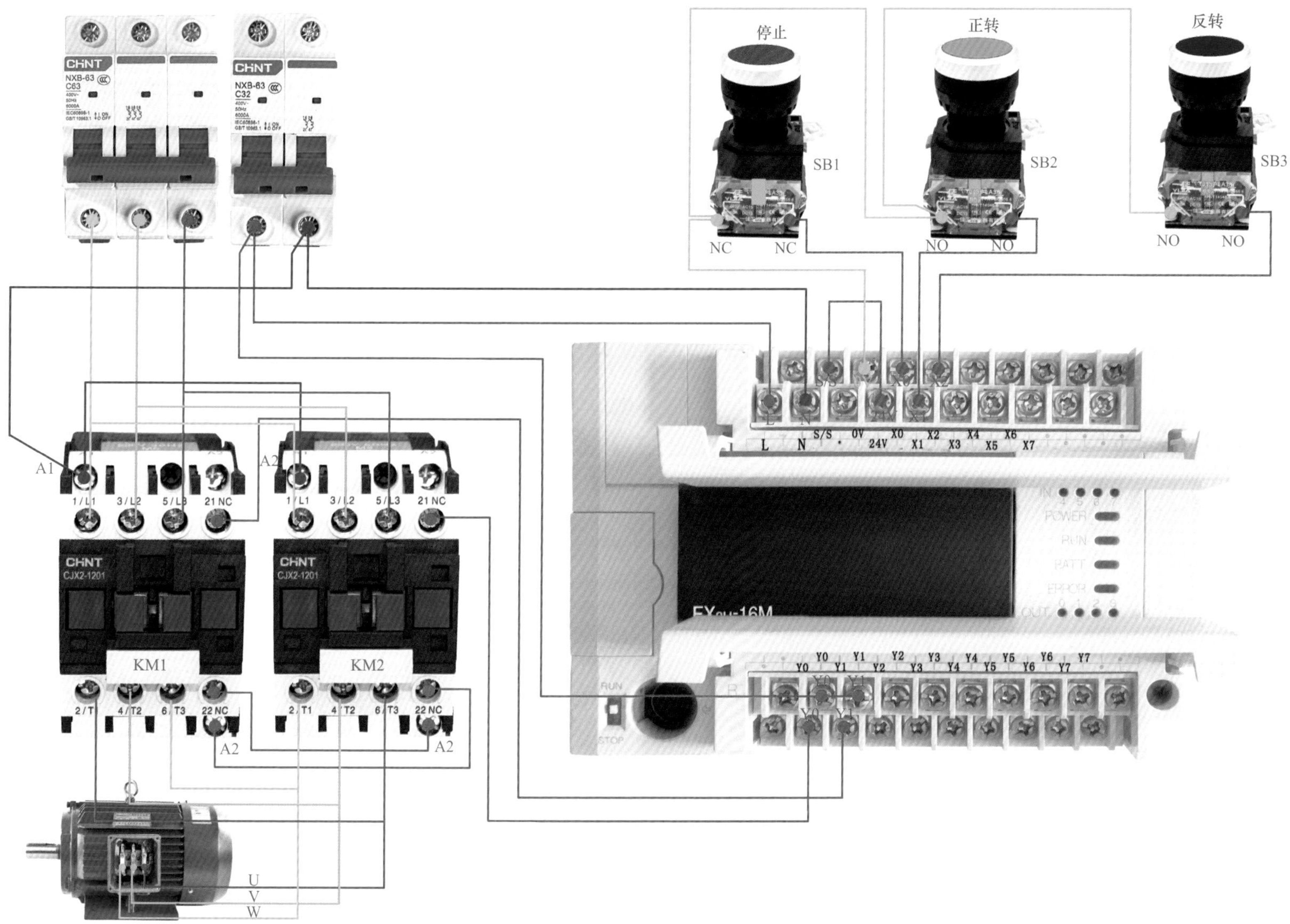

三菱 FX3U PLC 电机正反转控制、复合连锁电路实物接线图

→5 三菱 FX3U PLC 控制两台电动机同时起动顺序停止电路程序详解及实物接线

IO地址分配表/软元件应用

I(输入)			O(输出)		
元件代号	元件名称	位元件地址	元件代号	元件名称	位元件地址
SB1	急停	X000	KM1	1#接触器	Y0
SB2	停止	X001	KM2	2#接触器	Y1
SB3	起动	X002			

梯形图

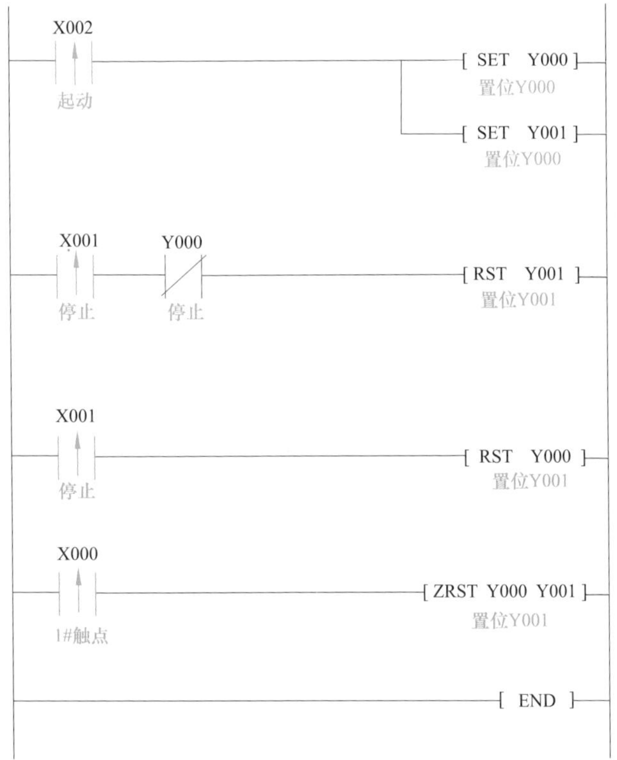

指令讲解

指令助记符号	功能	可以被执行对象	说明解释
Y000	上升沿	Y000	LDP(上升沿)指令是执行上升沿检测的触点指令，且仅在指定位软元件的上升沿时(OFF→ON变化时)接1个运算周期导通
Y001	下降沿	Y000	LDF(下升沿)指令是执行下降沿检测的触点指令，且仅在指定位软元件的下降沿时(ON→OFF变化时)接1个运算周期导通

指令助记符号	功能	可以被执行对象	说明解释
RST	复位	Y000、Y001	一旦通电后，执行对象复位清零
ZRST	批量复位	Y000、Y001	一旦通电后执行对象置ON，且动作保持，可以多次使用
SET	置位	Y000、Y001	一旦通电后执行对象置ON，且动作保持，可以多次使用

梯形图控制原理

1) 按一下起动按钮SB3，输入单元中X002接通，触发一个边沿信号同时置位Y000、Y001，接触器KM1、KM2线圈得电，1#和2#电动机同时运行。
2) 按下停止按钮SB2，输入单元中X001接通，触发一个边沿信号，复位Y000，KM1线圈失电，1#电动机停止。再次按下停止按钮SB2，输入单元中X001接通，触发一个边沿信号，复位Y001，KM2线圈失电，2#电动机停止。
3) 假设在运行过程中，发生异常，按下急停按钮SB1，输入单元中X001接通，批量复位Y000、Y001，KM1、KM2线圈失电。1#和2#电动机同时停止。异常处理后，SB1复位，输入单元中X000断开，方可起动。未复位，不可起动。

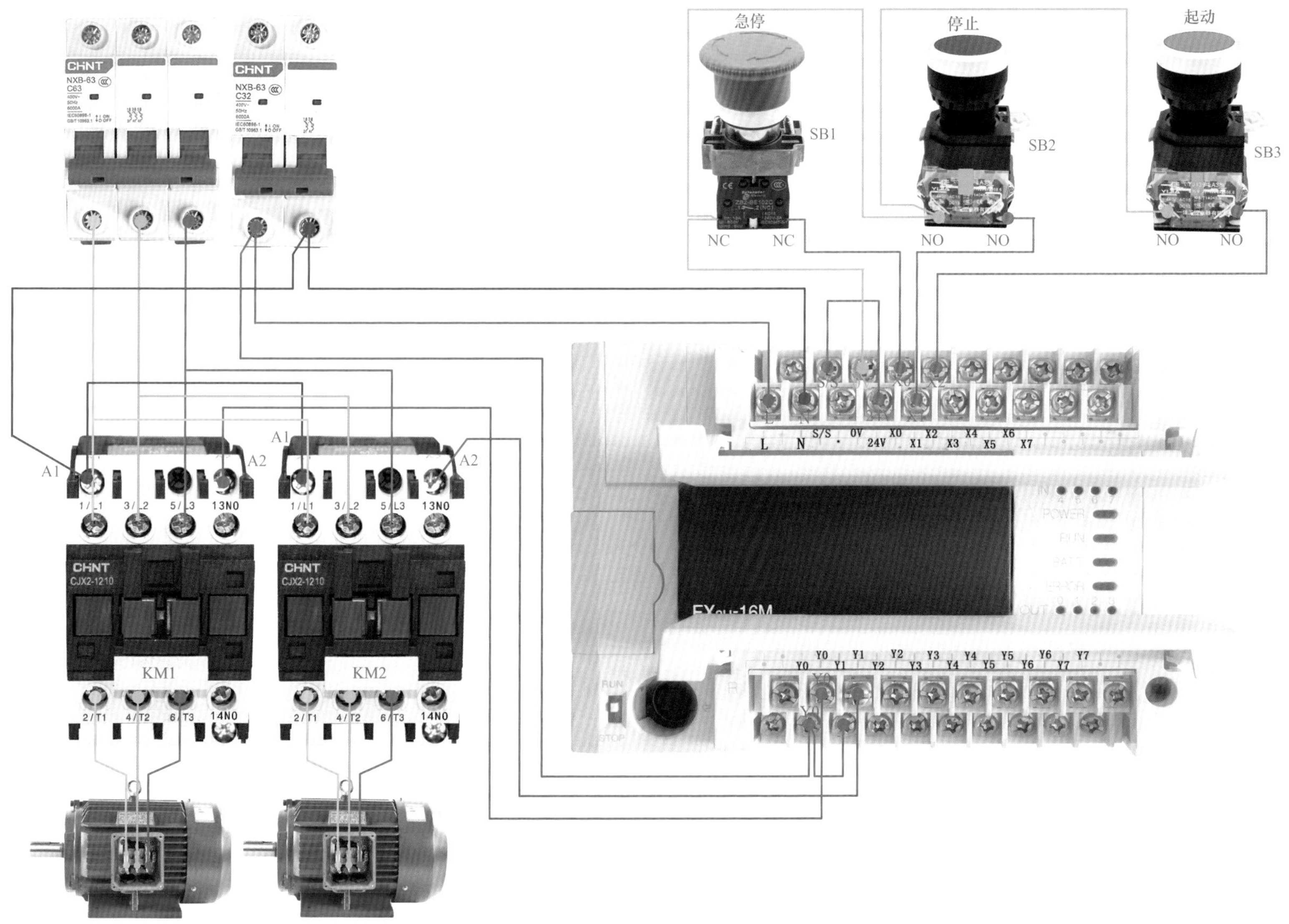

三菱 FX3U PLC 控制两台电动机同时起动顺序停止电路实物接线图

三菱 FX3U PLC 控制两台电动机交替循环运行电路程序详解及实物接线

IO地址分配表/软元件应用

I(输入)			O(输出)		
元件代号	元件名称	位元件地址	元件代号	元件名称	位元件地址
SA1	旋转开关	X000	KM1	1#接触器	Y0
			KM2	2#接触器	Y1

辅助软元件				
软元件代号	软元件名称	类型	设定值	说明
M8013	辅助继电器	特殊型		0.5s接通，0.5s闭合
C0	计数器	普通型	28800	到达设定时间动作

指令讲解

指令助记符号	功能	执行对象	说明解释
C0 ┤↑├	上升沿	X，Y，M，T，C，	LDP指令是执行上升沿检测的触点指令，且仅在指定位软元件的上升沿时(OFF→ON变化时)按1个运算周期导通。
[< C0 K14400]	触点比较	前者（C0）与后者（14400）比较	前者与后者比较，条件成立触点接通，条件不成立触点断开
[> C0 K14400]	触点比较	前者（C0）与后者（14400）比较	前者与后者比较，条件成立触点接通，条件不成立触点断开
RST C0	复位	C0	一旦通电被执行对象置零或者清零，RST可以多次使用

梯形图

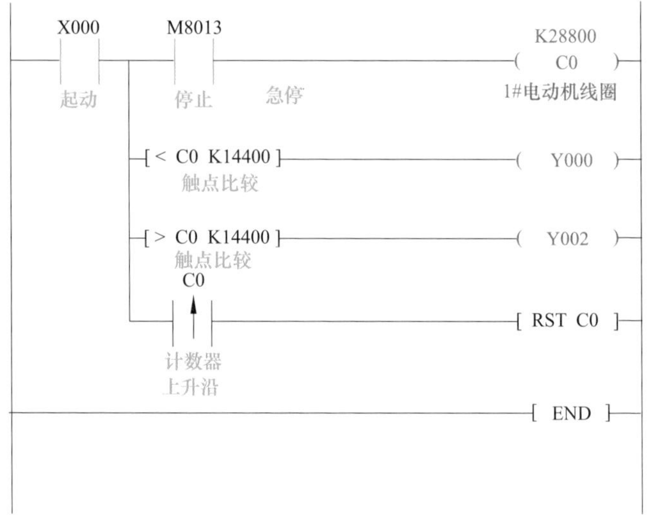

梯形图控制原理

1) 旋转开关SA1置位，输入单元中X000接通，M8013（500ms接通，500ms断开），计数器进行计数，计数器设定值28800（28800s）。
2) 触点比较指令，当C0当前最小于常数14400时，条件成立Y0接通，KM1接通。当条件不成立时Y000断开，KM1停止
3) 触点比较指令，当C0当前值大于常数14400时，条件成立Y1接通，KM2接通。当条件不成立时，Y002断开，KM2停止
4) 当C0到达设定值时，C0接通一个扫描周期，RST(复位）计数器C0，计数器再次从0开始计数。

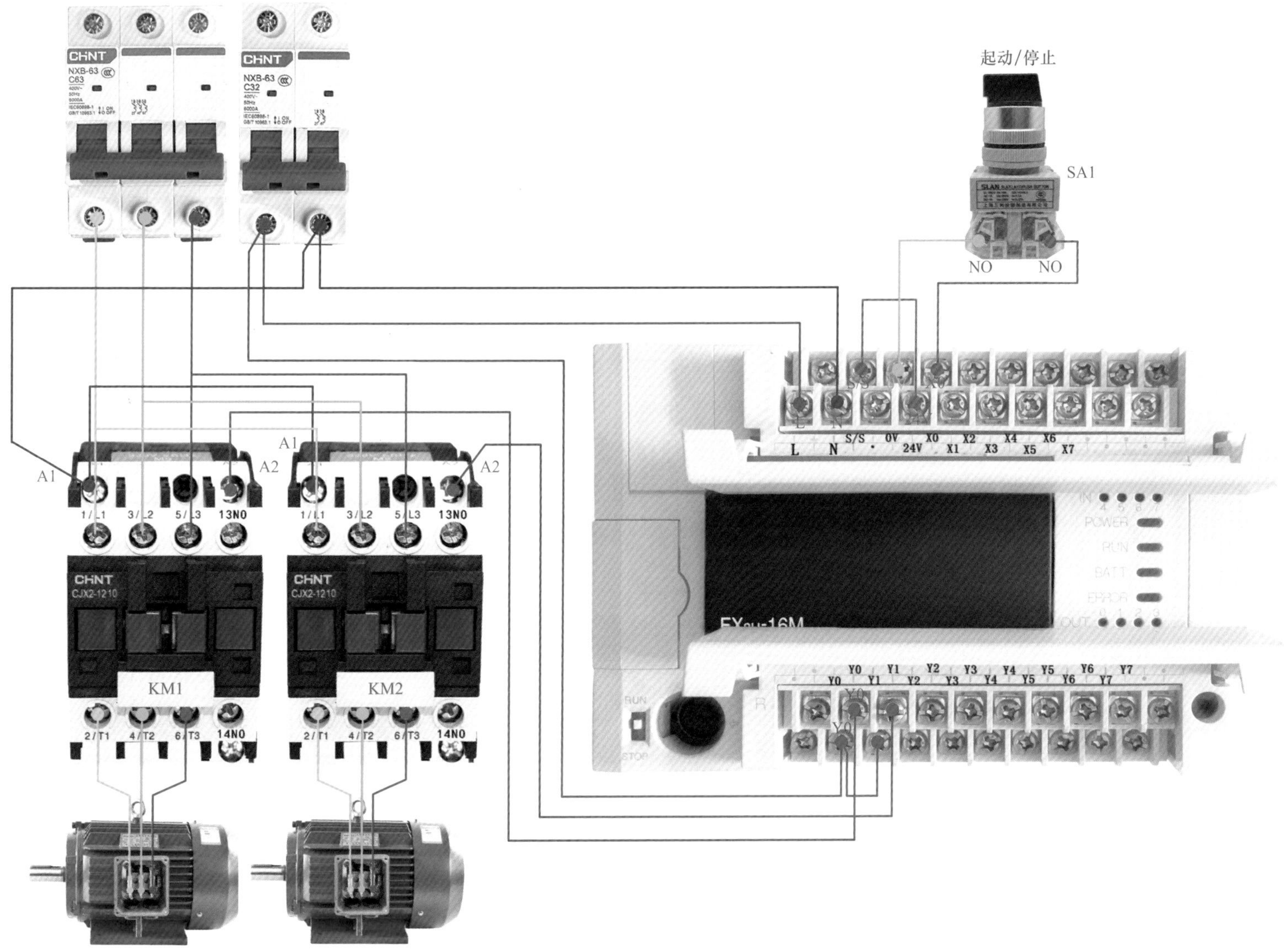

三菱 FX3U PLC 控制两台电动机交替循环运行电路实物接线图

三菱 FX3U PLC 一键起停控制电路程序详解及实物接线

IO地址分配表/软元件应用

I(输入)			O(输出)		
元件代号	元件名称	位元件地址	元件代号	元件名称	位元件地址
SB1	起动/停止	X000	KM1	接触器	Y0

软元件				
软元件代号	软元件名称	类型	设定值K（常数）或D（寄存器）	说明
C0	计数器	普通	K2	到达所设定的值触点动作

指令讲解

指令助记符号	功能	执行对象	说明解释
X000 (上升沿触点)	上升沿	M000	LDP(上升沿)指令是执行上升沿检测的触点指令，且仅在指定位软元件的上升沿时(OFF→ON变化时)按1个运算周期导通。
[= C0 K1]	触点比较	前者(C0)与后者(1)比较	前者与后者比较，条件成立触点接通，条件不成立触点断开
RST C0	复位	C0	一旦通电被执行对象置OFF或者清零，RST可以多次使用

梯形图1

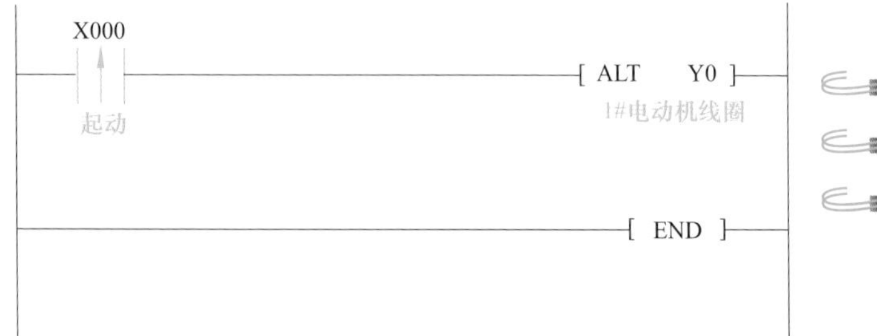

梯形图1控制原理

1) 按下按钮SB1，输入单元中X000接通一个扫描周期，交替指令使位元件Y000由OFF变为ON，KM1得电工作。
2) 按下按钮SB1，输入单元中X000接通一个扫描周期，交替指令使位元件Y000由ON变为OFF，KM1停止工作。

梯形图2

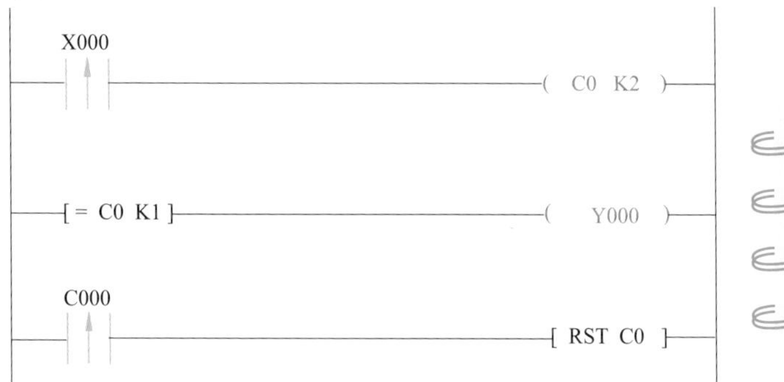

梯形图2控制原理

1) 按下按钮SB1，输入单元中X000接通一个扫描周期，计数器线圈得电，并计数，此时计数器当前值是1。
2) 触点比较，当计数器当前值等于1时，条件成立，触点接通，Y000变为ON。KM1工作，反之Y000变为OFF。
3) 当C0当前值等于2时，C0触点接通，复位C0。

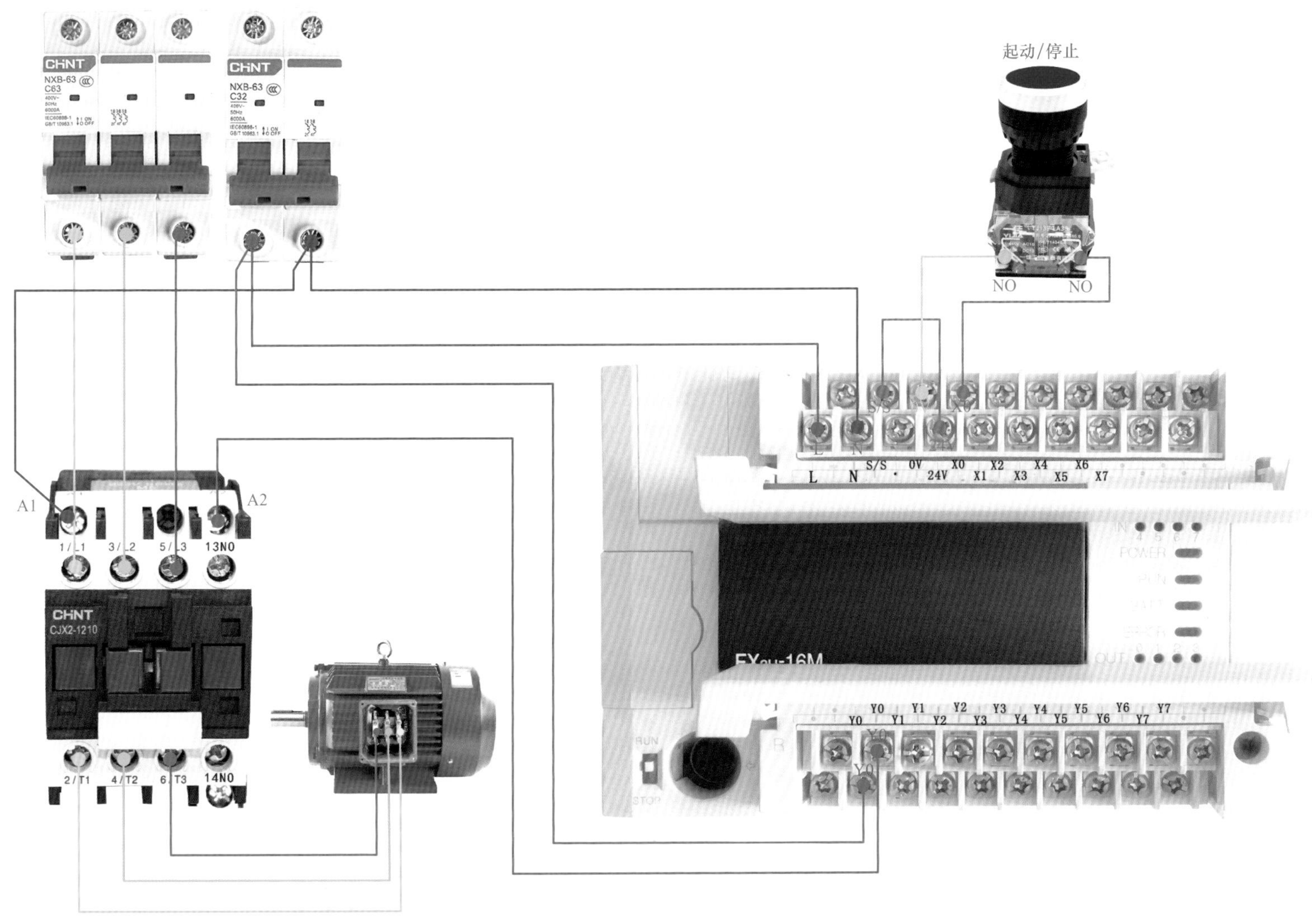

三菱 FX3U PLC 一键起停控制电路实物接线图

8 三菱 FX3U PLC 自锁与点动控制电路程序详解及实物接线（一）

IO地址分配表/软元件应用

I(输入)			O(输出)		
元件代号	元件名称	位元件地址	元件代号	元件名称	位元件地址
SB1	停止	X000	KM1	1#接触器	Y0
SB2	起动	X001			
SB3	点动	X002			
辅助软元件					
软元件代号	软元件名称	类型	设定值	说明	
M000	辅助继电器	普通型			

指令讲解

指令助记符号	功能	可以被执行对象	说明解释
RST Y000	复位	Y000	一旦通电执行对象Y000复位清零
SET Y000	置位	Y000	一旦通电执行对象Y000置ON，且动作保持，可以多次使用

梯形图1

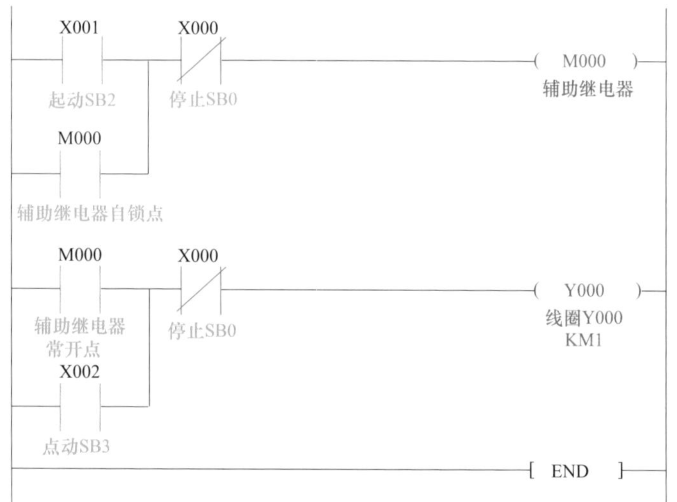

梯形图2

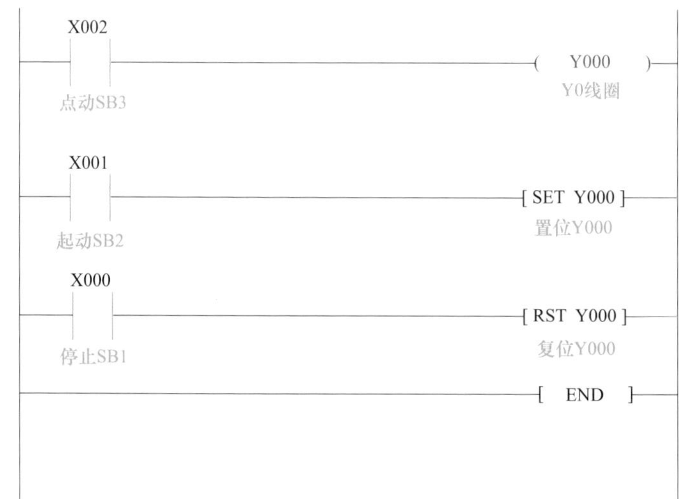

梯形图1控制原理

1) 按下按钮SB2，输入单元中X001接通，M000自锁，按下停止按钮SB1输入单元中X000接通(程序内部触点断开)M000断开。
2) M000接通，Y000线圈得电，KM1工作，反之KM1停止。
3) 按下点动按钮SB3，X002接通，Y000线圈得电，KM1工作，松开SB3，Y000线圈失电，KM1停止工作。

梯形图2控制原理

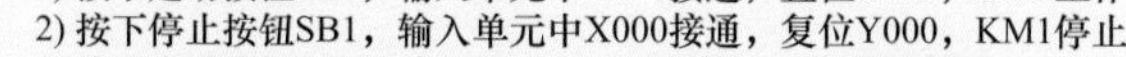

1) 按下起动按钮SB2，输入单元中X001接通，置位Y000，KM1工作。
2) 按下停止按钮SB1，输入单元中X000接通，复位Y000，KM1停止。
3) 按下点动按钮SB3，输入单元中X002接通，Y000线圈输出，松开SB3按钮，输入单元中X002断开，Y000线圈失电，KM1停止。

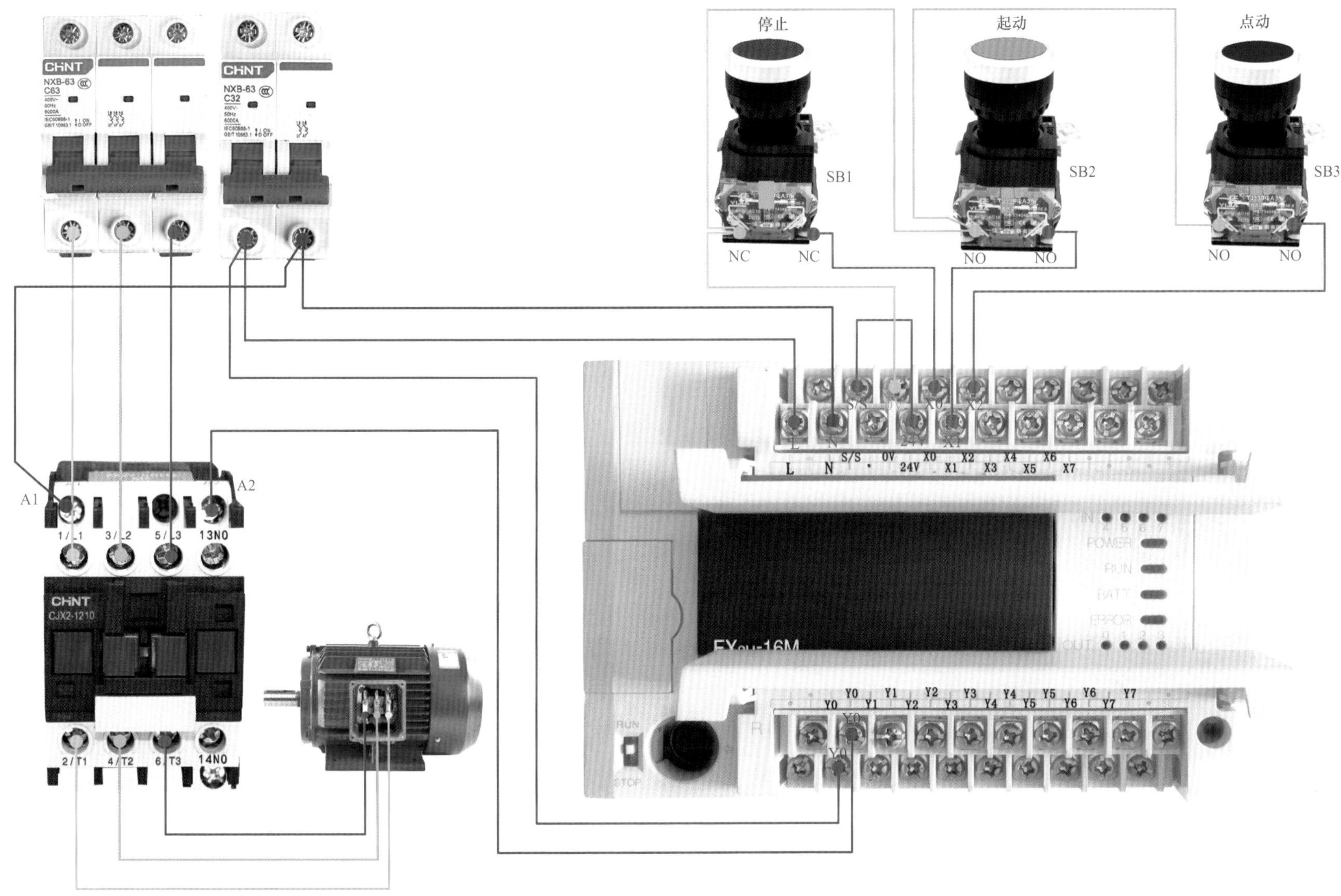

三菱 FX3U PLC 自锁与点动控制电路实物接线图（一）

9 三菱 FX3U PLC 自锁与点动控制电路程序详解及实物接线（二）

IO地址分配表/软元件应用

I(输入)			O(输出)		
元件代号	元件名称	位元件地址	元件代号	元件名称	位元件地址
SB1	停止	X000	KM1	接触器	Y0
SB2	起动	X001			
SA1	旋转开关	X002			
辅助软元件					
软元件代号	软元件名称	类型			
M000	辅助继电器	普通型			

梯形图1

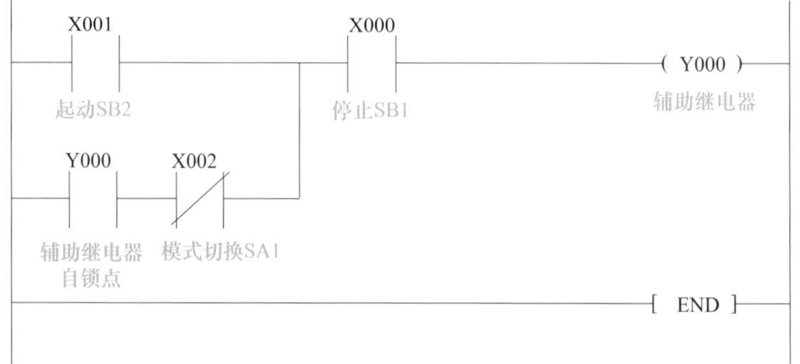

梯形图2

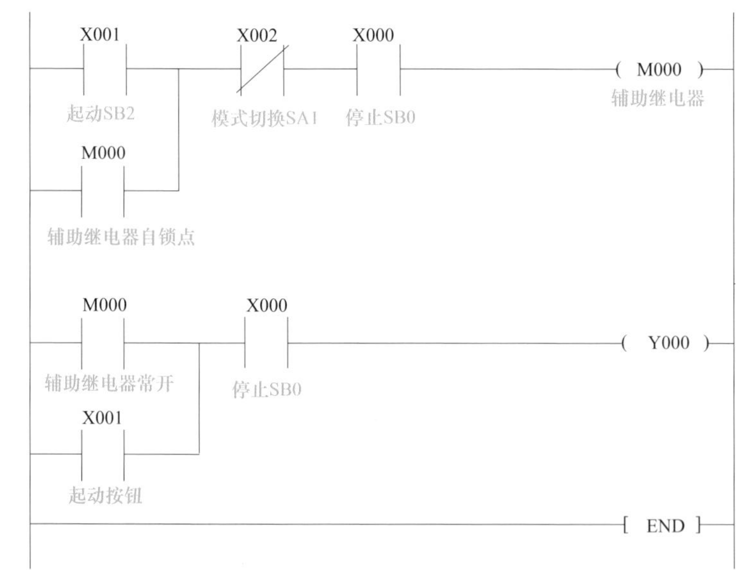

梯形图1控制原理

1) 按下起动按钮SB2，位元件Y000线圈得电，实现自锁（停止按钮SB1利用的常闭点，所以程序X000内部常开处于闭合状态）输出单元中Y000输出，接触器KM吸合。

2) 当按钮SB1停止按钮，程序X000 断开，Y000无法自锁，输出单元中Y000无输出，接触器KM1失电。

3) 当旋转开关SA1置NO，程序内部X002断开，Y000无法自锁，当按下SB2起动按钮X001，线圈Y001线圈得电， SB2按钮松开，线圈Y000失电，同理，接触器随Y000动作。

梯形图2控制原理

1) 按下起动按钮SB2，位元件M000线圈得电，实现自锁（停止按钮 SB1利用的常闭点，所以程序X000内部常开处于闭合状态）。

2) 触点M000闭合（停止按钮SB1利用的常闭点，所以程序X000内部常开处于闭合状态），线圈Y000接通，输出单元Y000输出，KM1动作。

3) 当旋转开关SA1接通，程序内部X002断开，M000线圈无法动作。Y000就无输出。只有X001闭合时，Y000动作，X001断开，Y000动作。

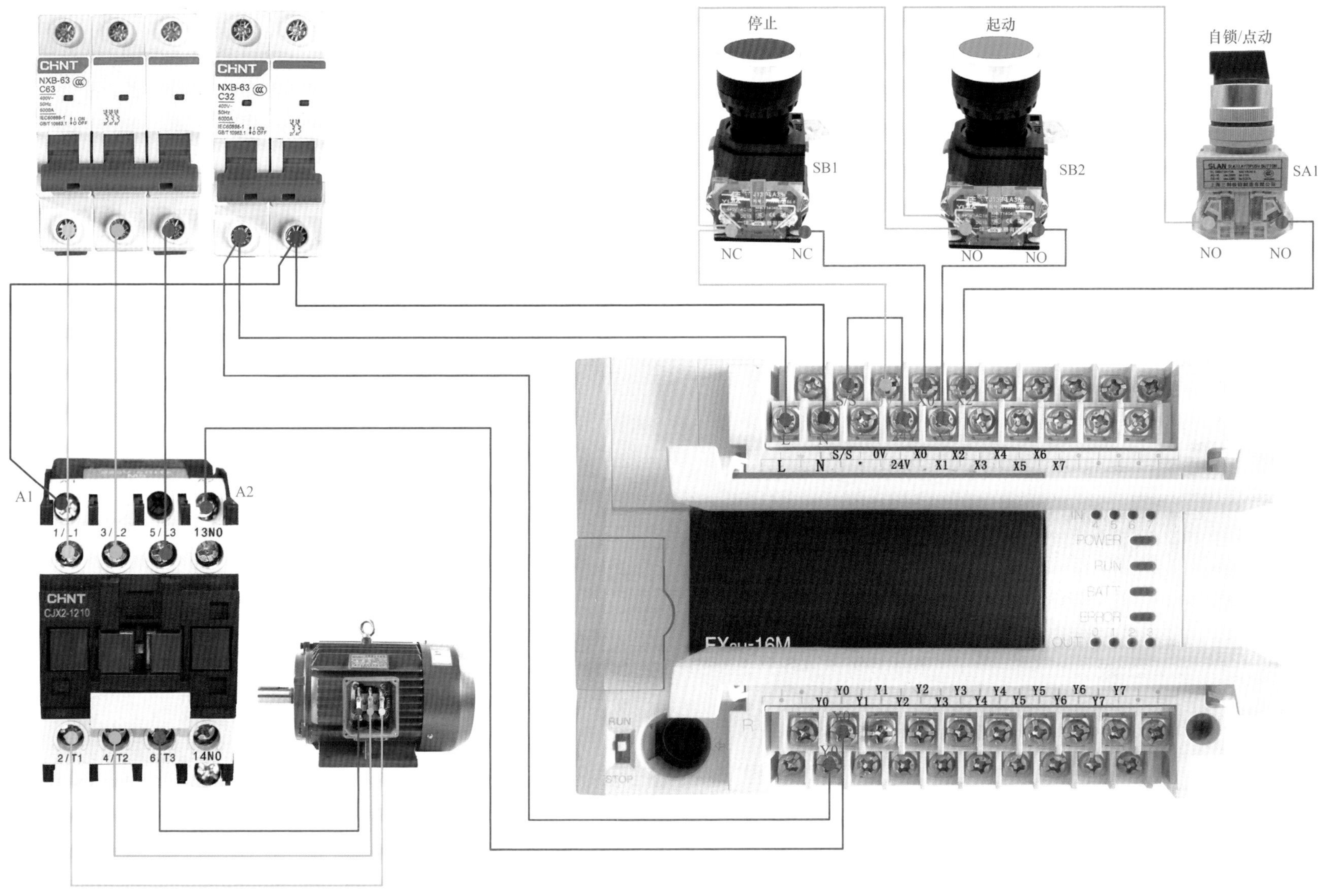

三菱 FX3U PLC 自锁与点动控制电路实物接线图（二）

→10 三菱 FX3U PLC 小车自动往返控制电路程序详解及实物接线

梯形图

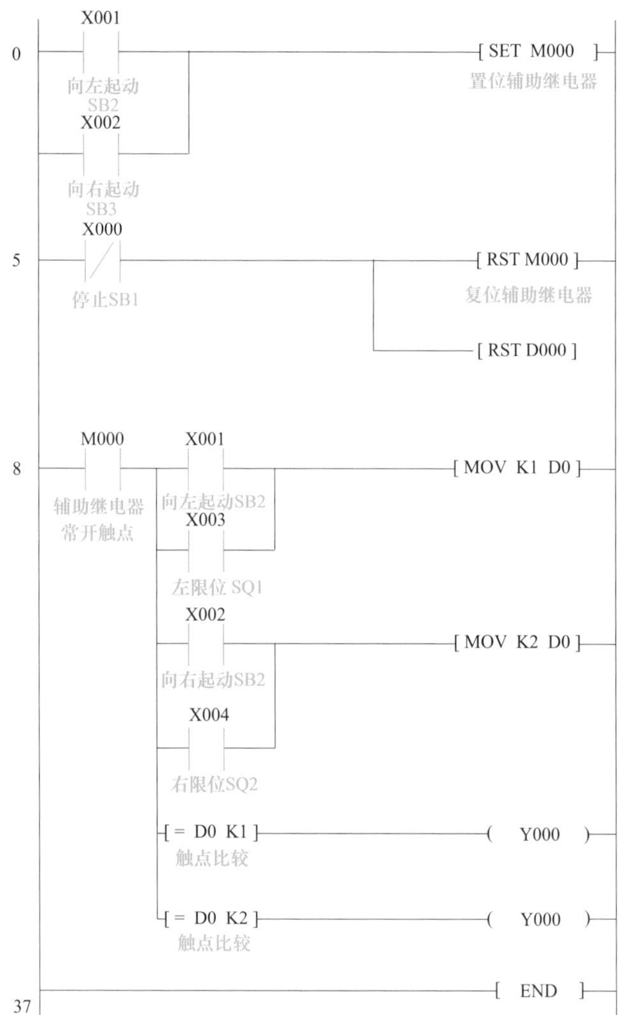

IO地址分配表/软元件应用

I(输入)			O(输出)		
元件代号	元件名称	位元件地址	元件代号	元件名称	位元件地址
SB1	停止	X000	KM1	1#接触器	Y0
SB2	左起动	X001			
SB3	右起动	X002			
辅助软元件					
软元件代号	软元件名称	类型	设定值	说明	
M000	辅助继电器	普通型			

指令讲解

指令助记符号	功能	可以被执行对象	说明解释
SET M000	置位	M000	一旦通电后，执行对象置ON，切动作保持，可以多次使用
RST M000	复位	M000	一旦通电后，执行对象置OFF，或者清零
MOV K1 D0	传送	复制对象k1存放对象D0	将常数1传送到寄存器D0里面
MOV K2 D0	传送	复制对象k2存放对象D0	将常数2传送到寄存器D0里面
[= D0 K1]	触点比较	前者（D0）与后者（常数1）比较	前者与后者比较条件成立触点接通，条件不成立触点断开
[= D0 K2]	触点比较	前者（D0）与后者（常数2）比较	前者与后者比较条件成立触点接通，条件不成立触点断开

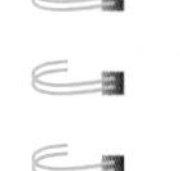

梯形图控制原理

1) 按下向左起动按钮SB2(X001)或者向右起动按钮SB3(X002)，辅助继电器M000置位。
2) 当按下向左起动按钮SB2(X001)或者左限位(SQ1)X004检测到到达信号，传送指令将常数1传送到D0。
当按下向右起动按钮SB3(X002)或者右限位(SQ2)X004检测到到达信号，传送指令将常数2传送到D0。
3) 触点比较，当D0等于常数1时线圈Y000接通，条件比成立Y000断开。当D0等于常数2时，线圈Y001接通，条件不成立断开。
4) 按下停止按钮X000，复位M000，同时对寄存器D0清零，从而达到停机。

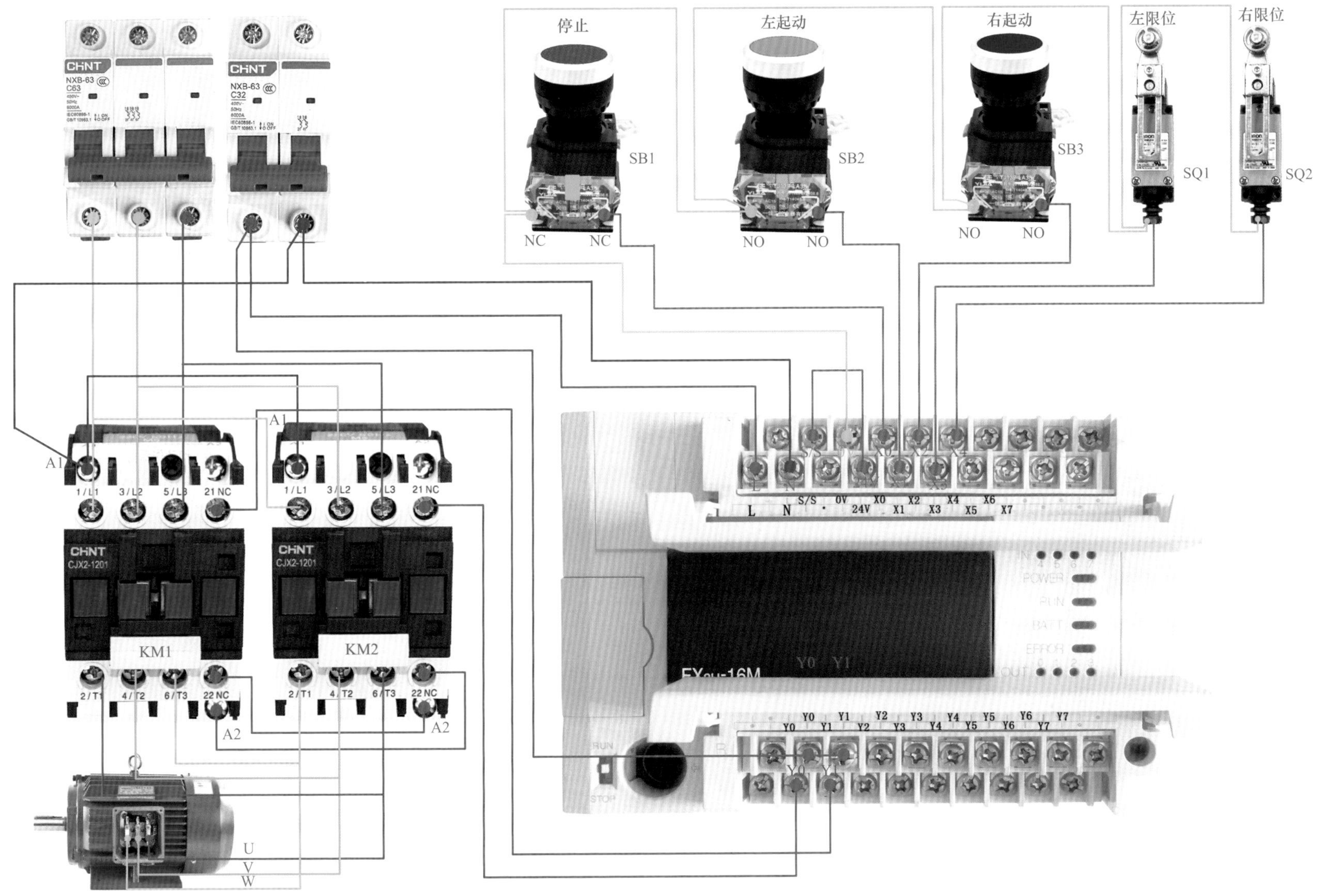

三菱FX3U PLC小车自动往返控制电路实物接线图

三菱 FX3U PLC 星三角减压起动电路程序详解及实物接线

梯形图1

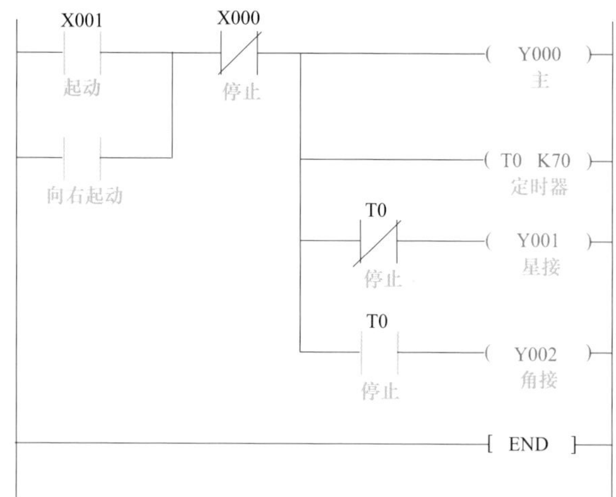

梯形图2

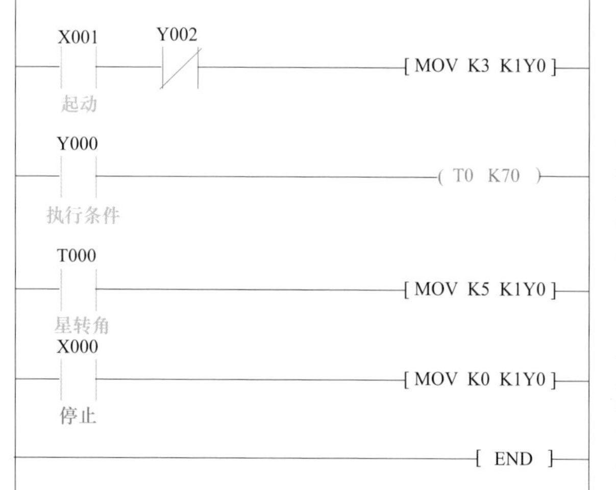

IO地址分配表/软元件应用

I(输入)			O(输出)		
元件代号	元件名称	位元件地址	元件代号	元件名称	位元件地址
SB1	停止	X000	KM1	主接触器	Y000
SB2	起动	X001	KM2	星接触器	Y001
			KM3	角接触器	Y002
辅助软元件					
软元件代号	软元件名称	类型	设定值	说明	
T0	定时器	100ms型	70		
K1Y0	组合位元件			会占用Y000 Y001 Y002 Y003	

指令讲解

指令助记符号	功能	可以被执行对象	说明解释
MOV K3 K1Y0	传送	复制对象(3) 存放组合位元件K1Y0	将十进制数3转化成二进制（0011）放到K1Y0就是Y003=0 Y002=0 Y001=1 Y000=1
MOV K5 K1Y0	传送	复制对象(5) 存放组合位元件K1Y0	将十进制数5转化成二进制（0101）放到K1Y0就是Y003=0 Y002=1 Y001=0 Y000=1
MOV K0 K1Y0	传送	复制对象(0) 存放组合位元件K1Y0	将十进制数5转化成二进制（0000）放到K1Y0就是Y003=0 Y002=0 Y001=0 Y000=0

梯形图1控制原理

按下一下起动按钮SB1(X001)线圈Y000自锁，同时Y001工作，定时器T0工作计时。到达设定值后T0常闭点断开，Y001停止工作，而T0常开触点闭合，Y002工作。

按下停止按钮SB2(X000) Y000失去自锁，T0 、Y002、Y003全部停止。

梯形图2控制原理

1）按下起动X001接通，将十进制数3传送到组合位元件K1Y0，Y000、Y001置1。

2）Y000常开触点驱动定时器T0。T0开始计时，到达设定值，常开触点闭合。

3）T0常开闭合后将十进制数5传送到组合位元件 K1Y0 ，Y000 、Y002置1。

4）按下停止按钮X000，将十进制数0传送到组合位元件K1Y0，全部停止。

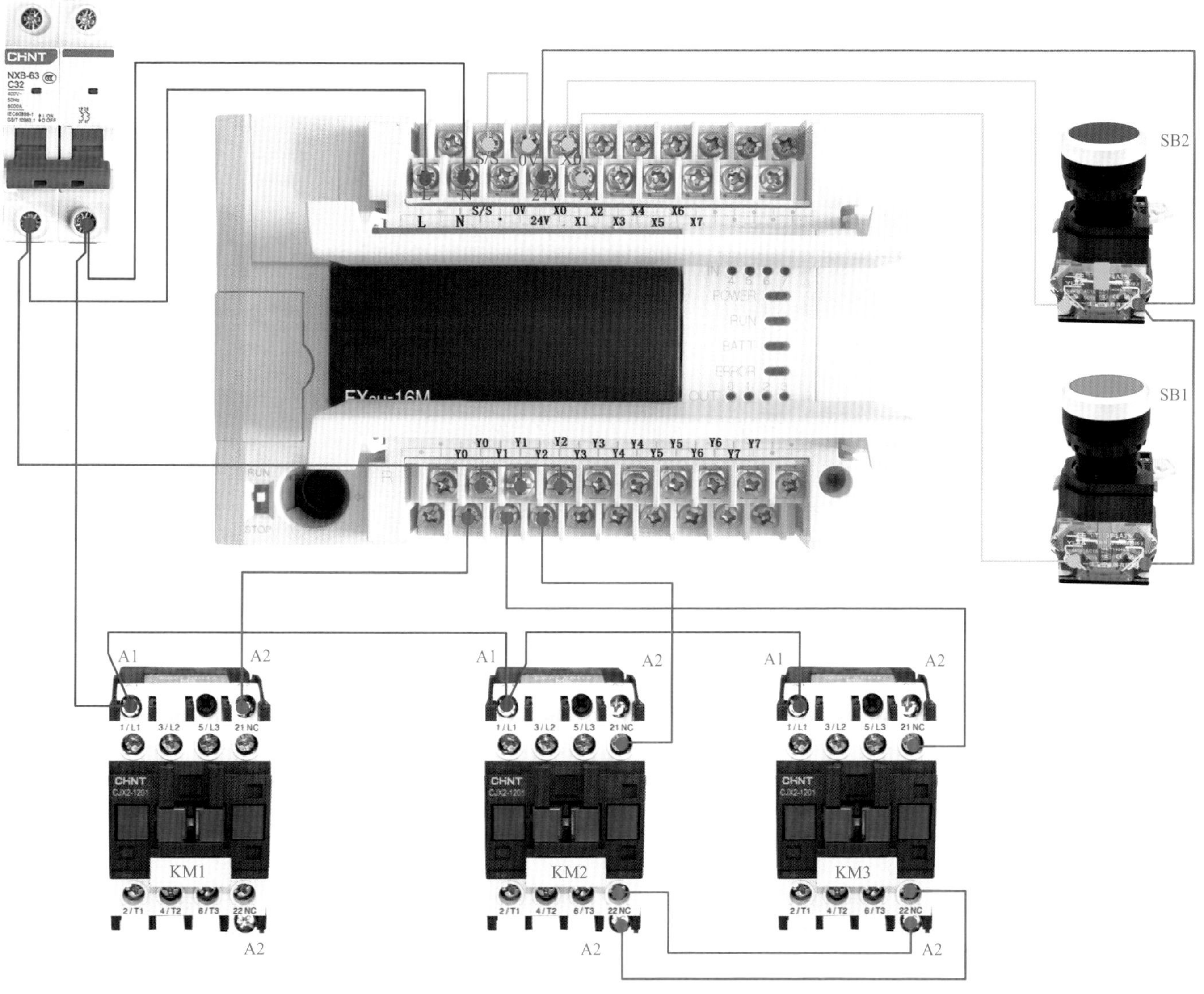

三菱 FX3U PLC 星三角减压起动电路实物接线图

12 三菱 FX3U PLC 通过变频器控制电动机起停电路程序详解及实物接线

IO地址分配表

I(输入)			O(输出)	
元件代号	元件名称	地址	地址	作用
SB1	起动按钮	X000	Y000	变频起动/停止
SB2	停止按钮	X001		

梯形图

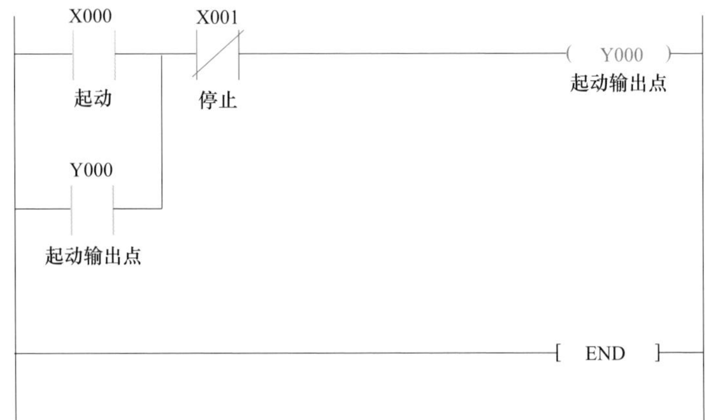

变频器基本运行参数和电动机参数

参数码	设定值	含义说明	注意事项
P76	9	恢复出厂设置	
P05	380	电动机额定电压	电动机与变频参数相匹配
P52	3.9	电动机额定电流	电动机与变频参数相匹配
P03	50	电动机最高频率	电动机与变频参数相匹配
P08	0	电动机最低频率	
P10	10	加速时间	根据工艺要求而定
P11	10	减速时间	根据工艺要求而定

变频器端子及参数含义说明

端子	功能	参数码	设定值	含义说明
AVI	主频率指令	P00	0	主频率由面板上的按钮控制
M0、M1	运转信号指令	P01	1	运转信号由外部端子控制
	模式选择	P38	0	两线制模式1

梯形图控制原理

1) 按下一下起动按钮SB1，输入单元中X000接通，输出单元中Y000线圈通电，那么变频器GND通过PLC的 Y0点与变频器M0接通，变频器起动。

2) 调速，通过变频器面板上的上下键进行调速。

3) 按下停止按钮SB2，梯形图中X001常闭触点断开，并使Y000线圈OFF，那么变频器GND通过PLC触点Y0与M0断开，变频器停止。

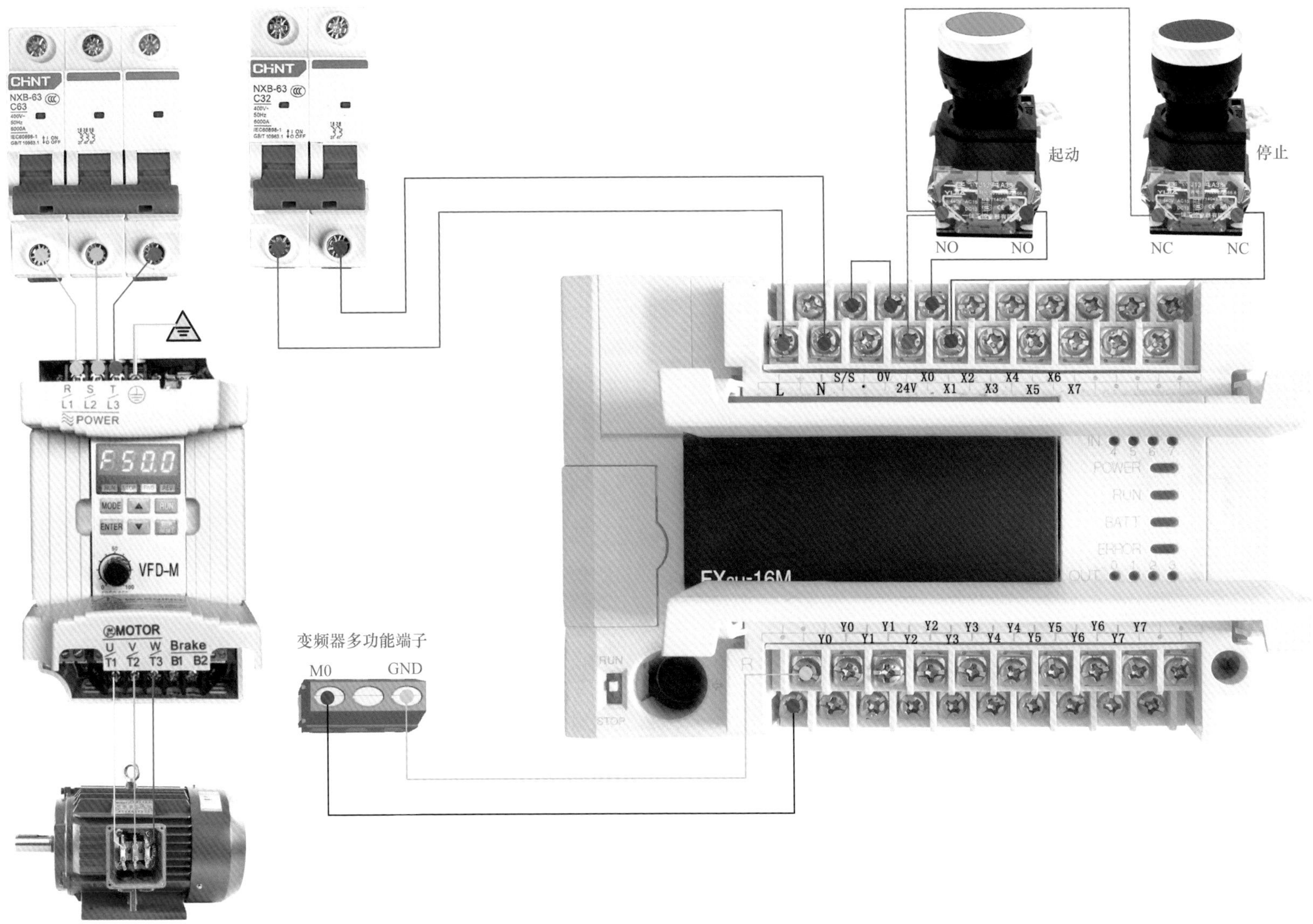

三菱 FX3U PLC 通过变频器控制电动机起停电路实物接线图

13 三菱FX3U PLC通过变频器控制电动机正反转电路程序详解及实物接线

IO地址分配表/软元件应用

I(输入)			O(输出)	
元件代号	元件名称	位元件地址	元件名称	位元件地址
SB1	停止	X000	正转	Y0
SB2	正转	X001	反转	Y1
SB3	反转	X002		

梯形图

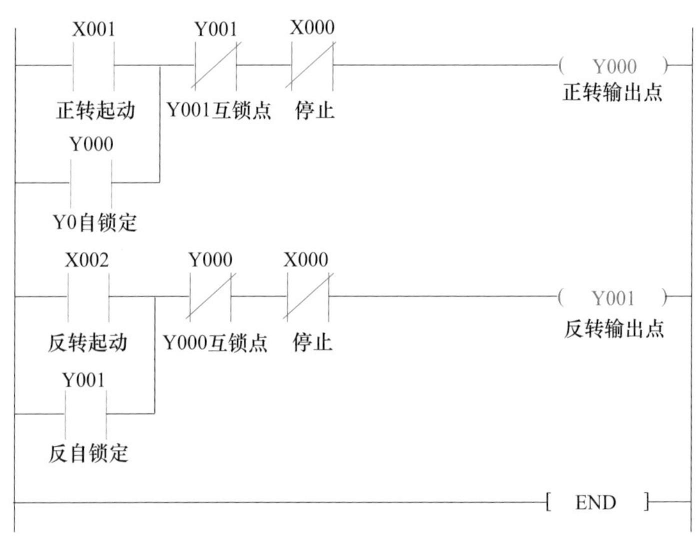

变频器基本运行参数和电动机参数

参数码	设定值	含义说明	注意事项
P76	9	恢复出厂设置	
P05	380	电动机额定电压	电动机与变频参数相匹配
P52	3.9	电动机额定电流	电动机与变频参数相匹配
P03	50	电动机最高频率	电动机与变频参数相匹配
P08	0	电动机最低频率	
P10	10	加速时间	根据工艺要求而定
P11	10	减速时间	根据工艺要求而定

变频器端子及参数含义说明

端子	功能	参数码	设定值	含义说明
AVI	主频率指令	P00	0	主频率由面板上的按钮控制
M0、M1	运转信号指令	P01	1	运转信号由外部端子控制
	模式选择	P38	0	两线制模式1

梯形图控制原理

1) 按一下起动按钮SB2，输入单元中X001接通，梯形图内部正转程序Y000自锁，输出单元中Y0闭合使变频器GND与M0接通，变频器正转运行。

2) 按一下起动按钮SB3，输入单元中X002接通，梯形图内部反转程序Y001自锁，输出单元中Y1闭合使变频器GND与M1接通，变频器反转运行。

3) 按下停止按钮SB1，输入单元中X000接通，梯形图内部断开，Y000，Y001停止，输出单元中Y0、Y1停止输出，变频器停止。

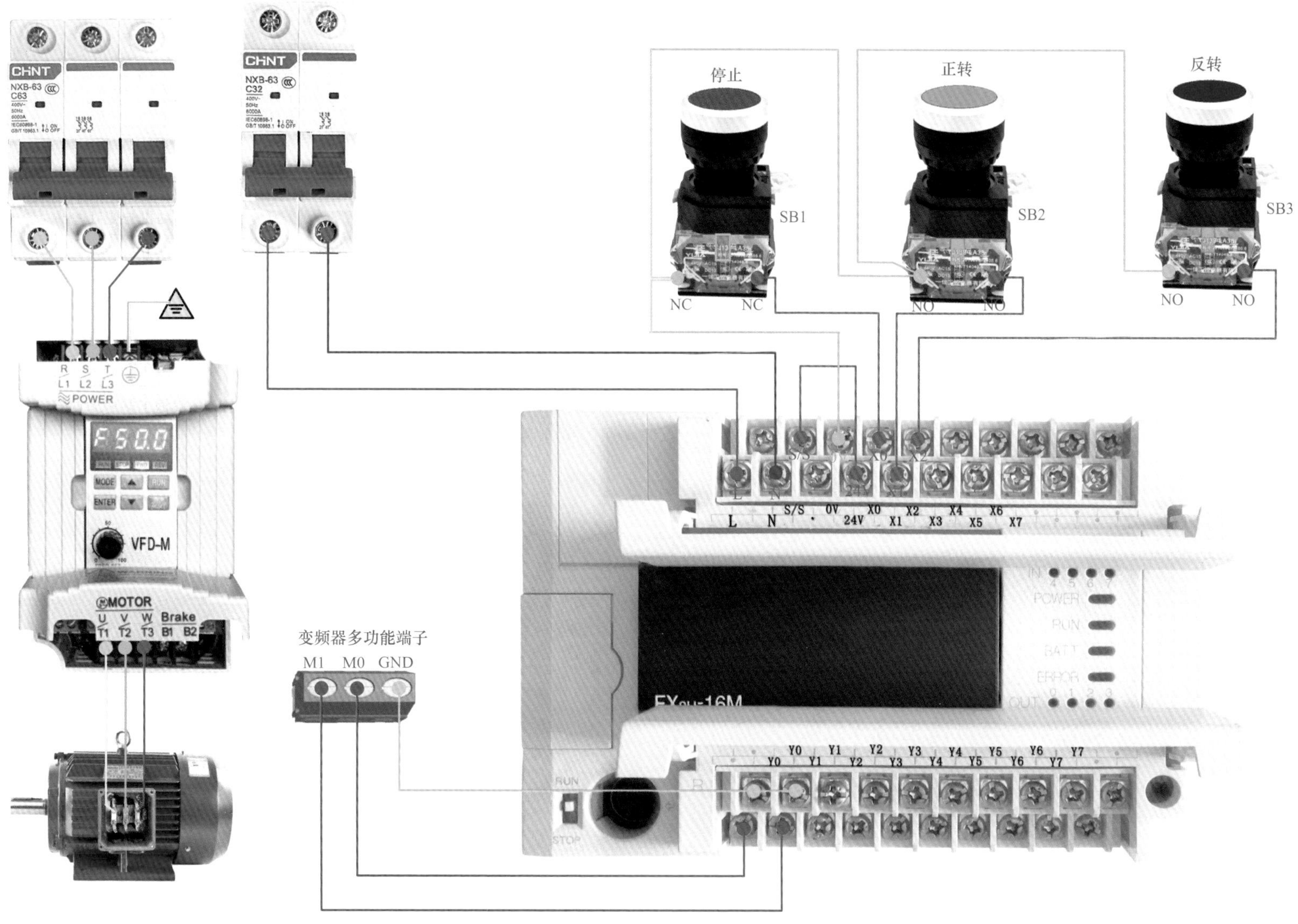

三菱 FX3U PLC 通过变频器控制电动机正反转电路实物接线图

→14 三菱 FX3U PLC 通过变频器控制电动机起停、加减速电路程序详解及实物接线

IO地址分配表

I(输入)			O(输出)		
元件代号	元件名称	地址	地址	作用	
SB1	起动按钮	X000	Y000	变频器起动/停止	
SB2	停止按钮	X001			
SB3	频率递增	X002	Y002	频率递增	
SB4	频率递减	X003	Y003	频率递减	

梯形图

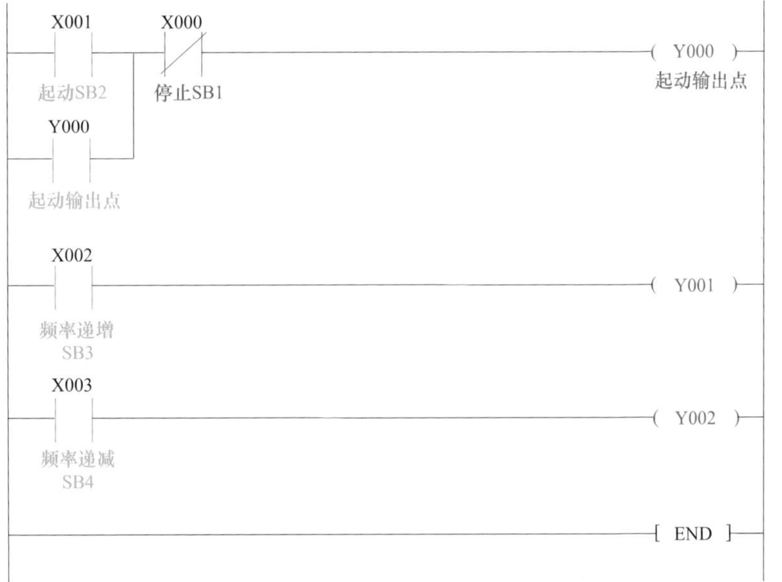

变频器基本运行参数和电动机参数

参数码	设定值	含义说明	注意事项
P76	9	恢复出厂设置	
P05	380	电动机额定电压	电动机与变频参数相匹配
P52	3.9	电动机额定电流	电动机与变频参数相匹配
P03	50	电动机最高频率	电动机与变频参数相匹配
P08	0	电动机最低频率	
P10	10	加速时间	根据工艺要求而定
P11	10	减速时间	根据工艺要求而定

变频器端子及参数含义说明

端子	功能	参数码	设定值	含义说明
AVI	主频率指令	P00	0	主频率由面板上的按钮控制
M0	运转信号指令	P01	1	运转信号由外部端子控制
	模式选择	P38	0	两线制模式1
M4	多功能端子	P41	14	频率递增
M5	多功能端子	P42	15	频率递减

梯形图控制原理

1) 按下起动按钮SB2，输入单元中X000接通，输出单元中Y000线圈得电，变频器GND通过PLC的Y0点与变频器M0接通，变频器起动。

2) 频率递增，按下按钮SB3，频率增加，电动机加速运行；按下按钮SB4，频率减小，电动机减速运行。

3) 按下停止按钮SB2，梯形图中X001常闭断开，并使Y000线圈失电，变频器GND通过PLC触点Y0与M0断开，变频器停止。

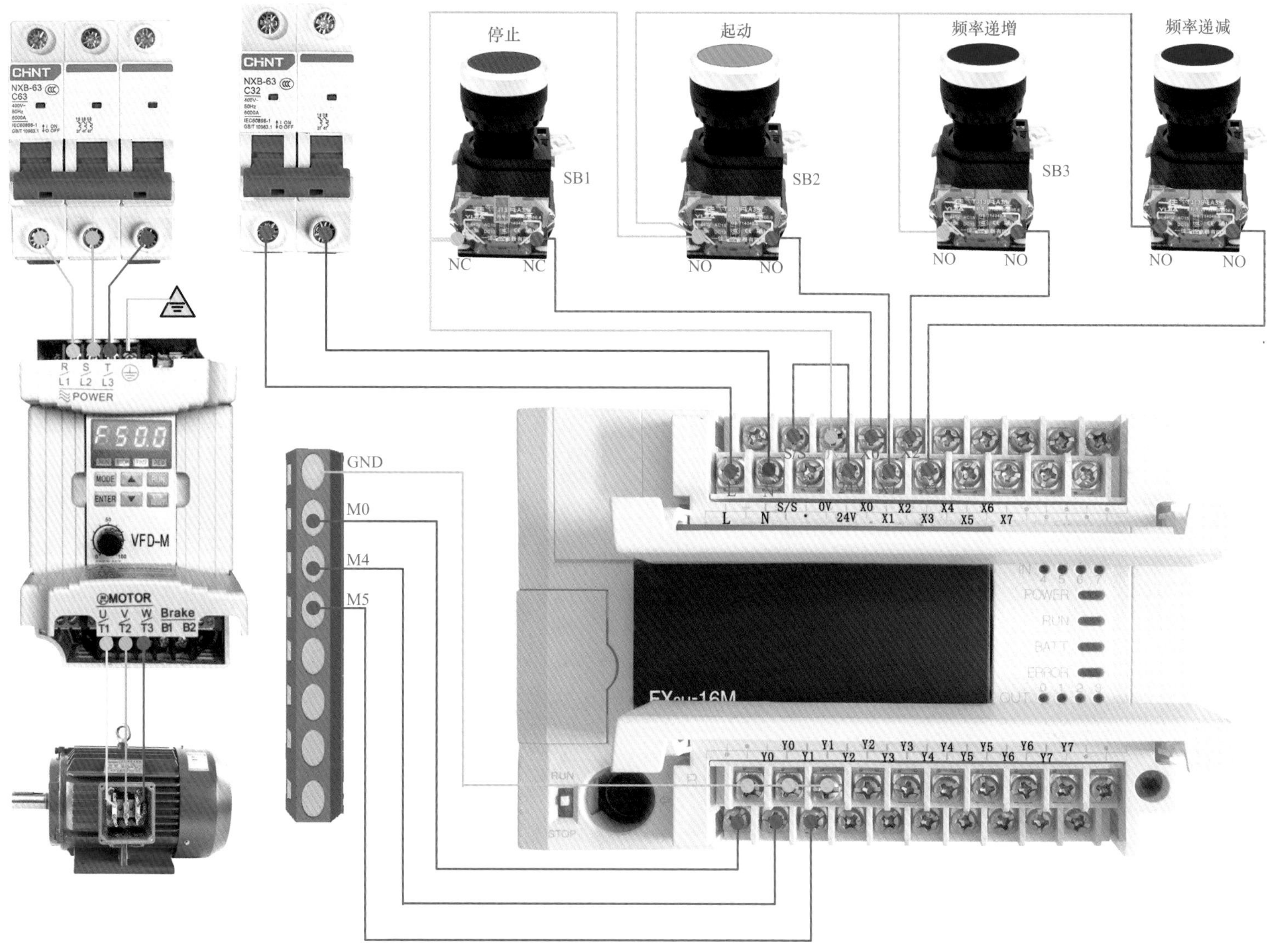

三菱 **FX3U PLC** 通过变频器控制电动机起停、加减速电路实物接线图

→15 三菱 FX3U PLC 通过变频器控制电动机三段速运行电路程序详解及实物接线

梯形图

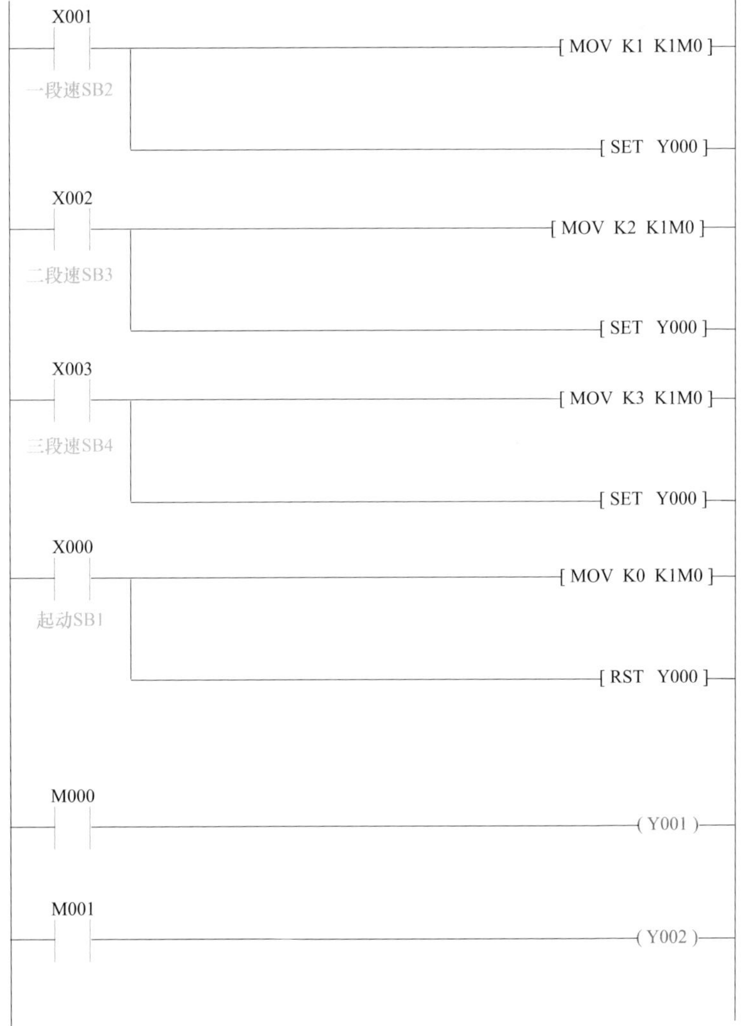

变频器基本运行参数和电动机参数

参数码	设定值	含义说明	注意事项
P76	9	恢复出厂设置	
P05	380	电动机额定电压	电动机与变频参数相匹配
P52	3.9	电动机额定电流	电动机与变频参数相匹配
P03	50	电动机最高频率	电动机与变频参数相匹配
P08	0	电动机最低频率	
P10	10	加速时间	根据工艺要求而定
P11	10	减速时间	根据工艺要求而定

变频器端子及参数含义说明

端子	功能	参数码	设定值	含义说明
AVI	主频率指令	P00	0	主频率由面板上的按钮控制
M0	运转信号指令	P01	1	运转信号由外部端子控制
	模式选择	P38	0	两线制模式1
	主频率来源	P0	0	面板控制
M4	多功能端子	P41	6	多段速指令一
M5	多功能端子	P42	7	多段速指令二
	多段速频率一	P17	10	组合使用
	多段速频率二	P18	20	组合使用
	多段速指令三	P19	30	组合使用

解释说明

MOV K1 K1M0 M1=OFF M0=ON(PLC内部辅助继电器)

MOV K2 K1M0 M1=ON M0=OFF（PLC内部辅助继电器）

MOV K3 K1M0 M1=ON M0=ON（PLC内部辅助继电器）

MOV K0 K1M0 M1=OFF M0=OFF（PLC内部辅助继电器）

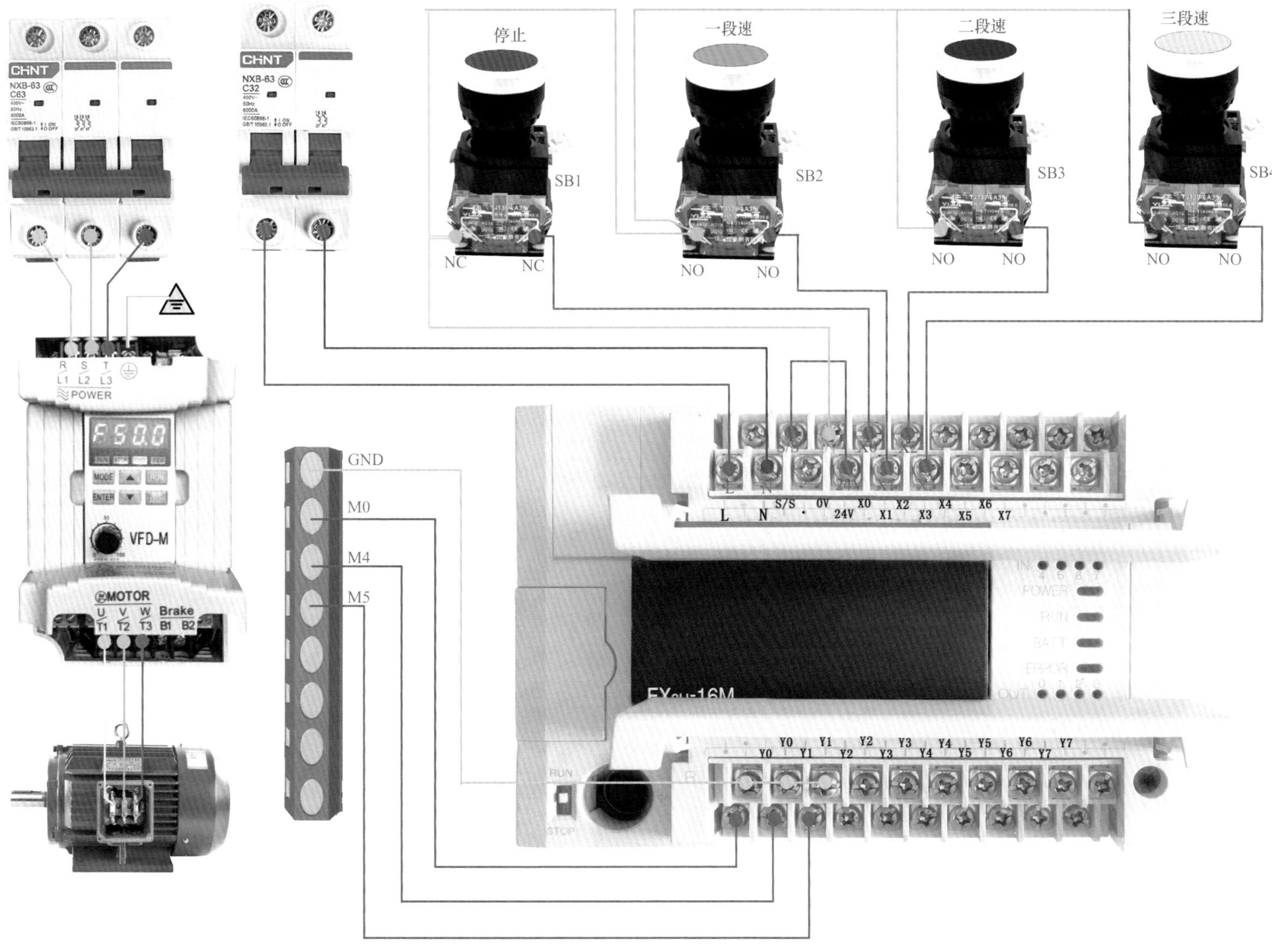

三菱 **FX3U PLC** 通过变频器控制电动机三段速运行实物接线图

→16 三菱 FX3U PLC 控制丝杠点进点退，搜索回原点电路程序详解及实物接线

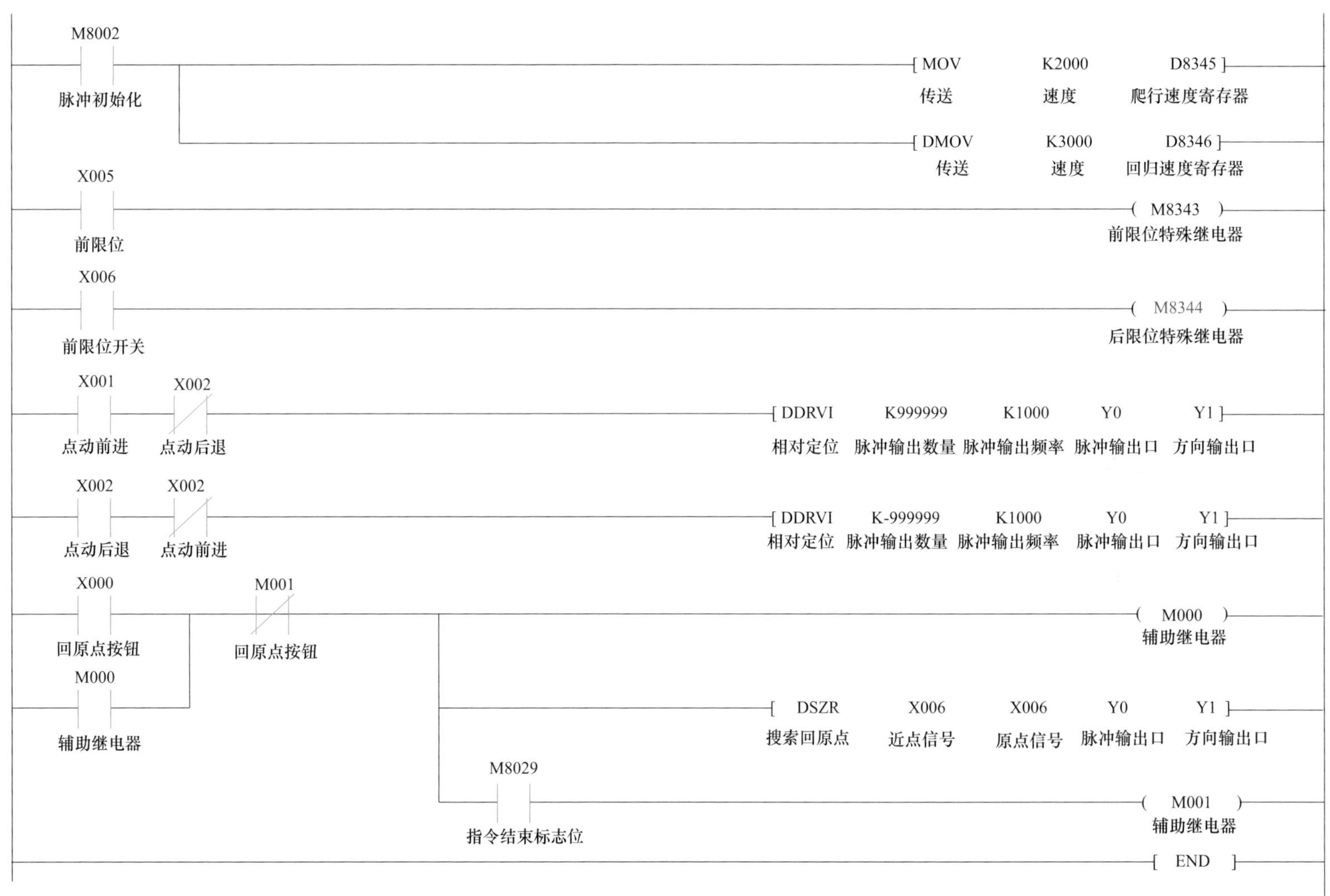

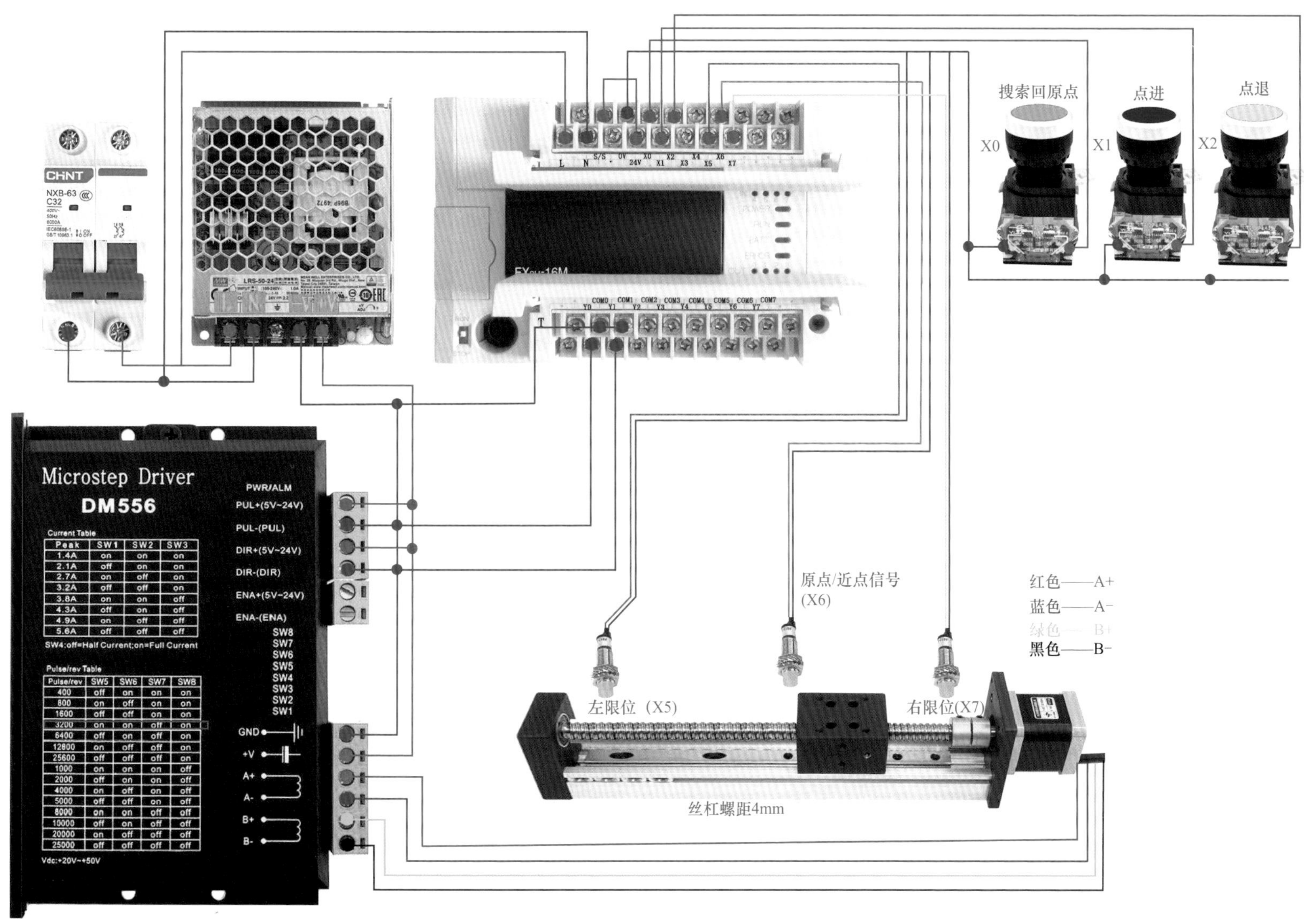

三菱 FX3U PLC 控制丝杠点进点退，搜索回原点电路实物接线图

二维码清单

名称	图形	页码	名称	图形	页码	名称	图形	页码
台达变频器面板控制介绍		7	正转高频，反转低频运行电路详解		23	顺起顺停电路详解		39
变频器保护参数设置		9	中间继电器自锁与两线制运行电路详解		25	接触器断电控制电路详解		45
台达变频器的参数设置实操演示		10	变频器两地控制电动机起停、加减速电路详解（一）		27	多段速调速控制电路详解		49
变频器两线制模式 1 电路详解		13	变频器两地控制电动机起停、加减速电路详解（二）		29	变频器跳跃频率的应用		120
变频器两线制模式 2 电路详解		15	频率自由切换电路详解		31	变频器转矩提升的应用		121
变频器三线制模式电路详解		17	点动与连续控电路详解		33	三个电位器控制的变频调速电路详解		123
变频器连续运行和间歇运行电路详解		19	间歇控制电路详解		35	正反转与频率控制电路详解		129
起停控制与频率表电路详解		21	顺起逆停电路详解		37	遥控、本地控制切换电路详解		131